高等教育"十三五"规划教材

江苏高校品牌专业建设工程资助项目

U0323991

地理信息系统原理

主　编　张海荣

副主编　王行风　闫志刚

中国矿业大学出版社

内 容 简 介

本书既介绍了传统的 GIS 基础知识，又综合了近几年 GIS 的研究成果。主要内容包括：地理信息系统的基本概念；地球空间与空间数据基础；空间数据模型与数据结构；地理信息系统数据采集与处理；空间分析与建模；空间信息的可视化与自动制图；GIS 工程与应用；GIS 发展前沿与展望。

本书可作为地质、测量、土地管理、资源环境与城乡规划、采矿、环境、建筑等相关专业或方向的本科生或研究生教材。

图书在版编目(ＣＩＰ)数据

地理信息系统原理 / 张海荣主编. —徐州：中国
矿业大学出版社，2017.11(2020.8 重印)
 ISBN 978 - 7 - 5646 - 3697 - 5

Ⅰ. ①地…　Ⅱ. ①张…　Ⅲ. ①地理信息系统—高等学
校—教材　Ⅳ. ①P208.2

中国版本图书馆 CIP 数据核字(2017)第 215544 号

书　　名	地理信息系统原理
主　　编	张海荣
责任编辑	潘俊成
出版发行	中国矿业大学出版社有限责任公司
	(江苏省徐州市解放南路　邮编 221008)
营销热线	(0516)83885307　83884995
出版服务	(0516)83995789　83884920
网　　址	http://www.cumtp.com　E-mail：cumtpvip@cumtp.com
印　　刷	日照报业印刷有限公司
开　　本	787 mm×1092 mm　1/16　印张 16.75　字数 436 千字
版次印次	2017 年 11 月第 1 版　2020 年 8 月第 2 次印刷
定　　价	30.00 元

(图书出现印装质量问题，本社负责调换)

前　言

　　自 20 世纪 60 年代 Roger F. Tomlinson 提出地理信息系统的概念以来,地理信息系统作为一门技术在全球得到了快速发展,各国政府、企业、学术界和社会对地理信息系统的认可度不断增强,地理信息系统的应用领域日趋广泛。1992 年,Michael F. Goodchild 提出了地理信息科学的概念,将地理信息系统从技术与应用研究提升到科学的范畴。《Nature》杂志 2004 年 1 月《Mapping Opportunities》一文将以遥感与地理信息系统为基础的 Geo-technology 和纳米技术、生物技术作为最新出现的、最具发展前景的三大技术之一,高度评价了地理信息系统的发展前景。

　　近年来,GIS 的基础性理论问题受到高度重视并逐步得到解决,GIS 应用技术与方法也不断进步,应用领域持续拓展,应用水平不断深化。GIS 的应用正在从早期的资源、环境、土地、城市等领域,逐步扩展到交通、电力、基础设施、旅游、防灾减灾等方面,近年来在商业、金融、考古、社会、公共卫生、电子政务、公共安全、应急管理、个人移动服务等领域的应用发展迅速,应用水平不断提升,成为决策、分析的有力支持工具,与现代信息技术密切结合的软件产品如 WebGIS、组件 GIS、移动 GIS 等不断走向市场。地理信息技术正逐步成为 IT 技术的重要组成部分,地理信息产业也逐渐融入 IT 产业的主流。

　　地理信息系统是一门快速发展的学科,新问题、新方法不断出现。近几年,国内外众多学者在地理空间认知模型、空间数据模型、三维建模、时态 GIS、空间尺度、空间数据质量、空间数据共享、空间智能、空间数据挖掘与知识发现、云计算与时空大数据分析等方面发表了许多新的成果。

　　本书是笔者在高等学校"十一五"规划教材《地理信息系统原理与应用》(中国矿业大学出版社,2008)的基础上,通过近几年的教学和科研实践,并广泛参阅了国内外有关论著之后编写而成。本书在章节编排上作了部分修改,对原教材相关章节的内容作了部分调整和充实。

　　全书共分八章,由张海荣任主编,王行风、闫志刚任副主编。张海荣编写第一章、第五章、第七章、第八章;王行风编写第二章和第三章;闫志刚编写第四章和第六章。在本书编写过程中,得到了邓喀中教授、张书毕教授的关心与支持,研究生秦坤、秦坤、杨智昊、边璟洋、牛润、谭学玲做了大量资料整理工作,在此向他们表示诚挚的谢意。本书的完成得到许多学者、同仁们的帮助,谨向他们表示衷心的感谢。

　　限于作者的水平,书中缺点、错误在所难免,恳请读者批评指正。

编　者

2017 年 7 月

目　　录

第一章　绪　　论

第一节　地理信息系统的基本概念

一、地理数据与地理信息

（一）数据

数据（Data）是一种未经加工的原始资料，是对客观对象的性质、状态以及相互关系等进行记载的物理符号或这些物理符号的组合，如数字、文字、符号、声音、图形、图像等。可见，数据有多种多样的来源、表现形式与记录方式。

在计算机科学中，数据是指所有能输入到计算机并被计算机处理的符号介质的总称，是具有一定意义的数字、字母、符号和模拟量等的通称。现在计算机存储和处理的对象十分广泛，表示这些对象的数据也随之变得越来越复杂。

数据已成为数字经济的新石油。

（二）信息

数据本身没有意义，例如 60 是一个数据，可以是一个同学某门课程的成绩，也可以是某一个班级的人数。数据的表现形式还不能完全表达其内容，需要经过解释。数据和关于数据的解释是不可分的。数据的解释是指对数据含义的说明，数据的含义称为数据的语义。具有语义的数据就成为信息。

信息（Information）是用文字、数字、符号、语言、图像等介质来表示事件、事物、现象等的内容、数量或特征，从而向人们（或系统）提供关于现实世界新的事实和知识，作为生产、建设、经营管理、分析和决策的依据。信息具有客观性、适用性、可传输性和共享性等特征，信息来源于数据。

信息是一个含义很宽泛的概念，可以从多个角度和多个方面理解，没有统一的定义。在信息学界，把信息定义为"熵的减少"，即"能够用来消除不确定性的东西"。在经济学界，认为信息是经组织化而加以传递的数据。

在信息管理领域，信息是指任何传播内容或知识的表示，如以任何媒体或形式存在的事实、数据或见解，包括文本型、数字型、图片式、动画式、记叙性的、声视频形式等。

信息与数据既有联系，又有区别。数据是信息的表现形式和载体，而信息是数据的内涵。信息加载于数据之上，对数据作具有含义的解释。数据和信息是不可分离的，信息依赖数据来表达，数据则生动具体地表达出信息。数据是符号，是物理性的；信息是对数据进行加工处理之后所得到的并对决策产生影响的数据，是逻辑性和观念性的。信息是数据的内涵，是形与质的关系。

（三）信息流

信息流是指在空间和时间上向同一方向运动过程中的一组信息，它也是物质流、能量流、价值流的外化形式。人类调控生产、经营活动是通过掌握物质流、能量流、价值流发出的信息流来实现的。信息流的特点之一是以物质流和能量流为载体,进行双向传递,既有输入到输出的信息传递,也有从输出向输入的信息反馈。人们可以按照这些反馈信息来改变输入的内容或数量,以便对控制对象产生新的影响。信息流的畅通是保证各种生产、经营和社会活动正常运行的必要条件。

(四)信息资源

信息资源是指在经济、政治、科技、教育、国防、社会生活等各个领域、各个层次产生和使用的信息内容。对信息资源有两种理解:一种是狭义的理解,即指信息内容本身;另一种是广义的理解,指的是除信息内容本身之外,还包括与其紧密相连的信息设备、信息人员、信息系统、信息网络等。实际上,狭义的信息资源还包括信息载体,因为信息内容不能脱离信息载体而独立存在。

信息资源可按运营机制和政策机制、信息增值状态和信息资源的所有权等来划分。

按运营机制和政策机制不同,信息资源可以划分为:① 政府信息资源,在政府业务流程中产生的记录、数据和文件内容;② 为政府收集和生产的信息资源,即为政府业务流程的需要从外部采集的信息内容;③ 商业、企业信息资源,包括商业、企业业务循环过程中产生或需要的信息资源;④ 地理信息资源,包括基础地理信息资源和行业应用地理信息资源;⑤ 社会信息资源,包括人口、社区、治安等社会信息资源;⑥ 公益性信息资源,包括教育、科研、文化、娱乐和生活等领域的信息资源。

按信息增值状态不同,信息资源可以划分为:① 基础性信息资源,指机构业务流程中产生的未经加工或加工程度较低,保证各行业和机构正常运作必不可少的信息资源;② 增值性信息资源,指加工程度较高或经专业分析、处理后的信息资源。

按信息资源的所有权不同,信息资源可以划分为:① 公共信息资源,美国 1990 年的《公共信息准则》把联邦政府生产、编辑和维护的信息称为公共信息,认为公共信息属于公众的信息,为公众所依赖的、政府所拥有并在法律允许的范围内为公众所享用,显然,公共信息不等于公开信息;② 私有信息资源,属于某一个组织机构所专有,并且自己单独使用的信息;③ 受控信息资源,介于公共信息和私有信息之间还有一个灰色区域,即既不是完全公有,也不是完全私有,它属于受控使用的信息,只限于合法使用的用户,比如会员。

信息资源还可以按照记录介质、记录方式、记录状态、信息的产生和利用领域,以及信息的编码抽象程度等进行划分。

(五)地理数据

地理数据是指以空间位置为参照,描述自然、社会和人文经济景观的数据,这些数据可以是图形、图像、文字、表格和数字等,包括空间位置数据、属性(特征)数据和时态特征数据三大部分,见表 1-1。空间位置数据既可以根据大地参照系定义,如大地经纬度坐标、直角坐标,也可以根据地物间的相对关系定义,如空间上的相邻、包含等。属性数据是对一定的地物描述其特征的定性或定量指标。时态特征数据是指地理特征采集或地理现象发生时的时刻或时段。空间位置数据、属性数据及时态(间)数据是地理实体和现象的三大基本要素。从地理实体到地理数据,再到地理信息的发展,反映了人类认识的一个巨大飞跃。

表 1-1   地理数据

	空间数据	属性数据	时域数据
属性	φ,λ,Z 点、线、面、表面 体积、像素 体素(三维像素)……	颜色、大小、形状、pH值……	日期、持续时间、周期……
关系	拓扑、 方向、 距离……	拓扑、 是一个…(is_a)、 是一种…(kind_of)、 是…部分(part_of)	拓扑、 过去是…(was_a)、 现在是…(is_a)、 将来是…(will_be)

地理数据作为数据的一类,具有数据的一般特性,然而由于地理数据在获取方式、表示和管理方面的显著技术特色,使其具有一些独特的特点。空间位置数据可按其形态或获取与存储方式的差异,分为矢量图形数据、格网和 TIN(不规则三角网)数据以及栅格数据;属性数据的分类比较复杂,笼统地可分为一般属性数据和专题属性数据,基本的细分类别为:几何类型信息、分类分级信息、数量特征信息、质量特征信息和名称信息等。

(1)位置数据

即几何坐标,表示地理实体在某个已知坐标系(如大地坐标系、直角坐标系、极坐标、自定义坐标系)中的空间位置,可以是经纬度、平面直角坐标、极坐标,也可以是矩阵的行、列数等。

(2)实体间的空间关系

即拓扑关系,表示点、线、面实体之间的空间联系,如网络节点与网络线之间的枢纽关系,边界线与面实体之间的构成关系,面实体与岛或内部点的包含关系等。空间拓扑关系对于地理数据的编码、录入、格式转换、存储管理、查询检索和模型分析都有重要的意义,是地理信息系统的特色之一。其他的空间关系还有度量关系和方位关系。

(3)与空间位置相关的属性数据

即与地理实体相联系的地理变量或地理意义。属性分为定性和定量两种,前者包括名称、类型、特性等,后者包括数量和等级。定性描述的属性,如岩石类型、土壤种类、土地利用类型、行政区划等,定量的属性,如面积、长度、土地等级、人口数量、降雨量、河流长度、水土流失量等。非几何属性一般是经过抽象的概念,通过分类、命名、量算、统计得到。任何地理实体至少有一个属性,而地理信息系统的分析、检索和表示主要通过属性的操作运算实现,因此,属性的分类系统、量算指标对系统的功能有较大的影响。

尺度是地理数据的重要特性之一。在地图学中,地图以某种比例尺来绘制。理论上,尺度是最含糊和最具多义性的术语。实际中,根据测量的标准,尺度可以被分为四类:名义尺度(Nominal Scale)、顺序尺度(Ordinal Scale)、间隔尺度(Interval or Granularity Scale)和比率尺度(Ratio Scale)。目前,地理信息系统空间数据库建库基本上都是对应某一比例尺的空间数据集。

(六)地理信息

地理信息是有关地理实体空间分布、性质、特征和运动状态的信息,它是对表达地理特征和地理现象之间关系的地理及环境数据的解释,是用文字、数字、符号、语言、图像等介质来表示事件、事物、现象等的内容、数量或特征,从而向人们(或系统)提供关于现实世界新的事实和知识,作为生产、建设、经营管理、分析和决策的依据。地理信息是地理数据内涵的意义,是数据的内容和解释。例如,从实地或社会调查数据中可获取到各种专门信息;从测量数据中可以抽取出地面目标或物体的形状、大小和位置等信息;从遥感图像数据中可以提取出各种地物的图形大小和专题信息。

地理信息除了具有一般信息的特性之外,还具有以下特性:

① 空间分布性。地理信息具有空间定位的特点,一般总是先对其定位再定性,并且在区域上表现出分布式特点,具有多层次的属性。

② 数据量大(海量数据)。如上所述,地理信息一般都包括空间、属性和时间及其变化的数据,且往往以图形、图像形式表示,因此其数据量很大。尤其是随着全球空间对地观测计划和技术的不断发展,我们每天都能获得上万亿兆关于地球资源、环境特征的数据,从而给数据处理与分析带来很大压力。

③ 信息载体的多样性。地理信息的第一载体是地理实体的物质和能量本身。此外,还有描述实体的文字、数字、地图和影像等符号信息载体,以及纸质、磁带、光盘等物理介质载体。各种图形图像和地图,不仅是信息的载体,也是信息的传播媒介。

二、信息系统与地理信息系统

(一)信息系统

为了有效地对信息流进行控制、组织管理,实现双向传递,需要某种信息系统,它能对数据和信息进行采集、存储、加工和再现,并能回答用户的一系列问题。以提供信息服务为主要目的的数据密集型、人机交互的计算机应用系统称为信息系统。信息系统有四大基本功能:数据采集、管理、分析和表达。在技术上有以下四个特点:

① 涉及的数据量大。数据一般需存放在辅助存储器中,内存中只暂存当前要处理的一小部分数据。

② 绝大部分数据是持久的,即不随程序运行的结束而消失,而需长期保留在计算机系统中。

③ 这些持久数据为多个应用程序所共享,甚至在一个单位或更大范围内共享。

④ 除具有数据采集、传输、存储和管理等基本功能外,还可向用户提供信息检索、统计报表、事务处理、规划、设计、指挥、控制、决策、报警、提示、咨询等信息服务。

信息系统是为产生决策信息而按照一定要求设计的一套有组织的应用程序系统,管理信息系统、地理信息系统、指挥信息系统、决策支持系统、办公信息系统等都属于这个范畴。

(二)地理信息系统

美国学者 Parker 认为"GIS 是一种存储、分析和显示空间与非空间数据的信息技术"。Goodchild 把 GIS 定义为"采集、存储、管理、分析和显示有关地理现象信息的综合系统"。加拿大的 Roger Tomlinson 认为"GIS 是全方位分析和操作地理数据的数字系统"。Burrough 认为"GIS 是属于从现实世界中采集、存储、提取、转换和显示空间数据的一组有力的工具"。美国联邦数字地图协调委员会(FICCDC)的定义为"GIS 是由计算机硬件、软件和不同的方法组成的系统,该系统用来支持空间数据的采集、管理、处理、分析、建模和显示,以便解决复杂的规划和管理问题"。国内学者陈述彭给出的定义是"GIS 由计算机系统、地理数据和用户组成,通过对地理数据的集成、存储、检索、操作和分析,生成并输出各种地理信息,从而为土地利用、资源评价与管理、环境监测、交通运输、经济建设、城市规划以及政府部门行政管理提供新的知识,为工程设计和规划、管理决策服务"。纵观这些定义,有的侧重于 GIS 的技术内涵,有的则是强调 GIS 的分析与应用功能。

这里推荐李德仁的定义:"地理信息系统(Geographic Information System,GIS)是一种特定而又十分重要的空间信息系统(Spatial Information System),它是采集、存储、管理、分析和描述整个或部分地球表面(包括大气层在内)与空间和地理分布有关的空间信息系统"。这里地理信息系统中的"地理"二字广义地指地理坐标参照系统,也即按地理坐标来组织空间数据。地理信息系统处理、管理的对象是多种地理间实体数据及其关系,包括空间定位数据、图形数据、遥感图像数据、属性数据等,用于分析和处理在一定地理区域内分布的各种空间现象、环境特征和过程,解决复杂的规划、决策和管理问题。

综合上面关于信息系统和地理信息系统的论述,可将它们之间的关系用图 1-1 表示。依据地理信息系统应用领域的不同,可分为土地信息系统(LIS)、资源管理信息系统(Natural Resources Information System)、地学信息系统(Geo-science or Geological Information System)等;依据其服务对象的不同,可分为区域信息系统和专题信息系统,如农林信息系统、矿山信息系统、地籍管理信息系统等。

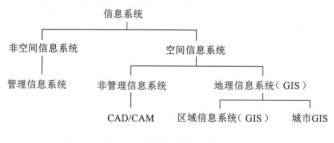

图 1-1 信息系统的分类

GIS 特殊的空间数据模型决定了 GIS 特殊的空间数据结构和特殊的数据编码,也决定了 GIS 具有特色的空间数据管理方法和系统空间数据分析功能,成为地学研究和资源管理的重要工具。与一般的管理信息系统相比,GIS 具有以下特征:

① GIS 在分析处理问题中使用了空间位置数据与属性数据,并通过数据管理系统将两者联系在一起共同管理、分析和应用,从而提供了认识地理现象的一种新的思维方法;而管理信息系统则只有属性数据库的管理,即使存储了图形,也往往以文件等机械形式存储,不能进行有关空间数据的操作,如空间查询、检索、相邻分析等,更无法进行复杂的空间分析。

② GIS 强调空间分析,通过空间解析式模型来分析空间数据,GIS 的成功应用依赖于空间分析模型的研究与设计。

三、地理信息科学

地理信息科学(Geographical Information Science)作为一门新兴学科的正式术语最早由 Goodchild 于 1992 年提出。地理信息科学(GIScience)是寻求在地理信息系统的背景下重新定义地理概念及其应用的基础研究领域。GIScience 还研究 GIS 对个人和社会的影响,以及社会对 GIS 的影响。GIScience 重新审视了传统空间领域的一些最根本问题,如地理学、地图学和大地测量学,同时结合了认知和信息科学的最新研究成果。它也与计算机科学、统计学、数学和心理学等更为专业化的研究领域相互重叠或采用这些领域的研究成果,并反过来为这些领域的研究做出贡献。它支持政治学和人类学研究,并在地理信息与社会研究中借鉴这些领域的成果。

GIScience 与同类学科之间的界限尚有争议,不同的团体可能不同意 GIScience 的定义和研究内容。Goodchild 表示:"信息科学是根据信息的性质和属性的科学原理进行的系统性研究,就地理信息而言,地理信息科学是信息科学的一个子集。"

1999 年,美国国家科学基金委员会举行的研究会上,对地理信息科学给出了以下定义:地理信息科学是试图重新定义地理概念及其在 GIS 框架下应用的基础研究领域,地理信息科学也研究 GIS 对个人与社会的影响,以及社会对 GIS 的影响;地理信息科学将重新认识一些传统的面向空间的学科领域如地理学、地图学和大地测量学中最基本的论题,同时考虑结合认知科学与信息科学的最新发展;地理信息科学与心理学密切相关,同时将促进这些领域的发展;GIS 支持政治学和人类学研究,同时促进这些领域对地理信息与社会的研究。

地理信息科学是研究地理信息的获取、表达、处理和分析的科学学科。它可以与地理信息系统进行对比,强调地理信息系统是软件工具,而地理信息科学的重点在于基础理论的研究。

间国年等认为,地理信息科学是研究地理信息产生、运动和转化规律的一门交叉学科,是以广义 GIS 为研究对象的一门学科,是自然科学、技术科学、社会科学、思维科学之间的交叉学科。地理信息科学的主要研究内容包括:

- 对地理信息产生、运动过程的研究;
- 对地理信息运动转化过程的研究;
- 对地理信息获取与处理技术的研究;
- 对地理信息技术集成理论与方法的研究;
- 对地理信息科学的应用研究。

基此,间国年等提出了如图 1-2 所示的地理信息科学的框架结构。

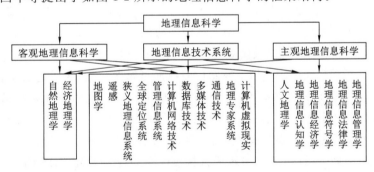

图 1-2　地理信息科学的框架结构

李德仁提出了地球空间信息学的七大理论问题:

① 地球空间信息的基准:包括几何基准、物理基准和时间基准。

② 地球空间信息标准:包括空间数据采集、存储与交换标准,空间数据精度与质量标准,空间信息的分类与代码标准,空间信息的安全、保密及技术服务标准以及元数据标准等。

③ 地球空间信息的时空变化理论：包括时空变化发现的方法和对时空变化特征和规律的研究。

④ 地球空间信息的认知：主要通过目标和要素的位置、结构形态、相互关联等从静态上的形态分析、发生上的成因分析、动态上的过程分析、演化上的力学分析以及时态上的演化分析达到对地球空间的客观认知。

⑤ 地球空间信息的不确定性：包括类型的不确定性、空间位置的不确定性、空间关系的不确定性、逻辑的不一致性和信息的不完备性。

⑥ 地球空间信息的解译与反演：包括贯穿在信息获取、信息处理和认知过程中的定性解译和定量反演。

⑦ 地球空间信息的表达与可视化：涉及空间数据多尺度表示、数字地图自动综合、图形可视化、动态仿真和虚拟现实等。

可以看出，这些方面正是地理信息科学发展中需要重点开展的研究。

此外，李德仁（2003）指出，21世纪GIS发展的一个重要特点就是地理信息科学有望在本世纪形成较完整的理论框架体系。

地理信息科学的提出是地理信息系统技术及应用发展到相当水平后的必然要求，它在注重地理信息技术发展的同时，还关注与地理数据、地理信息有关的理论问题，如地理信息的认知、地理数据的不确定性、地理信息机理等。

第二节　地理信息系统的构成和功能

一、地理信息系统的构成

完整的GIS主要有由四个部分构成，即硬件系统、软件系统、地理数据和系统管理操作人员。空间数据库反映了GIS的地理内容，而管理人员和用户则决定系统的工作方式和信息表达方式。下面对前面两个部分的内容进行分析描述。

（一）硬件系统

计算机硬件是计算机系统中实际物理装置的总称，是GIS的物理外壳，可以是电子的、电的、磁的、机械的、光的元件或装置。系统的规模、精度、速度、功能、形式、使用方法甚至软件都与硬件有极大的关系，并受硬件指标的支持或制约。GIS由于其任务的复杂性和特殊性，必须由计算机设备支持。GIS硬件配置一般包括四部分（图1-3）：

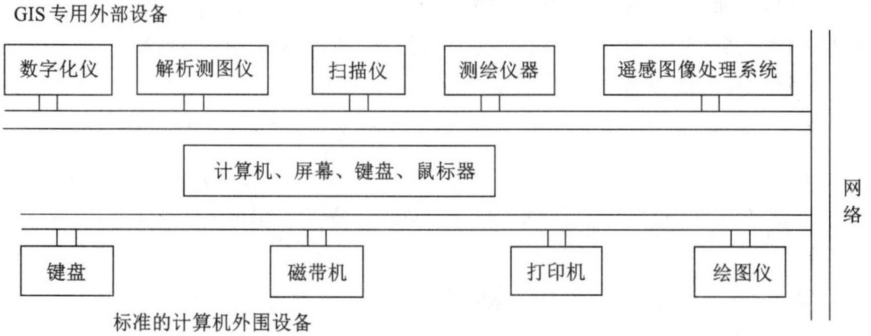

图 1-3　地理信息系统的硬件系统

① 计算机主机。

② 数据输入设备：数字化仪、图像扫描仪、手写笔、光笔、键盘、通讯端口等。

③ 数据存储设备：磁盘阵列、光盘刻录机、磁带机、光盘塔、活动硬盘、刻录阵列等。

④ 数据输出设备：笔式绘图仪、喷墨绘图仪(打印机)、激光打印机等。

（二）软件系统

软件系统是指 GIS 运行所必需的各种程序，通常包括计算机系统软件、GIS 软件和其他支撑软件、应用分析程序等(图 1-4)。

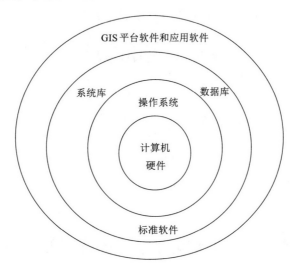

图 1-4　地理信息系统的软件系统

（1）计算机系统软件

计算机系统软件主要指计算机操作系统，如 DOS、Unix/Linux、Windows 等。它们关系到 GIS 软件和开发语言使用的有效性，是 GIS 软硬件环境的重要组成部分。

（2）数据库软件

数据库软件除了在 GIS 专业软件中用于支持复杂地理数据的管理以外，还包括服务于以非空间属性数据为主的数据库系统，这类软件有 ORACLE、SYBASE、INFORMIX、DB2、SQL Server 和 Ingress 等。由于这类数据库软件具有快速检索、满足多用户并发和数据安全保障等功能，且已能够在数据库中存储 GIS 的空间位置数据，例如 SDE(Spatial Database Engine)就是一种较好的解决方案，从而成为 GIS 软件的重要组成部分。

（3）GIS 软件和其他支撑软件

GIS 软件是系统的核心，用于执行 GIS 功能的各种操作，包括数据输入、处理、数据库管理、空间分析和图形用户界面(GUI)等，可作为构建地理信息应用系统的平台。其代表产品有 ArcGIS、MapGIS、SuperMap、GeoStar、GeoMedia 和 MapInfo 等。它们一般都包含以下主要核心模块：

① 数据输入：将系统外部的原始数据(多种来源、多种形式的信息)传输给系统内部，并将这些数据从外部格式转换为便于系统处理的内部格式的过程。如将各种已存在的地图、遥感图像数字化，或者通过通信或读磁盘、磁带的方式输入遥感数据和其他系统已存在的数

据,还包括以适当的方式输入各种统计数据、野外调查数据和仪器记录的数据。

② 数据存储与管理:数据存储和数据库管理涉及地理要素(表示地表物体的点、线、面)的位置、拓扑关系及属性数据如何构造和组织等。用于组织空间数据库的计算机系统称为空间数据库管理系统(SDBMS)。空间数据库的操作包括数据格式的选择和转换,数据的连接、查询、提取等。

③ 数据分析与处理:指对地理数据进行分析运算和指标量测。空间数据分析与处理可以理解为函数转换,从一种空间数据集通过相应的空间转换函数转换为另一种空间数据集,转换后的空间数据集满足特定的数据分析与处理目的。空间函数转换可分为:基于点或像元的空间函数,如基于像元的算法运算、逻辑运算或聚类分析等;基于区域、图斑的空间函数,如叠加分析、区域形状量测等;基于邻域的空间函数,如像元连通性、扩散、最短路径搜索等。量测包括对面积、长度、体积、空间方位、空间变化等指标的计算。函数转换还包括错误改正、格式变换和预处理。

④ 数据输出与表示:输出与表示是将 GIS 内的原始数据或经过系统分析、转换、重新组织的数据以某种用户可以理解或所需的方式提交给用户,如以地图、表格、数字或曲线的形式表示于某种介质上,或采用显示器、胶片拷贝、打印机、绘图仪等输出,也可以将结果数据记录于磁存储介质设备或通过通信线路传输到用户的其他计算机系统中。

⑤ 用户接口:该部分软件用于接受用户指令、程序或数据,是用户和系统交互的工具,主要包括用户界面、程序接口与数据接口。系统通过菜单方式或解释命令方式接受用户的输入。由于 GIS 功能复杂,且用户又往往为非计算机专业人员,所以用户界面是 GIS 应用的重要组成部分,图形用户界面(GUI)是目前 GIS 主要的用户接口形式。

(4) 应用分析程序

是系统开发人员或用户根据地理专题或区域分析模型编写的用于某种特定应用任务的程序,是系统功能在具体应用中的扩充与延伸。在 GIS 开发资源和工具支持下,应用程序的开发应是透明的和动态的,与系统的物理存储结构无关。

二、地理信息系统的主要功能

GIS 的用途为什么如此广泛?因为它具有强大的功能。其功能包括数据采集、存储、处理、分析、模拟和决策的全部过程,能够回答和解决以下五个方面的问题:

① 位置(Location),某种现象发生在什么地方。位置可以用地理坐标、地名、邮政编码来表示。

② 条件(Condition),实现某种目标需要满足某些条件。例如修建一座大型高层建筑需要有足够的土地面积、适宜的工程地质等条件,种植棉花需要适宜的土壤条件等。

③ 趋势(Trends),即在某个地方发生的某个事件及其随时间的变化过程。例如某个地区的气候变化趋势,某个区域矿床储存及其产状的变化预测。

④ 模式(Pattern),即在某个地方存在的地理实体的分布模式问题。例如根据某个地区居民职业及购买力的结构模式,规划设计购物中心和娱乐场所的类型、规模;根据遥感图像分析城市空间扩展模式等。

⑤ 模型(Model)和模拟(Simulation),即对某个地方可能发生什么情况进行模拟,而在 GIS 中的模拟一般是通过某种模型的分析。例如,根据某种数学模型进行南水北调选线的分析模拟;根据某矿山的地质采矿条件参数,利用某一数学模型进行开采沉陷预测模拟等。

为了回答和解决以上五类问题,要求 GIS 必须具备从数据采集输入、存储管理、分析处理到表达输出的一系列功能。专业级的 GIS 软件包具有如下功能(图 1-5):

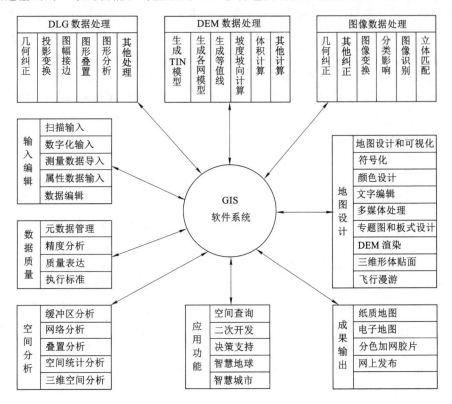

图 1-5 专业级 GIS 软件包功能图示

（一）数据采集与输入

有多种多样的数据源可供 GIS 使用,例如野外测量数据,运用现代定位技术(全球定位系统 GPS、惯性测量系统 ISS 等)所获得的数据,摄影测量与遥感影像数据,现有的图像数据,现有的图形资料,物联网数据以及统计调查的文字、数字等。

不论地理数据、信息的形式如何多样化,它大体上可分为两类:一是基础地理数据,如地形、地物的位置,地面和井下测量点的位置,面积和体积数据等;二是专题属性数据或描述数据、表格数据,如对地形、地物、土地的分类,特征表述,生产统计数据,矿产资源状况数据,社会和生产环境数据等。GIS 的数据库不仅可以提供对各种空间数据和属性数据的编辑、处理、统计、分析和评价,还可以按一定的要求检索、建立报表、绘制图形。

（二）空间数据的分析与处理

（1）空间数据预处理

在同一地区不同单位、不同时间的数据源难免在地图的比例尺、坐标系、投影方式等存在差别,因此一般需要对一些原始数据作预处理,如几何校正、坐标系转换等。

（2）拓扑关系构建

空间概念能用几何关系和拓扑关系来度量。基本空间单元与其相关的特征是:点、线(长度、弯曲、方向)、面积(范围、周长、凹凸、重叠)和体积。地理实体可定义为多个空间单元的组合,这种组合可以是相同类型实体的组合,也可以是不同类型实体的组合。

（3）缓冲区分析和多边形叠置

缓冲区生成与分析是根据数据库中的点、线、面实体,自动建立其周围一定宽度范围的缓冲区多边形,是 GIS 的基本空间分析功能。例如,建立一个电视塔,其有效范围有多大;在铁路线下进行煤炭开采,需要留设多宽的煤柱才能保证运输安全;煤矿开采引起的地表下沉区域或积水面积等。

多边形叠置是将同一地区、同一比例尺的多边形要素数据文件进行叠置分析处理,从而产生许多新的多边形。例如,地质地形图就是同一地区、相同比例尺的地形地物数据与地质资料的数据叠加的结果。地学信息的叠置和分离是经常需要做的操作。

（4）数字地形分析

等高(值)线法适合于表示不规则的连续变化的表面,但它却不适用于数字地形分析。数字地形模型(DTM)或数字高程模型(DEM)是以数字方式表示空间起伏变化的连续表面。许多 GIS 都提供了构建 DTM 的软件包来进行地形分析。数字地形分析的主要内容有等高线的生成与分析,地形要素的计算与分析,断面图分析,三维立体显示和计算等。

（三）地图制图和数据输出

（1）地图制图与制图综合

地图制图功能是 GIS 的重要功能之一,包括制作基本比例尺地图和专题地图。地图制图功能模块或软件包通过图形编辑,可根据用户的需要对数字地图进行整饰,按照给定的符号、注记和颜色进行图形显示或绘图输出。但由于地理数据的数据组织、存储和表示与地图会存在某些不一致,使得从 GIS 空间数据库中制作地图还需一些人机交互编辑工作。地图综合的内容很多,如曲线化简、多边形简化、聚合多边形、简化建筑物、生成中心线和注记自动配置等。具有空间目标综合功能的 GIS 可以最大限度地体现空间基础数据的价值,并满足多方面、多层次、多方位的 GIS 应用。地图制图与制图综合有密切关联,目前对于空间数据的自动综合在实用化方面还存在诸多问题,需进一步研究。

（2）数据输出

经 GIS 软件数据处理的结果能够以多种形式表达,有的形式是用户可以阅读或理解的,有的则需要转换到计算机系统的其他设备中。前者如各种图素、相片;后者如 CCT 磁带、光盘等。

这里,有必要归纳出对 GIS 发展和认识存在的三个彼此不完全相同但又相互关联的观点:一是地图学观点,强调 GIS 是一种地图数据处理与显示系统;二是数据库观点,强调数据库系统在 GIS 中的重要地位;三是分析工具观点,强调 GIS 的空间分析与模拟分析功能,认为 GIS 是一门空间信息科学。现在,第三种观点已被 GIS 学界所普遍接受,并认为这是区分 GIS 与其他信息系统及地理数据自动处理的根本特征。当然,如前所述,这三个方面是相互渗透的。

第三节　地理信息系统的研究内容

GIS 是现代科学技术发展和社会需求的产物。人口、资源、环境、灾害是影响人类生存与发展的四大基本问题,为了解决这些问题,需要自然科学、工程技术、社会科学等多学科、多手段联合攻关。于是,许多不同的学科,包括地理科学、测量学、地图制图学、摄影测量与遥感学、计算机科学、数学、统计学,以及一切与处理和分析空间数据有关的学科,都在寻求一种能采集、存储、检索、变换、处理和显示输出从自然界和人类社会获取的各种各样的数据、信息的强有力工具,其归宿就是 GIS。因此,GIS 明显具有多学科交叉的特征。它既要吸取诸多相关学科的精华和营养,并逐步形成独立的边缘交叉学科,又将被多个相关学科所运用,并推动它们的发展。

GIS 广泛而深入的应用使其技术方法不断发展、完善,并促进其相关理论研究的发展和深入;理论研究的开展、技术方法的更新和进步又进一步指导开发出新一代高效 GIS,并推动和拓展其应用的广度和深度。目前 GIS 的主要研究内容如图 1-6 所示。

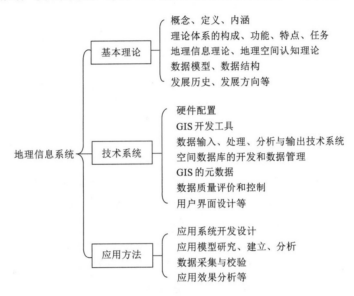

图 1-6　GIS 的主要研究内容体系

一、基本理论研究

研究包括 GIS 的概念、定义和内涵的发展,建立其理论体系,研究系统的构成、功能和任务;研究地理信息理论和地理空间认知理论,以指导系统的开发和建设;研究人脑认知地理环境的过程和方法以及人类地理认知功能的计算机模拟,发展空间数据模型和数据结构,为正确设计、研制和建立 GIS 提供科学的认识论和方法论;总结 GIS 的发展历史,探讨进一步发展中的理论和概念问题等。

美国国家地理信息和分析中心(NCGIA)于 20 世纪 90 年代初在美国国家科学基金会的支持下,分 12 个原创性研究课题对 GIS 的基础理论进行了研究,分别为:① 空间数据库精度,主要研究内容是评定空间数据的统计模型;内插和估计的构造和评价技术;GIS 产品的数据不确定性和置信问题;空间分析和空间统计学。② 空间关系语言,主要研究内容和目标是以自然语言确定空间概念和空间关系的形式化认知或语义模型;基于拓扑学和几何学构造空间概念和空间关系的形式化数学或逻辑模型。③ 多重表达形式,主要研究内容是自相似性和尺度依赖性;地图要素的数字表现模型;与分辨率水平相关的自动特征要素简化和选择算法;相同对象多重表达的数据库组织方法。④ GIS 在决策支持中的应用和价值,主要研究内容是与决策支持相关的不确定性和风险问题；与土地利用相关的决策支持实验模型。⑤ 超大 GIS 数据库结构，主要研究内容是超大数据库需求分析；遥感数据特征和数据类型；超大 GIS 数据库和关联的 GIS 产品功能部件。⑥ 空间决策支持系统，主要研究内容是决策支持系统的 GIS 数据结构；GIS 框架内有效的结构化空间搜索算法。⑦ 空间信息质量的可视化，主要研究目标是实现多种不同的空间信息数据质量（可靠性、精度和确定性等）可视化方法；评价这些方法的有效性。⑧ 地图设计专家系统，主要研究目标是设计各种类型地图输出的专家系统。⑨ 空间信息共享。⑩ GIS 中的时态关系，主要研究内容是时间模型的理解（连续时间、离散时间和事件）；非单调系统中时态逻辑和演绎策略的推理方法；时态 GIS 的构建和查询实现。⑪ GIS 中的空间—时间统计模型，主要研究目标是社会、自然和应用科学中空间和时态尺度变化的基本过程；空间—时间统计模型分类及其应用于选择合适的数据结构表达 GIS 中特定的社会和自然过程的时态可变性；有效的数据刷新算法对应于不同的时态变化尺度。⑫ GIS 和 RS，主要研究内容是改进数据获取和处理的方法；GIS 中遥感数据存储和集成的数据结构。

在基本完成以上研究目标后，90 年代中期，研究工作则由 GIS 大学联盟（UCGIS）组织，分 10 个研究主题展开：① 空间数据获取和集成；② 分布式计算；③ 地理表现扩展（动态、多维和全球）；④ 地理信息认知；⑤ 地理信息的互操作性；⑥ 尺度；⑦ GIS 环境的空间分析；⑧ 未来的空间信息基础设施；⑨ 空间数据和基于 GIS 分析的不确定性；⑩ GIS 和社会。

二、技术系统研究

具有多学科交叉特征的 GIS，涉及的技术方法受到众多相关学科的影响和渗透，内容相当广泛，发展也极其迅速。包括 GIS 的硬件配置，软件开发工具及语言、数据查询、检索、显示和表达，数据输入与图像识别，"3S"及物联网技术集成，三维可视化及多媒体动态显示，WebGIS 的研制等。

三、应用方法研究

包括应用系统的设计和开发、各种应用分析模型的研发、不同来源和类型数据的采集和校验、应用效果、效益分析等。

第四节　地理信息系统的相关学科和技术

GIS 是 20 世纪 60 年代开始迅速发展起来的新兴学科，是传统科学与现代技术相结合的产物，它为各门涉及空间数据分析的学科提供了新的技术与方法。因此，诸多相关学科的技术发展都不同程度地为 GIS 提供了一些技术与方法。认识和理解 GIS 与这些相关学科的关系，对全面准确地应用和发展 GIS 是十分必要和有益的。图 1-7 大体表示出了这种相关关系。

一、GIS 与地图学

地图作为记录地理信息的一种图形语言形式，最为古老，久负盛誉。从历史发展看，GIS 脱胎于地图，并成为地图信息的又一种新的载体，它具有存储、分析、显示和传输的功能，尤其是计算机制图为地图特征的数字表示、操作和显示提供了系统的技术方法，为 GIS 的图形输出设计提供了技术支持；同时，地图仍是目前 GIS 的重要数据来源之一。但二者间有着一定的差别：地图强调的是数据分析、符号化与显示，而 GIS 则注重于空间信息分

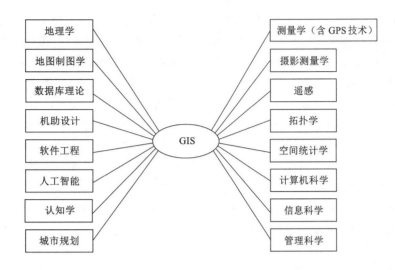

图 1-7　GIS 的相关学科和技术

析。地图学理论与方法对 GIS 的发展有着重要的影响，并成为 GIS 发展的根源之一。

　　GIS 是以空间数据或空间数据库（主要来自地图）为基础，其最终产品之一也是地图，因此它与地图有着极其密切的关系，两者都是地理学和测绘学的信息载体，同样具有存储、分析和显示（表示）的功能。由地图学到地图学与 GIS 结合，这是科学发展的规律，GIS 是地图学在信息时代的发展。关于 GIS 与地图学的关系问题，存在不少专门的论述。一种观点认为："GIS 脱胎于地图"，"GIS 是地图学的继续"，"GIS 是地图学的一部分"，"GIS 是数字的或基于可视化地图的 GIS"等；另一种观点认为："地图学是 GIS 的回归母体"，"地图是模拟的 GIS"，"地图是 GIS 的一部分"等。英国学者 S.Caeettari 认为"GIS 是一种把各系统发展中的一些学科原理综合起来的独特技术，作为其中一部分的地图学，不仅提供一体化的框架和数据，而且提供了目标、知识、原理和方法"。把地图学和 GIS 加以比较可以看出，GIS 是地图学理论、方法与功能的延伸，地图学与 GIS 是一脉相承的，它们都是空间信息处理的科学，只不过地图学强调图形信息传输，而 GIS 则强调空间数据处理与分析，在地图学与 GIS 之间一个最有力的连接是通过地图可视化工具来增加 GIS 的数据综合和分析能力。

　　GIS 与地图制图系统的关系存在两种看法：其一，计算机地图制图系统是 GIS 的一部分；其二，GIS 是计算机地图制图系统之上的超结构（Super Construction）。从 GIS 的发展过程可以看出，GIS 的产生、发展与地图制图系统存在着密切的联系，两者的相通之处是基于空间数据或空间数据库的空间信息的表达、显示和处理。

　　GIS 最初从计算机地图制图起步，早期的 GIS 往往受到地图制图中内容表达、处理方面的习惯的影响。但是，建立在计算机技术和空间信息技术基础上的 GIS 空间数据库和空间分析方法，并不受传统地图图纸平面的限制。GIS 不应当只是存取和绘制地图的工具，而应当是存取、处理、管理和分析地理实体的有效工具和手段，存取和绘制地图只是其功能之一。六七十年代期间，空间数据应用的主要领域是资源调查、土地评价和规划等领域，各学科领域的科学家们认识到地表各特征之间的相互联系、相互影响这一事实后，开始寻找一种综合的多学科、多目标的调查分析方法来评价地表特征，因而产生了面向特殊目的的专题图件。20 世纪 60 年代，计算机的出现打破了传统的地图制图方式，使地球资源的量化分析和评价产生了实质性的发展。地图要素被量化成简单的数字,可以用计算机很方便地给予定性、定量及定位分析,进而用颜色、符号和文字来完整地表达,因此产生了计算机地图制图技术。70 年代后期,由于计算机硬件持续发展,计算机地图制图的历程向前迈进了一大步。80 年代,美国地质调查研究所制定了旨在实现地图制图现代化的计划,它的任务是大规模地扩充和改进地图数字化设备,制定数据库信息交换标准,提高地图修编能力,改革传统的制图工艺,形成现代化数字制图流程。计算机地图制图技术的发展对 GIS 的产生起了有力的促进作用,GIS 的产生进一步为地图制图提供了现代化的先进技术手段,成为现代地图制图的主要手段。GIS 应用于地图制图,可实现地图图形数字化,建立图形和属性两类数据相结合的数据库。但 GIS 不同于计算机地图制图,计算机地图制图主要考虑地形、地物和各种专题要素在图上的表示,并且以数字形式对它们进行存储、管理,最后通过绘图仪输出地图。计算机地图制图系统强调的是图形表示,通常只有图形数据,不太注重可视实体具有或不具有的属性信息,而这种属性信息却是地理分析中非常有用的数据。GIS 既注重实体的空间分布又强调它们的显示方法和显示质量,强调的是信息及其操作,不仅有图形数据库,还有属性数据库,并且可综合两者的数据进行深层次的空间分析,提供对规划、管理和决策有用的信息。数字地图是 GIS 的数据源,也是 GIS 的表达形式,计算机地图制图是 GIS 的重要组成部分。

二、GIS 与地理学及地学数据处理系统

地理学是一门研究人类赖以生存空间的科学,以地域单元研究人类居住的地球及其部分区域,研究人类环境的结构、功能、演化以及人地关系。在地理学研究中,地理空间分析的理论方法具有悠久的历史,为 GIS 提供了有关空间分析的基本观点与方法,是 GIS 的基础理论依托。而 GIS 的发展也为地理问题的解决提供了全新的技术手段,并使地理学研究的数学传统得到充分发挥。

地学数据处理系统是以地学数据的收集、存储、加工、集成、再生成等数据处理为目标,为 GIS 提供符合一定标准和格式数据的信息系统。而 GIS 引入地学界,正如美国科学家兰菲尔所说的"如同 Fortran 语言引入计算机科学界一样重要",GIS 是以一种全新的思想和手段来解决复杂的规划、管理与地理相关的问题,例如城市规划、商业选址、环境评估、资源管理、灾害监测、全球变化,甚至在现代企业中作为制定科学经营战略的一种重要手段,因为企业对外界的认知能力和信息处理能力提高了,就能创造空间上的竞争优势。解决这些复杂的空间规划和管理问题,这是 GIS 应用的主要目标。

三、GIS 与测绘学

空间技术,各类对地观测卫星使人类有了对地球整体进行观察和测绘的工具,就像可以把地球摆在实验室进行观察研究一样方便。由空间技术和其他相关技术,如由计算机、信息、通信、网络等技术发展起来的 3S 技术(GPS、RS、GIS)在测绘学中的不断出现和应用,使测绘学从理论到手段都发生了根本性变化。测绘生产任务也由传统的纸上或类似介质的地图编制、生产和更新发展到地理数据的采集、处理和管理。GPS 的出现革新了传统的定位方式;传统的模拟摄影测量数据采集技术已由遥感卫星或数字摄影获得的影像所代替,测绘人员在室内借助高速高容量计算机和专用配套设备对遥感影像或信号记录数据进行地表(甚至地壳浅层)几何和物理信息的提取和变换,得出数字化地理信息产品,由此制作各类可供社会使用的专用地图等测绘产品。

从测绘学的现代发展可以看出,现代测绘学是指空间数据的测量、分析、管理、存储和显示的综合研究,这是应现代社会对空间信息有极大需求这一特点形成的一个更全面且综合的学科体系。它更准确地描述了测绘学科在现代信息社会中的作用。原来各个专门的测绘学科之间的界限已随着计算机与通信技术的发展逐渐变得模糊了。从现代信息论的观点看,测绘学本质上就是一门关于地球空间信息的学科,传统的测绘方式受地面测量技术、时空尺度和精度水平以及投入的局限,其产品主要是单一的地形图和在地形图基础上编绘的专用地图;它不能反映、至少不能及时反映地球表面形态的变化,特别是大范围和全球变化;其产品制作周期长,已不能满足地区经济和全球经济高速发展的多种需要。信息技术加快了人类社会的运行速度。测绘学应该是提供人类生存空间自然环境及其变化信息的学科,它的学科内涵发生了巨大的变化,因此如何界定测绘学的含义,已是世界各国测绘工作者所关注的问题。于是从 20 世纪 90 年代开始,国际上将测绘学(Surveying and Mapping)更改为一个新词——"Geomatics",以准确反映学科的实质。现在将它译成"地球空间信息学",已基本得到认同。

测绘学和遥感技术不但为 GIS 提供了快速、可靠、多时相和廉价的多种信息源,而且其许多理论和算法可直接用于空间数据的变换、处理。

四、GIS 与计算机科学

计算机科学的发展对 GIS 的发展有着深刻的影响。数据库管理系统(DBMS)主要用于存储、管理和查询属性数据,并具备一些基本的统计分析功能,它是 GIS 不可缺少的重要组成部分之一,是 GIS 有关数据操作功能的重要组成部分。建立在数据库技术基础上的空间数据库管理系统(SDBMS)更是 GIS 的核心,但是一般 DBMS 在处理空间数据时缺乏空间分析能力。计算机辅助设计(CAD)为 GIS 提供了数据输入和图形显示与表达的软件与方法,计算机图形学理论是现代 GIS 的技术理论之一,人工智能的技术进步也为 GIS 的智能化发展带来积极的影响,因特网的发展为 GIS 服务建立了良好的信息基础设施和环境,基于因特网的 GIS(WebGIS)的应用越来越普及。数学的许多分支,尤其是几何学、图论、拓扑学、统计学、决策优化方法等被广泛应用于 GIS 空间数据的分析。基于数据仓库管理、网络传输、虚拟现实等多学科融合、多技术集成的 GIS 已是其发展方向。

GIS 离不开数据库技术。数据库技术主要是通过属性来管理和检索,其优点是存储和管理有效,查询和检索方便,但数据表示不直观,不能描述图形拓扑关系,一般没有空间概念,即使存储了图形,也只是以文件形式管理,图形要素不能分解查询。GIS 能处理空间数据,其工作过程主要是处理地理实体的位置、空间关系及地理实体的属性。例如电话查号台可看作一个事务数据库系统,它只能回答用户所询问的电话号码,而通信信息系统除了可查询电话号码外,还可提供电话用户的地理分布、空间密度、最近的邮电局等信息。

GIS 数据处理流程和数据共享机制需要一个长事务处理模型,以完成大量的修改和数据复制。在 GIS 中,一个编辑过程常包含多次数据处理的过程,这些过程可以定义成一个事务。比如,一个土地利用层中的"多边形的切割",包括三个步骤:删除原有的多边形,添加两个新多边形,并且更新土地拥有者和税务的信息。在多用户数据库中,GIS 的事务处理必须基于 DBMS 的短事务处理。空间数据引擎 SDE 实现了将高级复杂的 GIS 事务处理映射到 DBMS 的事务处理上面。在很多场合下,长事务处理是非常重要的。长事务处理可以通过多用户的 DBMS 和空间数据引擎 SDE 来实现。

五、GIS 与计算机辅助设计（CAD）

CAD 主要用来代替或辅助工程师们进行各种设计工作，它可绘制各种技术图形，大至飞机，小至微芯片等，也可与计算机辅助制造（CAM）系统共同用于产品加工中的实时控制。GIS 与 CAD 系统的共同特点是两者都有空间坐标，都能把目标和参考系统联系起来，都能描述图形数据的拓扑关系，也都能处理非图形属性数据。它们的主要区别是：CAD 处理的多为规则几何图形及其组合，它的图形功能尤其是三维图形功能较强，属性库功能相对要弱，采用的一般是几何坐标系。而 GIS 处理的多为自然目标，有分维特征（海岸线、地形等高线等），因而图形处理的难度大；GIS 的属性库内容结构复杂，功能强大，图形属性的相互作用十分频繁，且多具有专业化特征；GIS 采用的多是大地坐标，必须有较强的多层次空间叠置分析功能；GIS 的数据量大，数据输入方式多样化，所用的数据分析方法具有专业化特征。因此一个功能较全的 CAD，并不完全适合于完成 GIS 任务。下面是一个对比：

① CAD 的几何形状主要由设计人员构造，而 GIS 的几何形状通过扫描、数字化或测量获取。

② CAD 几何形态包含水平和垂直线段，通常线段间的夹角是规则的。GIS 实际上不包含水平或垂直线段，除了直角，其他的规则夹角很少。另外，形状破碎的线段，例如等高线和海岸线，则很平常。

③ 在 CAD 中，圆弧和曲线是基本的；在 GIS 中，它们实际上不存在，它通过线段的无限逼近来实现。

④ 在 CAD 中，一个典型的多边形有四个顶点；在 GIS 中，一个多边形可能有上千个顶点。

⑤ 在 CAD 中，诸如映射、旋转、比例、拷贝之类的操作频繁地出现，在 GIS 中不常用。

⑥ 在 CAD 中，目标间的拓扑关系实际上不存在；在 GIS 中，拓扑是主要的考虑之一。

⑦ 在 CAD 中，栅格很少用，但在 GIS 中，栅格数据的操作也是非常重要的。

当然，依托 CAD 图形平台或平台资源开发的地理信息软件系统，目前市场上也有产品可供用户选择，如 MicroStationGeoGraphics 和 Autodesk Geospatial 等。

六、GIS 与遥感技术

遥感是 20 世纪 60 年代以后发展起来的一门新兴技术，是利用传感器从远距离平台不直接接触物体而对目标进行感知和探测的技术。遥感影像数据有效弥补了常规野外测量获取数据在时间、空间连续性和光谱特征信息方面的不足和缺陷。遥感对地观测系统和图像处理技术领域取得的巨大成就，使人们能够从宏观到微观的范围内，快速而有效地获取和利用多时相、多波段的地球资源与环境影像信息，进而为改造自然、造福人类服务。

遥感是地理信息系统重要的信息源（包括基础信息采集和信息更新），基于遥感信息既可以提取 GIS 需要的空间信息（主要是通过具有立体像对的遥感信息源进行），又可以提供相应的专题要素和属性信息，遥感图像处理是实现遥感数据向地理信息转变的关键之一。近年来，随着具有立体量测能力的高分辨率卫星遥感影像的商业化应用，基于遥感影像采集和更新 GIS 信息（包括空间信息和属性信息）已成为重要的技术趋势。

GIS 可以为遥感图像处理和遥感信息解译提供地学参照数据、辅助信息和分析判据，如提取遥感影像几何校正需要的地面控制点坐标、提供影像分类的训练区选择等。

遥感和 GIS 的集成得到了快速发展，如目前一些商业化的 GIS 软件都具有一定的图像处理功能,而遥感影像也具有一定的矢量数据处理功能,并且都提供了数据转换的功能模块。

第五节　地理信息系统的发展概况

一、地理信息系统发展的科学技术背景

20世纪60年代,美国麻省理工学院首次提出计算机图形学这一术语,并论证了交互式计算机图形学是一个可行的、有用的研究领域,从而确定了这一科学分支的独立地位。60年代初,计算机技术开始用于地图量算、存储、分类、分析和覆盖合并等,越来越多地显示出其优越性。随着计算机技术应用于自然资源和环境数据分析处理的迅速发展,使空间数据自动采集、分析、处理和显示技术不断改进和协同发展,进而导致了地理信息系统技术的产生。1963年加拿大测量学家 Roger F.Tomlinson 首次提出了地理信息系统这一术语,并建立了世界上第一个 GIS—加拿大地理信息系统(CGIS),当时主要用于自然资源的管理和规划。经过50余年的发展,地理信息系统的理论和技术体系日臻完善,应用更加普及和深入,并促进了地球空间信息学(Geomatics)或地理信息科学(Geo-informatics)的形成和发展。

进入21世纪,GIS的研究与应用步入一个充满生机的崭新阶段。一方面 IT(信息技术)业的高度发展及其与 GIS 深入交叉渗透,为 GIS 技术的实现和应用的全方位拓展奠定了坚实的软硬件基础;另一方面遥感技术(RS)和卫星全球定位技术(GPS)的广泛普及和应用,使得 GIS 中最重要的部分——空间数据的获取变得方便、实时,同时数据的分辨率可满足多方面应用的需求,从而促进了地理信息系统的应用。

二、地理信息系统的发展简史

(一)国际发展状况

纵观国际上 GIS 的发展,可将其分为以下几个阶段:

(1)地理信息系统的开拓期(20世纪60年代)

这一时期的 GIS 与计算机技术的发展水平相联系,空间数据的输入、存储、处理功能很弱,且着重于地学空间数据处理。例如,美国人口调查局建立的 DIME 系统用于处理人口统计数据,加拿大统计局的 GRDSR 系统用于管理资源普查数据等。许多大学研制了一些基于栅格数据方式的软件包,如哈佛大学的 SYMAP、马里兰大学的 MANS 等。这一时期 GIS 发展的另一显著特点是许多相关组织机构的纷纷创立,例如1966年美国成立了城市和区域信息系统协会(URISA),1969年又建立了州信息系统全国协会(NASIS),国际地理联合会(IGU)于1968年设立了地理数据收集和处理委员会(CGDSP)。它们对于传播 GIS 知识,发展 GIS 技术起了重要作用。在这一时期,专家的兴趣和政府部门的推动对 GIS 的发展起着积极的引导作用,并且大多数 GIS 工作限于政府或大学的范畴,国际交流也甚少。

(2)地理信息系统的巩固发展期(20世纪70年代)

20世纪70年代是 GIS 的发展时期。在这期间计算机发展到第三代,大容量随机存取设备——磁盘的使用,为空间数据的录入、存储、检索和输出提供了强有力的手段。用户屏幕和图形、图像卡的发展增强了人机对话和高质量图形显示功能,促使 GIS 朝着实用化方向迅速发展。一些发达国家先后建立了许多专业性的土地信息系统和地理信息系统。例如,从1970年到1976年,美国地质调查局建成了50多个专业 GIS,为地理、地质和水资源

等的空间信息管理服务。加拿大、联邦德国、瑞典、日本等国也相继发展了自己的专业 GIS。同时,一些商业公司开始活跃起来,软件在市场上受到欢迎。据统计,70 年代约有 300 多个系统投入使用。1980 年美国地质调查局出版了《空间数据处理计算机软件》的报告,基本总结了 1979 年以前世界各国的 GIS 发展概况。此外,D.F.Marble 等拟定了处理空间数据的计算机软件登录的标准格式,对全部软件作了系统的分类,提出 GIS 发展的重点是空间数据处理的算法、数据结构和数据管理系统这三个方面。由于西方国家环保浪潮的兴起,导致了 GIS 在自然资源开发、环境保护和土地利用规划等领域的应用。同时,许多大学和研究机构开始重视 GIS 软件设计和应用研究。例如,美国纽约州立大学布法罗校区创建了 GIS 实验室,后来在 1988 年发展成为包括加州大学和缅因州大学在内的由美国国家科学基金会支持的国家地理信息和分析中心(NCGIA),说明 GIS 技术已经受到政府部门、商业公司和大学的普遍重视,成为一个引人注目的领域。但系统的数据分析能力仍然很弱,系统的开发和应用多限于某个机构,专家个人的影响削弱,而政府的作用增强。

(3) 地理信息系统技术大发展时期(20 世纪 80 年代)

20 世纪 80 年代是 GIS 在理论、方法和技术取得突破与趋于成熟的阶段。此期间越来越多的专业期刊创立,并发表 GIS 的应用、理论和方法方面的学术论文;一些计算机公司开始向用户介绍和展示 GIS 软件样板;对 GIS 有所了解和认识的人日渐增多。此外,计算机硬件技术大为发展,图形工作站的推出,微型 PC 机的性能价格比不断提高,软件开发工具的广泛应用和数据库技术的推广,都对 GIS 的成熟起着推动作用。这期间,GIS 的数据处理能力、空间分析能力、人机交互对话、地图的输入、编辑和输出技术均有了较大发展,并且在许多领域中得到应用。80 年代后期,以工作站为平台的 GIS 软件日益发展。商品化的 GIS 软件除了具有上述功能之外,还能为用户提供良好的用户界面、多种数据格式转换接口、计算机网络通信,有的甚至还提供一种“宏语言”作为二次开发之用。在实用方面,从解决基础设施的规划(如道路、输电线)转向更复杂的区域开发问题,例如土地的多目标规划,城市发展战略研究及投资环境决策等,在这些研究中地理因素成为不可缺少的依据。GIS 与卫星遥感技术相结合,开始用于解决全球性的难题,如全球沙漠化、全球可居住区的评价、厄尔尼诺现象及酸雨、核扩散及核废料,以及全球海平面变化与监测等。在此期间推出了不少商品化的 GIS 软件,代表性的有 ARC/INFO、TIGRIS、GENAMAP、IGDS/MRS、Microstation、SYSTEM9 等,有的可在工作站和微机两种平台上运行。

(4) 地理信息系统的用户时代(20 世纪 90 年代)

由于计算机的软硬件均得到飞速发展,网络已进入千家万户,地理信息系统已成为许多机构必备的工作系统,尤其是政府决策部门,在一定程度上由于受地理信息系统影响而改变了原有机构的运行方式、设置与工作计划等。另外,社会对地理信息系统的认识普遍提高,需求大幅度增加,从而导致地理信息系统应用的扩大与深化。国家级乃至全球性的地理信息系统已成为公众关注的问题,地理信息系统已成为现代社会最基本的服务系统。

(5) 地理信息的网络化时代(2000 年以后)

随着网络与通信技术、移动通信设备的快速发展,GIS 从单机应用向网络化应用发展,如 Google 地图、百度地图等,进一步推动了 GIS 的大众化。同时,云计算、时空大数据分析成为地理信息科学领域的研究重点。

（二）国内发展状况

我国 GIS 的研究起步较晚，但发展较快、势头良好，大体上可分为以下几个阶段。

（1）准备阶段

20 世纪 70 年代初期我国开始在测量、制图和遥感领域应用计算机技术。随着遥感技术的发展，我国于 1974 年开始引进美国陆地卫星图像资料，开始了遥感图像处理和解译工作。1976 年召开了第一次遥感技术规划会议，形成了遥感技术实验和应用研究蓬勃发展的新局面。此后，开展了各种区域性航空遥感实验研究，获得了大量多层次、多时相、多应用目标的综合地学信息。遥感在地学各领域中的推广应用，地学实验技术和理论研究的需要，以及地球科学、环境科学研究向宏观和微观的战略发展，为地理信息系统的发展开辟了道路。1978 年国家计划委员会在安徽黄山召开了全国第一届数据库学术讨论会；同年 10 月在浙江杭州召开了第一届环境遥感学术讨论会，在会上我国著名地理学家、地图学家陈述彭院士发出了我国开展地理信息系统研究的倡议。从此，地理信息系统研究的舆论准备、组织建设和可行性实验在全国由点到面逐步开展起来。

（2）试验起步阶段

20 世纪 80 年代之后，我国在 GIS 的研究和应用方面取得了实质性进展。在理论探索、规范探讨、实验技术、软件技术、系统建立、人才培养和区域性、专题性试验等方面都积累了经验，取得了突破和进展。例如，在二滩、渡口地区建立了我国第一个信息系统模型，以及全国范围的空间数据库试验方案，建成了 1∶100 万国土基础信息系统和全国土地信息系统，1∶400 万全国资源和环境信息系统，1∶250 万水土保持信息系统。在专题性信息系统试验研究方面，如黄土高原信息系统、洪水灾情预报与分析系统、全国树木资源与环境信息系统、矿产资源数据库、煤种资源数据库、农业资源数据库等。用于辅助城市规划的各种小型信息系统在城市建设和规划部门获得了认可。

在学术交流和人才培养方面，此期间也得到较大发展。在国内召开了多次关于 GIS 的国际学术讨论会。1980 年 1 月，中国科学院遥感应用研究所成立了第一个地理信息系统研究室。1985 年 2 月，在中国科学院和国家计划委员会领导下建立了"资源与环境信息系统国家重点实验室"。1989 年初以武汉测绘科技大学国家重点学科摄影测量与遥感及大地测量专业的相关实验室为基础开始筹建，并在当年由国家计划委员会正式批准成立测绘遥感信息工程国家重点实验室。南京大学、北京大学等高校在计算机辅助制图和地理信息系统的教育、科研和人才培养方面先行一步，并取得了可喜的成绩。

同时，信息系统规范化、标准化的研究工作也有计划地开展。1983 年 11 月，国家科学技术委员会组建了资源与环境信息系统国家规范组，在充分调查分析国内外历史和现状的基础上，于 1984 年 9 月提供了《资源与环境信息系统国家规范研究报告》。

上述各个方面卓有成效的工作，逐步形成了我国自己建立和发展 GIS 的技术路线、原则和政策，避免了一些盲目分散或过度集中的通病，使具有实际效能的区域性 GIS 和专业（题）性 GIS 得到并行发展。此外，还注意发展微机 GIS，以便于推广应用。

（3）发展阶段

从 1986 年到 1995 年前后，我国的 GIS 事业随着社会主义市场经济的发展走上全面迅速发展的阶段。在此期间，全国许多行业部门和部分省区积极发展各有特色的 GIS，从而在理论和应用研究、人才培养等方面取得了丰硕成果。由于沿海、沿江经济开发区的发展，土地的有偿使用和外资的引进,急需 GIS 为之服务,推动了 GIS 的发展。上海、北京、天津、深圳、海口、三亚、常州等大中城市相继建设了城市 GIS。北京农业大学等积极开展土地和农业信息系统的研究,建设了用于农作物估产和灾害监测的遥感 GIS。矿区是一种特殊的地理区域,其地理空间要素和社会经济要素的内容广泛、综合、复杂,而且变化迅速。矿山地理信息系统(MGIS)或称矿区资源与环境信息系统(MREIS)所面向的地理空间包括地面、地下以及大气层的多层次三维空间,甚至要求建立动态的时空一体化的四维 GIS。中国矿业大学、太原理工大学和西安煤田航测遥感局等在其理论、技术方法和应用研究以及人才培养方面做了许多工作,均取得了可喜的成果。

1992 年 10 月,联合国经济发展部(UNDESD)在北京召开了城市 GIS 学术讨论会,并建议筹建中国 GIS 协会。经过一年多的筹备工作,于 1994 年 4 月 25～27 日在北京召开了中国地理信息系统协会(简称 CAGIS)成立大会暨技术报告会,以指导、协调和推动全国 GIS 事业的发展。

此外,1992 年 8 月在美国纽约州的布法罗市召开了首届 GIS 中国学者大会,共有 120 多名中国学者与会,共同研讨 GIS 的现状和未来的发展,显示了中国学者对国际 GIS 学科的关心和在理论与应用研究中做出的贡献。

(4) 持续发展、形成行业和走向产业化阶段

经过 30 多年的发展,中国 GIS 已在研究和应用上逐步形成行业,开始走向产业化的道路,成为国民经济建设和社会生活的一种共同需要和普遍使用的工具,并在城市建设、农业、能源等基础建设、环境保护、灾害防治和海洋开发等方面发挥重大作用。但其中还有许多理论、技术方法和应用问题需要研究和解决。

应该说,经过 30 多年的发展,我国地理信息系统在基础理论、技术开发、软件研制、工程应用、人才培养等方面都取得了快速发展和长足进步,在从业人员、产业规模、用户数量等方面都成了 GIS 大国。特别是近年来开展的数字城市、智慧城市建设以及地理国情监测,为 GIS 的发展与应用提供了广阔的空间。但需要指出的是,目前我国在地理信息系统基础理论研究方面具有较大国际影响的原创性成果还比较少,国产 GIS 软件在国内外市场的份额还比较小(特别是国际市场)。虽然我国是一个 GIS 大国,但却不是一个 GIS 强国。要实现我国由一个 GIS 大国到 GIS 强国的转变,还需持续不断的努力。

第六节　地理信息系统的应用领域

GIS 成了国家宏观决策和区域目标开发的重要技术工具,也成了与空间信息有关的各行各业的基本工具。以下简要介绍 GIS 的一些主要应用。

一、测绘与地图制图

GIS 技术源于机助地图制图。GIS 与 RS、GPS 在测绘领域的广泛应用,为测绘与地图制图带来了一场革命性的变化。集中体现在:地图数据获取与成图的技术流程发生了根本改变,地图的成图周期大大缩短,地图成图精度大幅度提高,地图的品种大大丰富。数字地图、网络地图、电子地图等一批崭新的地图形式为广大用户带来了巨大的应用便利,测绘与地图制图进入了一个崭新的时代。

二、资源管理

资源清查是 GIS 最基本的职能,这时系统的主要任务是将各种来源的数据汇集在一起,并通过系统的统计和叠置分析功能,按多种边界和属性条件,提供区域多种条件组合形式的资源统计和进行原始数据的快速再现。以土地利用类型为例,可以输出不同土地利用类型的分布和面积,按不同高程带划分土地利用类型,不同坡度区内的土地利用现状,以及不同时期的土地利用变化等,为资源的合理利用、开发和科学管理提供依据。再如,美国资源部和威斯康星州合作建立了以治理土壤侵蚀为主要目的的 GIS。该系统通过收集耕地面积、湿地分布面积、季节洪水覆盖面积、土壤类型、专题图件信息、卫星遥感数据信息,建立了潜在的威斯康星地区的土壤侵蚀模型,据此,分析了土壤恶化的机理,提出了合理的土壤改良方案,达到对土壤资源保护的目的。

三、规划设计

城市与区域规划中要处理许多不同性质和不同特点的问题,它涉及资源、环境、人口、交通、经济、教育、文化和金融等多个地理变量和大量数据。GIS 的空间数据库有利于将这些数据整合到统一系统中,最后进行城市与区域多目标的开发和规划,包括城镇总体规划、城市建设用地适宜性评价、环境质量评价、道路交通规划、公共设施配置以及城市环境的动态监测等。这些规划功能的实现,是以 GIS 的空间搜索方法、多种信息的叠加处理和一系列分析软件(回归分析、投入产出计算、模糊加权评价、各种规划模型、系统动力学模型等)作为支撑。我国大城市数量居于世界前列,根据加快中心城市建设的规划与加强城市建设决策科学化的要求,利用 GIS 作为城市规划、管理和分析的工具,具有十分重要的意义。例如,北京某测绘部门以北京市大比例尺地形图为基础图形数据,在此基础上综合叠加地下及地面的八大类管线(包括上水、污水、电力、通信、燃气等管线)以及测量控制网、规划道路等基础测绘信息,形成一个基于测绘数据的城市地下管线信息系统,从而实现了对地下管线信息的全面现代化管理,为城市规划设计与管理部门、市政工程设计与管理部门、城市交通部门与道路建设部门等提供地下管线及其他测绘数据的查询服务。

四、灾害监测

利用 GIS,借助遥感遥测的数据,可以有效地进行森林火灾的预测预报、洪水灾情监测和洪水淹没损失的估算,为救灾抢险和防洪决策提供及时准确的信息。1994 年的美国洛杉矶大地震,就是利用 ARC/INFO 进行灾后应急响应决策支持,成为大城市利用 GIS 技术建立防震减灾系统的成功范例。通过对横滨大地震的震后影像做出评估,建立各类数字地图库,如地质、断层、倒塌建筑等图库,对各类土层进行叠加分析得出对应急有价值的信息。该系统的建成使有关机构可以对像神户一样的大都市大地震做出快速响应,最大限度地减少伤亡和损失。再如,根据对我国大兴安岭地区的研究,通过普查分析森林火灾实况,统计分析十几万个气象数据,从中筛选出气温、风速、降水、温度等气象要素和春秋两季植被生长情况以及积雪覆盖程度等 14 个因子,用模糊数学方法建立数学模型,建立多因子的综合指标森林火险预报方法,对预报火险的准确率可达 73% 以上。

五、环境保护

利用 GIS 技术建立城市环境监测、分析及预报信息系统,为实现环境监测与管理的科学化、自动化提供最基本的条件。在区域环境质量现状评价过程中,利用 GIS 技术,实现对整个区域的客观、全面的环境质量评价,以反映出区域受污染的程度以及雨季空间分布状态。在野生动植物保护中,世界野生动物基金会采用 GIS 空间分析功能,帮助世界最大的猫科动物,改变它目前濒于灭种的境地,都取得了很好的应用效果。

六、国防

现代战争的一个基本特点就是"3S"技术被广泛运用到从战略构思到战术安排的各个环节,它往往在一定程度上决定了战争的成败。如海湾战争期间,美国国防制图局为了战争的需要,在工作站上建立了 GIS 与 RS 的集成系统,它能用自动影像匹配和自动目标识别技术,处理卫星和高空侦察机实时获得的战场数字影像,及时将反映战场现状的正射影像叠加到数字地图上,数据直接传送到海湾前线指挥部和五角大楼,为军事决策提供 24 小时的实时服务。

七、宏观决策支持

利用 GIS 的空间数据库,通过一系列决策模型的构建和比较分析,为国家宏观决策提供依据。例如 GIS 支持下的土地承载力的研究,可以解决土地资源与人口容量的规划。我国在三峡地区研究中,采用 GIS 和机助制图的方法建立环境监测系统,为三峡宏观决策提供了建库前后环境变化的数量、速度和演变趋势等可靠数据。又如,通过对矿区地理信息系统数据库中的地质、采矿工程、地形等数据的分析研究,利用图形叠置等功能和开采沉陷规律模型,可以进行沉陷区的预计,为保护地面建筑物和开采设计提供科技手段,可取得良好的效益。

GIS 正越来越成为国民经济各相关领域必不可少的应用工具,相信它的不断成熟与完善将为社会的进步与发展做出更大的贡献。

总之,建立在系统论、信息论和控制论等现代科学理论以及计算机技术、空间技术、网络技术等基础上的 GIS,通过充分发挥其在理论、技术与应用三结合的优势,已跻身于世界高新技术领域,并且随着 GIS 应用领域的扩大和深入,又必然推动 GIS 理论和技术方法的不断发展与完善,进而形成独立的科学——地理信息科学,以及新兴的产业——地理信息产业。目前,主要的问题不是要不要 GIS,而是如何应用它、发展它,使它发挥最佳的效果,为人类造福。

本 章 小 结

本章介绍了 GIS 的一些基本概念,如数据、信息、地理数据、信息系统和地理信息系统;论述了 GIS 的组成、分类、主要功能及主要研究内容;对 GIS 的国内外发展情况作了简要分析。同时指出,GIS 既是一种有着广泛用途的科技手段,又是一门新兴的边缘性学科,它与测绘学、遥感、地理学、地图制图学、计算机科学技术等学科关系密切,它的进一步发展将与上述诸多学科及技术的发展紧密相关。GIS 的应用十分广泛,在土地管理、地理国情监测、城市规划、资源与环境、农林水利、防灾减灾以及社会与经济发展中发挥着重要的作用。

本章思考题

1. 什么是地理数据和地理信息? 这两者有何区别和联系?
2. GIS 与一般的计算机应用系统有哪些异同?

3. 信息技术(IT)包括哪些技术？GIS 在信息产业中的地位和作用如何？

4. 计算机地图制图与 GIS 的联系与区别主要有哪些？

5. 试述 GIS 的组成及各部分的主要功能。

6. 试述 GIS 与其他相关学科间的关系。

7. GIS 可应用于哪些主要应用领域？结合你的学科专业论述 GIS 的主要应用领域及发展前景。

8. GIS 技术和学科的形成与发展尽管时间不长，但为什么其发展与应用却如此迅猛而广泛？

第二章 地球空间与空间数据基础

第一节 地球空间、地理空间与地理空间描述

一、地球空间和地理空间

地球空间是指靠近地球的、受太阳辐射变化直接影响的空间区域，它是由许多相互作用共同产生的区域，也是由许多边界决定的区域。这些相互作用包括：地球物质与太阳辐射的相互作用，太阳风和地磁场的相互作用，磁场与带电粒子的相互作用；这些边界包括：太阳风与地球物质的边界，由不同气流支配的各区域的边界等。

地理空间是地球上大气圈、水圈、生物圈、岩石圈和土壤圈交互作用的区域，主要涉及地球空间的表层部分。地球上的许多自然和生物现象，以及复杂的物理过程、化学过程、生物和生化过程大都发生在地理空间中。通常，地理空间被定义为绝对空间和相对空间两种形式。绝对空间是具有属性描述的空间位置的集合，它由一系列不同位置的空间坐标值组成；相对空间是具有空间属性特征的实体集合，它由不同实体之间的空间关系构成。

二、地理空间抽象过程

地理信息系统主要是针对地理空间而展开研究的。地理空间中存在着各种事物或现象，如山脉、水系、土地、城镇、资源分布、道路网络、环境变迁等，这些事物或现象被称为地理空间实体，它们的一个典型特征是与一定的地理空间位置有关，都具有一定的几何形态、分布状况以及彼此之间的相互关系。地理空间实体除了空间位置特征之外，还具有专题特征、时间特征和空间关系等。

地理空间认知是指人类对地理空间的理解以及据此进行地理分析和决策的一系列心理过程，其表达了人类如何认知自己赖以生存的地理环境。例如图 2-1 表达了人类基于地图对现实世界的理解和掌握的认知过程。

由于地理空间信息的复杂性以及人们认识地理空间在观念或方法上的不同，对地理实体的抽象方式也存在一定的差别，使得不同的学科或部门具有不同的地理空间认知过程，从而可以按照各自的认识和思维方式构建不同的地理空间认知模型。在地理信息系统学科中，关于地理空间的认知主要包括 OGC 九层次、ISO-TC211 和三层次认知抽象过程。

（一）OGC 九层次抽象认知过程

为了使不同的地理信息系统之间具有良好的互操作性，以及在异构分布式数据库中实现信息共享，开放地理信息联盟（Open Geospatial Consortium，OGC）基于开放式地理信息系统（Open GIS）规范，建立了开放的、人们共同认可的、统一观点的地理空间认识模型，被称为 OGC 模型。该模型将对地理空间的认知抽象为九个层次，如图 2-2 所示。

① 现实世界（Real World）：实际存在的、复杂混沌的大千世界。

② 概念世界（Conceptual World）：由人们认识并命名的事物组成的世界。

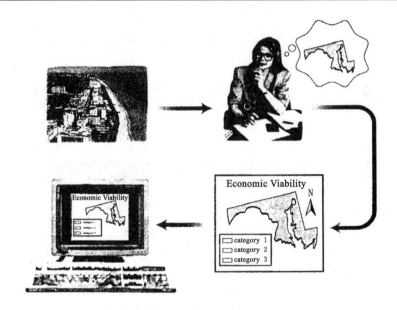

图 2-1　基于地图的地理空间认知过程

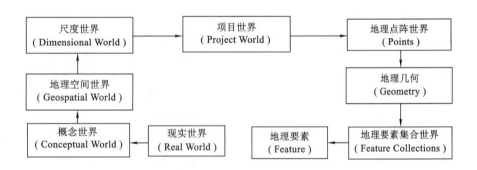

图 2-2　Open GIS 的九个抽象层次

③ 地理空间世界（Geospatial World）：反映地图和 GIS 的世界，用抽象和符号的方式表达概念世界中与地图和地理数据有关的事物。

④ 尺度世界（Dimensional World）：经过量测可以确定几何特征和定位精度的地理空间世界。

⑤ 项目世界（Project World）：是尺度地理空间世界的一个被选择部分，按照语义来构造。

⑥ 地理点列世界（Points）：在一个特殊的地理层中定义的点列，它们与软件系统相关联。

⑦ 地理几何特征世界（Geometry）：基于空间点列来构造的地理要素几何特征，它们与软件系统相关联。

⑧ 地理要素世界（Feature）：地理要素由几何特征、属性特征及空间参考系统组成，它为地理信息处理提供一个开放界面。

⑨ 地理要素集合世界（Feature Collections）：由单个要素组成。

以上从第二层到第九层,每一层都由前一层派生而来。前五个层次(现实、概念、地理空间、尺度、项目)均是对现实世界的抽象,也称为感知世界,不进行软件建模。后四个层次(地理点列、地理几何特征、地理要素、地理要素集合)均是对现实世界的数学和符号描述,也可以称为 GIS 工程世界,易于进行软件建模。在这九个层次之间通过接口相连接,实现了由现实世界到 GIS 工程世界或地理要素集合世界的转换。

（二）ISO/TC211

国际标准化组织(ISO)的地理信息标准化技术委员会(TC211)为了促进人们对地理空间信息有一个统一的认识和一致的使用方法,以及加强地理信息系统的互操作性,也制定了地理空间认知的概念模式(图 2-3)。该模型是在明确地理空间论域的基础上,实现了概念模式的建立,基于人们认知特点与计算机处理的需求,构成既方便人们认识又适合计算机解释和处理的实现模式。该模型展现了层次化的特点,规范了以数据管理和数据交换为目的的地理信息基本语义和结构,从而达到准确描述地理信息、规范管理地理数据的目的。

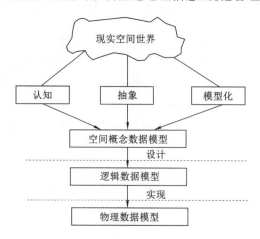

图 2-3 ISO/TC211 模型

（三）三层次认知抽象过程

为了更简单地描述 GIS 世界,使认知抽象过程更具有可操作性,有的学者从感性认识、知性认识和理论认识的认识三层次出发,对 OGC 模型、ISO/TC211 等模型进行简化,将地理空间认知过程归纳为三个层次来进行抽象,如图 2-4 所示。

概念数据模型是地理空间中实体与现象的抽象概念集,是地理数据的语义解释,从计算机系统的角度来看,它是抽象的最高层。构造概念模型应该遵循的基本原则是:语义表达能力强;作为用户与 GIS 软件之间交流的形式化语言,应易于用户理解;独立于具体计算机实现;尽量与系统的逻辑模型保持同一表达形式,不需要任何转换,或者容易向逻辑数据模型转换。

逻辑数据模型是 GIS 对地理数据表示的逻辑结构,是系统抽象的中间层,由概念模型转化而来,它是用户通过 GIS 看到的现实世界地理空间。逻辑数据模型的建立既要考虑用户易理解,又要考虑易于物理实现,易于转换成物理数据模型。

物理数据模型是概念模型在计算机内部具体的存储形式和操作机制,是系统抽象的最底层。

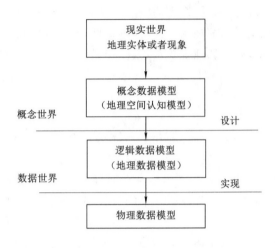

图 2-4　三层次模型

以上的三种模型各有特点，OGC 九层次模型的抽象层次不仅细致，而且比较烦琐，具体应用不方便；ISO/TC211 的抽象化过程重点强调了数据管理和数据交换，难以构成完整的地理空间认识模型。相对来说，三层次模型能较为简单和明晰地描述 GIS 抽象过程。

地球表面上的各种地理现象和物体错综复杂，用不同的方法、角度或视图来理解地理空间，可能产生不同的概念模型。许多方法局限于某一范围或反映地理空间的某一侧面，因此，形式的概念模型只能体现地理空间的某一方面。

三、地理空间认知模型

根据 GIS 数据的组织和处理方式，目前地理空间认知模型大体上分为三类：基于对象（Object-Based）、基于网络（Network-Based）和基于域（Field-Based）的认知模型，如图 2-5 所示。

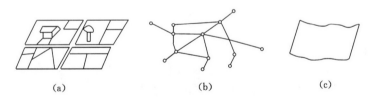

(a)　　　　　　　　　(b)　　　　　　　　　(c)

图 2-5　地理空间的三种认知模型
（a）对象；（b）网络；（c）域

（一）基于对象（目标）的模型

基于对象（目标）的模型将研究的地理空间看成一个空域，地理实体和现象作为独立的对象分布在该空域中。在二维空间中可以按照其空间特征分为点、线、面三种基本对象，多个对象可以构成复杂对象，并且与其他分离的对象保持特定的关系，如包含、邻接和关联等。每个对象对应着一组相关的属性以区分各个不同的对象。

（二）基于网络的模型

网络是地理空间中通过"通道"互相连接的一组地理空间位置。网络模型是由一系列节点和环链组成，可以看成由点对象、线对象以及它们之间的拓扑空间关系构成的对象模型。

现实世界许多地理事物和现象可以用网络模型来表达,如公路、铁路、通信线路、管道、自然界中的物质流、能量流和信息流等,都可以表示成相应的点之间的连线,由此构成现实世界中多种多样的地理网络。

（三）基于域（场）的模型

基于域（场）的空间模型把地理空间中的事物作为连续的变量或体来看待,例如大气污染程度、地表温度分布、大面积空气和水域的流速和方向等。域可以根据不同的应用领域表示成二维和三维地理空间。

类似于基于对象的模型,基于网络的模型也是描述不连续的地理现象,不同之处在于它需要考虑多个地理对象之间通过路径相互连接的情况。因此有的学者将网络模型视为对象模型的一种特殊形式,将空间数据模型归结为基于对象（目标）和基于域（场）的两种类型。需要指出的是,基于域的模型和基于对象的模型各有长处,在许多情况下需要综合应用这两种方法来建模,采用二者的集成。例如,为了描述区域降雨现象的特性变化,需要在采集各个降雨监测站点的降雨量数据的基础上,通过插值来分析和获取所研究区域降雨量的变化趋势和特点。因此,一个包含两个属性——采集数据点位置（对象）和平均降雨量（域）的空间认知模型,也许更适合于对区域降雨现象特性变化的描述。

四、地理空间的描述形式

地理空间可采用多种不同的方式进行描述,地图和遥感影像是其中最为常见的两种载体。

（一）地图对地理空间的描述

地图是现实世界的模型。它按照一定的比例、一定的投影原则,有选择地将复杂的三维现实世界的某些内容投影到二维平面上,并用符号将这些内容要素表现出来。地图上各种内容要素之间的关系,是按照地图投影建立的数学规则,使地面上各点和地图平面上的相应点保持一定的函数关系,从而在地图上准确地表达地表空间各要素的关系和分布规律,反映它们之间的方向、距离和面积。

在地图上,通过符号形状、大小、颜色的变化及地图注记对这些符号的说明、解释,不仅能表示实体的空间位置、形状、质量和数量特征,而且还可以表示各实体之间的相互关系,如相邻、包含、连接等。

地图学上把地理空间的实体分为点、线、面三种要素,分别用点状、线状、面状符号来表示。具体分述如下:

1. 点状要素

点状要素用来表达地面上那些面积较小、不能按比例尺表示又需要定位的事物,例如居民点、城镇点等。地面上真正的点状事物很少,一般都占有一定的面积,只是大小不同。

地图上对点状要素的质量和数量特征用点状符号表示。通常以点状符号的形状和颜色表示质量特征,以符号的尺寸表示数量特征,将点状符号定位于事物所在的相应位置上。

2. 线状要素

对于地面上呈线状或带状的事物如道路、河流、境界线、构造线等,在地图上均用线状符号表示。对线状和面状实体的区分,和地图比例尺有很大的关系。如河流,在小比例尺图上为线状地物,而在大比例尺地图上,则被表示成面状地物。

3. 面状要素

面状分布的地物很多,其分布状况各不相同,有连续分布的,如气温、土壤等;有非连续分布的,如森林、油田、农作物等。它们所具有的特征也不尽相同,有的是性质上的差别,如不同类型的土壤;有的是数量上的差异,如气温的高低等。因此,表示它们的方法也不尽相同。对于不连续分布或连续分布的面状事物的分布范畴和质量特征,一般可用面状符号表示。符号的轮廓线表示其分布位置和范围,轮廓线内的颜色、网纹或说明符号表示其质量特征。对于连续分布且逐渐变化的面状事物的数量特征及变化趋势,通常用一组线状符号——等值线来表示,如等温线、等高线、等降水量线等。

地图是地理实体的传播载体,具有存储、分析与显示地理信息的功能,因其具有直观、综合等特点,曾经是地理实体的主要载体,但随着人们对地理信息需求量的增加及质量需求的提高,以及计算机技术的发展,目前广泛使用计算机和地理信息系统来管理空间信息。

(二) 遥感影像对地理空间的描述

随着航空和航天技术的快速发展,对地观测技术日益成熟,遥感影像已经成为描述地理空间信息的重要信息源,并且在国民经济、地学研究和军事等方面得到广泛应用。如监测全球资源环境变化,了解沙漠化、土壤侵蚀等缓慢变化,监控森林火灾、洪水和天气变化状况,进行农作物估产等。

遥感影像对地理空间信息的描述主要通过不同的颜色和灰度来表示。由于地物的结构、成分、分布等的不同,其反射和发射光谱特性也各不相同,传感器记录的各种地物在某一波段的电磁辐射反射能量也各不相同,反映在遥感影像上则表现为不同的灰度信息。所以,通过遥感可以获取大量的空间地物的特征信息。如图 2-6 所示为某地区的遥感图像,基于该影像提取的林地专题信息如图 2-7 所示。

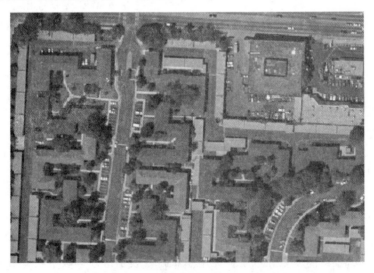

图 2-6　遥感影像对空间信息的描述

(三) 地理信息的数字化表述

随着信息时代的到来,用传统的手段(如地图和影像照片)描述地理信息已深感不足和不便。计算机软硬件技术、地理信息系统及图像处理技术的发展,使得利用计算机把地理信

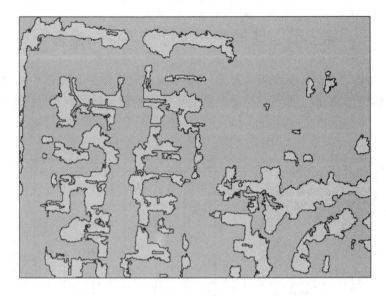

图 2-7　遥感影像表示的专题信息（林地）

息数字化,并对其进行管理、处理和利用成为可能。

　　在计算机内描述空间实体有显式描述和隐式描述两种形式。地理实体的显式描述被称为栅格数据结构。在该种结构中,整个地理空间被规则地分为一个个栅格小块(通常为正方形),地理实体的位置是由小块的行列编码决定的,每个地理实体的形态是由栅格或网格中的一组点来构成。这种数据结构和遥感影像的数据组织方式类似。隐式描述也称矢量数据结构,在该结构中,地理实体的形状和位置是由一组坐标对来确定的,具体的描述类似于地图对地理信息的描述,一般也分为点、线、面三种地理实体。

　　例如一条河流[图 2-8(a)],在计算机中的显式表示就是栅格中的一系列像元,如图2-8(b)所示。为使计算机能够识别这些像元描述的是河流而不是其他物体,这些像元都要给予相同的编码值 R 或者用相同的颜色、符号、数字、灰度值来表示。河流的隐式表示是由一系列定义始点和终点的线及某种连接关系来描述,线的始点和终点坐标定义为一条表示河流及其河心洲形状的矢量,如图 2-8(c)所示。

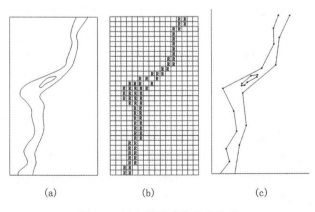

(a)　　　　　　(b)　　　　　　(c)

图 2-8　河流的显式和隐式表示

第二节　地理空间坐标系与地图投影

位置信息是地理数据的重要组成部分,为了确定空间实体在地理空间中的位置,首要任务是建立地理空间坐标系。地理空间坐标系主要包括地理坐标系和投影坐标系两种,如图 2-9 所示。

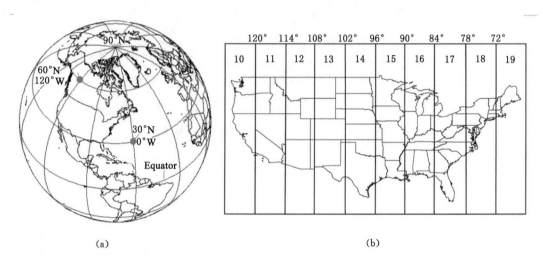

图 2-9　地理空间坐标系
(a) 地理坐标系;(b) 投影坐标系

一、地理坐标系(Geographic Coordinate System)

地理坐标系是球面坐标系统,是以经纬度为地图的存储单位,其使用基于经纬度坐标的坐标系统描述地球上某一点所处的位置,也就说空间地理要素在地球椭球面上的位置最直接的表示方法是用地理坐标(经度、纬度)和高程来表示,如图 2-9(a)所示。

我们要将地球上的数字化信息存放到球面坐标系统上,如何进行操作呢? 地球是一个不规则的椭球,如何将数据信息以科学的方法存放到椭球上,这必然要求我们找到这样的一个椭球体——椭球体具有长半轴、短半轴、偏心率等可以量化计算的参数。以下几行便是Krasovsky_1940 椭球及其相应参数:

Semimajor Axis:6378245.0000000000000000000

Semiminor Axis:6356863.0187730473000000000

Inverse Flattening(扁率):298.3000000000000010000

有了这个椭球体以后还不够,还需要一个大地基准面将这个椭球定位。地理坐标系是基于一个基准面来定义的,基准面是利用特定椭球体对特定地区地球表面的逼近,每个国家或地区均有各自的基准面。表 2-1 为我国所使用过的三个椭球体,基于这三个椭球,我国常用的地理坐标系为 GCS_WGS1984(基于 WGS84 基准面)、GCS_BEIJING1954(基于北京1954 基准面)和 GCS_XIAN1980(基于西安 1980 基准面)。

表 2-1 我国使用的椭球体

椭球体	长半轴 a/m	短半轴 b/m
Krasovsky(北京 54 采用)	6 378 245	6 356 863.018 8
IAG 75(西安 80 采用)	6 378 140	6 356 755.288 2
WGS 84	6 378 137	6 356 752.314 2

有了椭球体和基准面两个基本条件,地理坐标系统便可以使用了。以下为 GCS_GCS_BEIJING1954 的完整参数:

Alias:

Abbreviation:

Remarks:

Angular Unit:Degree (0.017453292519943299)

Prime Meridian(起始经度):Greenwich (0.000000000000000000)

Datum(大地基准面):D_Beijing_1954

Spheroid(参考椭球体):Krasovsky_1940

Semimajor Axis:6378245.000000000000000000

Semiminor Axis:6356863.018773047300000000

Inverse Flattening:298.300000000000010000(扁率)

二、投影坐标系(Projected Coordinate Systems)

由于地理坐标是一种球面坐标,难以进行距离、方向、面积等参数的计算,因此最好采用平面直角坐标系(笛卡儿平面直角坐标系)把空间实体表示在平面上。要用平面坐标表示地面上点的位置,就需要运用地图投影的方法将地球曲面展开成平面,从而建立地球表面和平面上点的函数关系,使地面上任一个由地理坐标(经度、纬度)确定的点,在平面上必有一个与它相对应的点,如图 2-9(b)所示。

在数学中,投影的含义是指建立两个点集之间一一对应的映射关系。在地图学中,地图投影就是指建立地球表面上的点与投影平面上的点之间的一一对应关系。地图投影的基本原理就是利用一定的数学法则把地球表面上的经纬线网表示到投影平面上。在地理信息系统中恰当地选用地图投影可保证空间地学信息在地域上的完整性和正确关系。由于地球的椭球体表面是曲面,而地图通常是要绘制在平面图纸上,因而制图时要把曲面展开为平面。然而,球面是个不可展的曲面,如果把它直接展成平面时,将不可避免地要发生变形或破裂或褶皱。显然,使用具有破裂或褶皱的平面绘制地图是不实用的、不可取的。因此,必须采用某些特殊的方法将曲面展开,使之成为没有破裂或褶皱的平面,但产生一定的几何变形则是难免的。

投影坐标系是使用基于 X,Y 值的坐标系来描述地球上某个点所处的位置。这个坐标系是从地球的近似椭球体投影得到的,它对应于某个地理坐标系。投影坐标系由以下参数确定:① 地理坐标系(由基准面确定,比如北京 54、西安 80、WGS84);② 投影方法(例如高斯—克吕格、Lambert 投影、Mercator 投影)。以下为 Gauss_Kruger 投影的参数信息:

False_Easting:500000.000000

False_Northing:0.000000

Central_Meridian：117.000000

Scale_Factor：1.000000

Latitude_Of_Origin：0.000000

Linear Unit：Meter (1.000000)

Geographic Coordinate System：

Name：GCS_Beijing_1954

Alias：

Abbreviation：

Remarks：

Angular Unit：Degree (0.017453292519943299)

Prime Meridian：Greenwich (0.000000000000000000)

Datum：D_Beijing_1954

Spheroid：Krasovsky_1940

Semimajor Axis：6378245.000000000000000000

Semiminor Axis：6356863.018773047300000000

Inverse Flattening：298.300000000000010000

三、地理信息系统与地图投影的关系

地图投影对地理信息系统的影响和作用渗透到各个方面(图 2-10)。在地理信息系统中,数据采集、预处理、存储、应用、分析以及产品输出的每一个环节都需要考虑到地图投影的作用。数据采集阶段需广泛采用各种不同的地图资料,各种空间数据经系统处理之后又往往需要以地图的方式表示。这些地图资料数据进入 GIS 数据库时,首先必须进行转换,以统一在同一个地理定位框架之内,用共同的地理坐标系统和网络坐标系统作为参照系来记录存储各种信息要素的地理位置和属性,从而保证同一 GIS 内,甚至不同的 GIS 之间的信息数据能够实现交换、配准和共享。因此,统一的坐标系统是地理信息系统建立的基础,是构建地理信息系统需要首先考虑的因素。

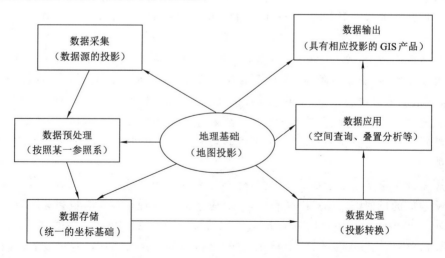

图 2-10　地图投影在 GIS 中的作用

四、GIS 中地图投影设计与配置的原则

考察国内外已经建立或正在建立的各种地理信息系统之后发现,各种地理信息系统中投影坐标系统的设计和配置有如下特征:

① 所采用的投影系统与该国的基本地图系列所用的投影系统一致。

② 各比例尺的 GIS 中投影系统与其相应比例尺的主要信息源地图所用的投影系统一致。

③ 各地区的 GIS 中投影系统与所在区域采用的投影系统一致。

④ 各种 GIS 一般采用一种或两种(最多三种)投影系统,以保证地理定位框架的统一。

五、中国 GIS 的地图投影选择

我国的地理信息系统建设既要符合国际标准,又要结合我国的国情实现标准化、规范化。在坐标系统和地图投影方面,我国所构建的各种地理信息系统大都采用了与我国基本地图系列一致的地图投影系统,即大比例尺图为高斯—克吕格投影(横轴等角圆柱投影),中小比例尺图为 Lambert 投影(正轴圆锥投影),具体情况如下:

① 我国的基本比例尺地形图系列(1:5 000、1:1 万、1:2.5 万、1:5 万、1:10 万、1:25 万、1:50 万、1:100 万)中除 1:100 万外均采用高斯—克吕格投影为地理基础;

② 1:100 万地形图采用 Lambert 投影,与国际地理学会规定的全球统一使用的国际百万分之一地图投影相一致。

③ 我国大部分省区图以及大多数这一比例尺的地图也多采用 Lambert 投影或属于 Lambert 投影系统的 Albers 投影(正轴等面积割圆锥投影)。

④ 在 Lambert 投影中,地球表面上两点间的最短距离(大圆弧线)表现为近于直线,这有利于 GIS 中的数据量测和空间分析操作。

第三节 空间数据特征和类型

一、空间数据的基本特征

人类所生活的地球"空间"包含有许多复杂的实体。所谓"实体"(Entity)是指自然界、自然现象和社会经济事件中不能(或不需要)再分割的单元,如城市、河流、山脉等。需要说明的是,实体是和空间分辨率(或比例尺)相关的。例如,在小比例尺地图中北京市可以表达为点状实体;在大比例尺图中北京市可以划分为街道、建筑物等各种实体,甚至一幢房子也可以被细分成多个房间实体。为了对实体所构成的地理区域系统进行综合分析并服务于决策,对地理实体的特征、关系和行为进行必要的描述就成为构建 GIS 的首要任务。

空间数据特征可以概括为空间特征、属性特征和时间特征。空间特征表示地理实体或现象的空间位置和相互关系;属性特征表示其名称、类型、数量等;时间特征指实体或现象随时间的变化。空间数据的上述特征及基本概念可以用图 2-11 示意说明。

(一)空间实体的空间特征

实体的空间特征可从空间维数、空间特征类型、实体之间的空间关系和结合等方面来表达。空间实体主要有点、线、面和体等几种类型,基本特点如下:

(1) 点,又称为元素(Element)或像元(Pixel),是对点状地物、地形要素的几何描述,零维,以一对坐标(x, y)表示,有时对点实体的描述可附有高程(Z),甚至还需要一个方向,逻

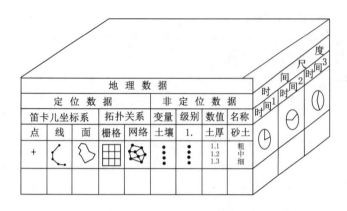

图 2-11　空间数据的基本特征

辑上是不能再分的。这里所指的点是抽象的点,它可以具体指某一个独立点,例如某个油井或钻孔;在小比例尺图或影像中也可以表示某个村落或某个城市。

(2) 线,一维,是对线状空间实体的部分或全部的几何描述,有时也称为弧段(Arc),它由两个或两个以上的按顺序相连接的坐标序列表示。道路、河流、地形线、区域边界等均属于线状地物。线的形式有曲线、折线等类型,可以附有高程,也可以有方向,如河流的流水方向。

(3) 面或多边形,二维,是由一条线或一系列线界定的几何表示,是对面状空间实体的几何描述。面可能是简单的,也可能是复杂的,可以是外轮廓线和内轮廓线组成的,也可以是由两个或两个以上的面相邻或叠加而成的,如图 2-12 所示。

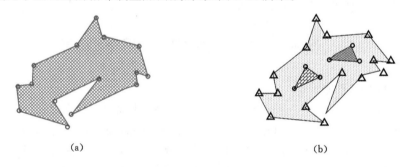

(a)　　　　　　　　　　　　　　　　　(b)

图 2-12　多边形的类型

(a) 简单多边形(仅有一个边界);(b) 复杂多边形(有多个边界)

(4) 体,三维,是对空间三维实体或多面体的几何表示。有长、宽和高的目标,通常用来表示人工或自然的三维目标,如建筑、矿体等三维目标,其形状有简单的、复杂的和带空洞的实体。体类型对地质、采矿、海洋、建筑、土工、气象等领域的研究是很重要的几何表示方式。

在现实世界,地理实体并不是单独存在,它们常常组合在一起进行显示。分析点、线、面三种类型的数据,可得出它们之间存在以下几种空间关系,如图 2-13 所示。

① 点—点关系:点和点之间的关系主要有两点(通过某条线)是否相连,两点之间的距离是多少。如城市中某两点之间可否有通路?距离是多少?这是实际生活常见的点和点之间的空间关系问题。

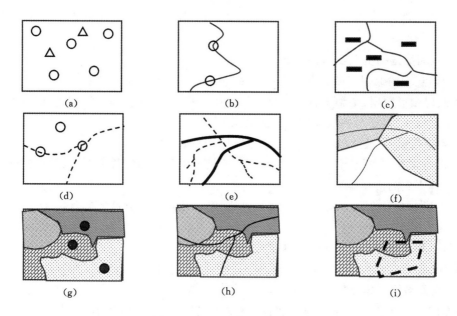

图 2-13　地理实体之间的关系

(a) 点—点;(b) 点—线;(c) 点—面;(d) 线—点;(e) 线—线;(f) 线—面;(g) 面—点;(h) 面—线;(i) 面—面

② 点—线关系:点和线的关系主要表现在点和线的关联关系上。如点是否位于线上？点和线之间的距离是多少？

③ 点—面关系:点和面的关系主要表现在空间包含关系上。如某个村子是否位于某个县内？或某个县共有多少个村子？

④ 线—线关系:线和线是否邻接、相交是线和线之间关系的主要表现形式。如河流和铁路是否相交？两条公路是否通过某个点邻接？

⑤ 线—面关系:线和面的关系表现为线是否通过面或与面关联或包含在面之内。

⑥ 面—面关系:面和面之间的关系主要表现为邻接和包含的关系。

(二) 空间实体的属性特征

属性特征是指用来描述空间实体的名称、类别、行为和功能等非空间特征信息,其和空间特征同样重要,是地理信息系统建模和分析的重要数据来源。如表 2-2 的实体名称、标识符、特征属性和功能属性等就是非空间信息。

表 2-2　　　　　　　　　　　　实体特征

实体名称	标识符	位置	特征属性	功能属性
学校	名称	坐标	学生数	教育
铁路	编码号	某车站坐标	运输量	运营中
钻孔	标识号	空间坐标	孔径	目的
蓄水池	名称	地面坐标	水质	水位变化

(三) 空间实体的时间特征

时间特征用来表达空间实体随时间的变化而变化的特征,通常以第四维表达,例如城市的动态扩展变化、土地地籍的变更等。由于 GIS 处理时间属性具有一定的复杂度,此处不再赘述。

二、空间数据的类型及其抽象表示

地理信息中的数据来源和数据类型很多,概括起来主要有以下四种:

① 几何图形数据:来源于各种类型的地图和实测几何数据。几何图形数据不仅反映空间实体的地理位置,还反映实体间的空间关系。

② 影像数据:主要来源于卫星遥感、航空遥感和摄影测量等。

③ 属性数据:来源于实测数据、文字报告或地图中的各类符号说明,以及从遥感影像数据通过解释得到的信息等。

④ 地形数据:来源于地形等高线图中的数字化,已建立的格网状的数字高程模型(DTM)或不规则三角网(TIN)等。

在具有智能化的 GIS 中还应有规则和知识数据。

地理数据可抽象为点、线、面三类元素,以便表示它们的位置、大小、形状、高低等。

三、空间数据的拓扑关系

在 GIS 中为了真实地反映地理实体,不仅要包括实体的位置、形状、大小和属性,还必须反映实体之间的空间相互关系。空间对象之间关系的描述和表达有不同的方法,例如坐标、角度、方位、距离、相邻、关联和包含等,其中最为常用的是拓扑关系。

图形的拓扑关系是指图形在保持连续状态下的变形但图形关系不变的性质,描述时不需考虑空间坐标和距离因素。邻接、关联和包含是三种基本的拓扑关系,地图上各种图形的形状、大小会随图形的变形而改变,但是上述三种关系不会改变。

如图 2-14 所示,$a,b,\cdots,e$ 为结点;$1,2,\cdots,7$ 为线段(弧段);$P_1,P_2,\cdots,P_4$ 为面(多边形)。

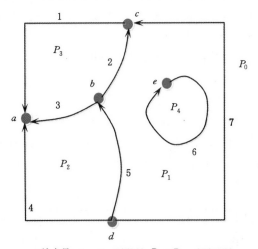

$a\sim e$:结点号;$1\sim 7$:弧段号;$P_1\sim P_4$:多边形号

弧段数字化方向

图 2-14 空间数据的拓扑关系

邻接关系:空间图形中同类元素之间的拓扑关系。例如多边形之间的邻接关系:P_1 与 P_2,P_1 与 P_3;又如结点之间的邻接关系:a 与 c,a 与 d 等。

关联关系:空间图形中不同元素之间的拓扑关系。例如结点与弧段的关联关系:a 与 1、3、4,b 与 2、3、5;多边形与弧段的关联关系:P_1 与 2、5、7,P_2 与 3、4、5,P_4 与 6 等。

包含关系:空间中同类但不同级元素之间的拓扑关系。例如多边形 P_1 中包含 P_4。

如果要将结点、弧段、面相互之间所有的拓扑关系表达出来,可以组成四个关系表,即表 2-3、表 2-4、表 2-5 和表 2-6。上述关系也可以只用其中的部分来表示,而其余关系则隐含其中,需要时再建立临时关系表。表 2-3 中,弧段前的负号表示面域中含有岛。表 2-4 中每一弧段的左、右结点分别称为始结点和终结点。

表 2-3　　　　　　　　　　　　　　面域与弧段的拓扑关系

面域	P_1	P_2	P_3	P_4
弧段	2,5,7,−6	3,4,5	1,2,3	6

表 2-4　　　　　　　　　　　　　　弧段与结点的拓扑关系

弧段	1	2	3	4	5	6	7
起结点	c	b	b	d	d	e	d
终结点	a	c	a	a	b	e	c

表 2-5　　　　　　　　　　　　　　结点与弧段的拓扑关系

结点	a	b	c	d	e
弧段	3,1,4	2,3,5	7,1,2	5,4,7	6

表 2-6　　　　　　　　　　　　　　弧段与面域的拓扑关系

弧段	1	2	3	4	5	6	7
左邻面	P_3	P_3	P_2	P_0	P_2	P_1	P_1
右邻面	P_0	P_1	P_3	P_2	P_1	P_4	P_0

空间数据的拓扑关系对数据处理和空间分析具有重要的意义,主要体现在以下三方面:

① 拓扑关系能清楚地反映实体之间的逻辑结构关系,比几何关系具有更大的稳定性,不随地图投影而变化。

② 利用拓扑关系有利于空间要素的查询。例如,某条铁路通过哪些地区,某县与哪些县邻接,某河流能为哪些地区的居民提供水源,某湖泊周围的土地类型及对生物、栖息环境做出评价等。

③ 可以根据拓扑关系重建地理实体。例如,根据弧段构建多边形,实现道路的选取、进行最佳路径的选择等。

本 章 小 结

GIS 存储、表达的主要是地理空间数据、地理现象及其发展过程,因此需要对地理系统、地理空间数据的特性和类型有深刻的认识;地理空间认知理论、模型和方法的研究,对于

GIS理论、方法、应用及其软件的开发研究是十分必要的。地球是一个不规则的球体,为了将其表层上的对象表示在显示器上或纸面上,需要采用全球的或区域的同一地理坐标系及一定的地图投影方式,理解和掌握地理空间坐标系、地图投影及地图分幅编号的概念和原理是十分必要的。

空间数据的特征可以概括为空间特征、属性特征和时间特征。空间特征表示地理实体或现象的空间位置和相互关系;属性特征表示其名称、分类、数量等;时间特征指实体或现象随时间的变化。实体空间位置及属性常随时间相互独立地变化。在GIS中为了真实地反映地理实体,不仅要包括实体的位置、形状、大小和属性,还必须反映实体之间的相互关系。空间关系常用拓扑关系来描述,采用邻接、关联和包含三种关系来表达。

本章思考题

1. 地理空间的概念是什么?
2. 地理空间的认知模型有哪些类型? 它们分别如何描述地理空间?
3. 简述空间数据模型的层次及其功能。
4. 叙述建立地图投影最常见的方法。
5. 什么是空间数据的拓扑关系? 空间数据的拓扑关系有哪些种类?
6. 举例说出 GIS 中拓扑关系生成的步骤。
7. 空间数据的基本类型和内容有哪些? 它们又有哪些基本特征?

第三章 空间数据模型与数据结构

第一节 数据模型与空间数据模型

一、数据模型

模型是对现实世界的简化表达,其构建的目的是为了揭示客观实体的本质特征以及实体之间错综复杂的关系。

数据模型是对客观实体及其关系的认识和数学描述,是数据特征的抽象。它是通过对现实世界的抽象化表达,把现实世界的客观事物组织成有用且能反映真实信息的数据集,从抽象层次上描述了系统的静态特征、动态行为和约束条件,所描述的内容有数据结构、数据操作和数据约束三部分。计算机对数据的管理经历了三个阶段:程序管理阶段、文件管理阶段以及数据库管理阶段,其中的数据库管理阶段是数据管理的高级阶段,因此传统数据模型也多被称为数据库数据模型。

数据库数据模型可以简要归纳为两大类:基于对象的数据模型和基于记录的数据模型。基于对象的数据模型用于在概念和视图抽象级别上的数据描述,具有相当灵活的结构和较强的表达能力,允许明确地定义完整性约束,如实体—联系模型(Entity-Relational Model,简称 E-R)。基于记录的数据模型把数据库定义为多种固定格式的记录,每个记录由固定数量的域或属性构成,每个域或属性具有固定的长度。基于记录的数据模型是应用较为广泛的数据模型,包括了层次、网络和关系三种数据模型,下面简单介绍这三种数据模型。

（一）层次模型

层次模型是数据处理中发展较早、技术上也比较成熟的一种数据模型。它的特点是将数据组织成有序、有向的树结构。对于图 3-1 所示的地图用层次模型可以表示为如图 3-2 所示的层次结构。

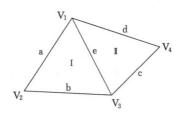

图 3-1 原始地图 E 及其实体 Ⅰ、Ⅱ

层次模型反映了现实世界中实体间的层次关系,由处于不同层次的各个结点组成。除根结点外,其余各结点有且仅有一个上一层结点作为其"双亲",而位于其下的较低一层的若干个结点作为其"子女"。结构中结点代表数据记录,连线描述位于不同结点数据间的从属

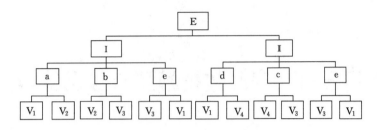

图 3-2　层次数据模型

关系(限定为一对多的关系)。层次结构是众多空间对象的自然表达形式,并在一定程度上支持数据的重构。

(二)网络模型

网络数据模型是数据模型的另一种重要结构,可以反映现实世界中实体之间更为复杂的联系,其基本特征是:结点数据间没有明确的从属关系,一个结点可与其他多个结点建立联系。对于图 3-1 所示的地图用网络模型可以表示为图 3-3 所示的网络结构,对象间的联系是多对多的关系。

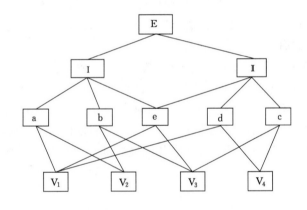

图 3-3　网络数据模型

网络模型将数据组织成有向图结构,用连接或指针来确定数据间的显式连接关系,是具有多对多类型的数据组织方式,结构中结点代表数据记录,连线描述不同结点数据间的关系。网络模型可以描述现实生活中极为常见的多对多的关系,其数据存储效率高于层次模型,但其结构的复杂性限制了它在数据库中的应用。网络模型在一定程度上支持数据的重构,具有一定的数据独立性和共享特性,并且运行效率较高。

(三)关系模型

关系模型把数据的逻辑结构归结为满足一定条件的二维表形式。实体本身的信息以及实体之间的联系均表现为二维表,这种表就称为关系表。一个实体由若干个关系组成,而关系表的集合就构成关系模型。

在生活中表示实体间联系的最常用的方法就是表格。表格是同类实体的各种属性的集合,在数学上把这种二维表格叫作关系。二维表的表头,即表格的格式是关系内容的框架,这种框架叫作模式。关系由许多同类的实体所组成,每个实体对应于表中的一行,叫作一个元组。表中的每一列表示同一属性,叫作域。

对于图 3-1 所示的地图,用关系数据模型则表示为图 3-4 所示的形式。

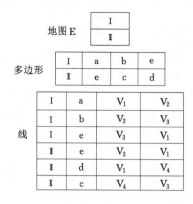

图 3-4　关系数据模型

二、空间数据模型

空间数据模型是关于现实世界中空间实体及其相互联系的描述,它为空间数据的组织和设计提供基本的思想和方法。空间数据模型建立在对地理空间的充分认识与完整抽象的地理空间认知模型的基础上,并用计算机能够识别和处理的形式化语言来定义和描述现实世界地理实体、地理现象及其相互关系,是现实世界到计算机世界的直接映射。空间数据模型为描述空间数据组织和设计空间数据库提供了基本方法,是 GIS 空间数据建模的基础。数据组织的优劣直接影响到空间数据库中数据查询、检索的方式、速度和效率。

根据空间实体的分布特征以及表达要求来看,空间数据模型大体上可以分为两种,即基于对象(要素)的模型和基于场(域)的模型。

(一)对象模型

基于对象的模型把地理空间看作不连续的、可观测的、具有地理参考的实体来处理,它强调对象的个体现象,以独立的方式或以与其他现象之间关系的方式来处理。

基于对象的模型把信息空间看作是许多对象(如城市、集镇、村庄等)的集合,而这些对象又具有自己的属性(如名称、边界、人口等)。这种模型中的实体可采用多种维度来定义属性,包括空间维、时间维、图形维和文本/数字维,如图 3-5 所示。在实际应用中,各种维度的属性是混合在一起的,如一个地块在不同时间可能有不同的形状、不同的利用方式、不同的所有者。因此,基于对象的建模方法往往是多维度的混合。

图 3-5　地学对象的维度

(二)场(域)模型

基于场(域)的模型是把空间存在的信息看作连续分布的空间信息的集合来处理,每个这样的分布可以表示为一个空间结构到属性域的数学函数。例如,大气污染物的分布、降雨范围及雨量、温度场、应力场等这些具有连续变化性质的空间现象最适合于用这种方法来处理和表示。

根据应用的不同,场(域)可以表现为二维或三维。一个二维场就是在二维空间中任何已知的地点上都有一个表征这一空间现象的值;而一个三维场就是在三维空间中对应于任何位置来说都有一个属性值。在问题研究中有不少空间现象,如大气污染物的分布,在本质上是三维空间现象,但往往可以用一个二维场来表示。

对于空间数据建模来说,场模型和对象模型的方法并不相互排斥,两者在许多情况下可以共存、共用,以发挥各自的长处。在 GIS 的数据结构设计和应用中,经常采用这两种模型的集成。例如,降雨量分布在特征上是场(域)模型,而降雨量数据的监测点在空间上是分散的、无规律的对象模型。

三、基本的空间数据模型

一种空间数据模型可以选择不同的建模方式来表达,利用不同的数据结构来进行数据的组织,而每一种数据结构又可能有多种文件格式进行存储。为了满足各种应用以及对较为复杂数据的组织和存储的需要,各种信息的数据模型(如面向对象的数据模型、3D 数据模型以及时空数据模型)也不断出现,其中栅格模型、矢量模型和不规则三角网模型是其中最为基本和常用的三种。

(一)栅格数据模型

栅格数据模型比较适宜于表示连续铺盖的空间对象,如温度场、重力场等。在栅格模型中点是一个像元(Pixel),线由一串彼此相连的像元组成。当像元太粗糙而不能与空间目标相吻合时,就可能会丢失对象的某些细节信息。栅格模型中每一个栅格像元记录着不同的属性,像元的大小是一致的。像元的形状通常是正方形,有时也可以用等边三角形、矩形或六边形表达,如图 3-6 所示。

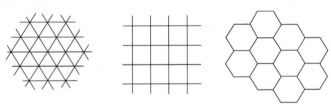

图 3-6　三角形、方格和六角形的划分

栅格的空间分辨率是指一个像元在地面所代表的实际面积的大小。对于一个面积为 100 km² 的区域,以 10 m 的分辨率来表示则需要有 10 000×10 000 个栅格,即一亿个像元。如果每个像元占一个计算机存储单元,即一个字节,那么这幅图像就要占用 100 兆字节的存储空间,这是相当大的。随着分辨率的提高,需要的存储空间将呈几何级数增加。因此,在栅格模型中,选择空间分辨率时需要考虑存储空间和处理时间,而且需要借助某种数据结构来压缩数据量,以节省存储空间。

栅格数据模型的一个优点是对不同类型的空间数据层可以进行叠加操作,不需要经过复杂的几何计算,如图 3-7 所示。但对于一些求交点、交换、运算(如比例尺变换、投影变换等)则不方便。

(二)矢量数据模型

矢量数据模型适合表达图形对象特征和进行高精度制图。

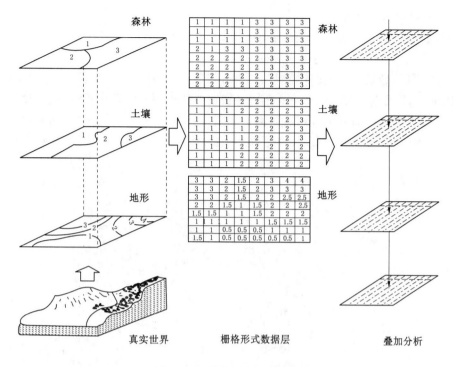

图 3-7 栅格数据中的层叠加

在矢量数据模型中,空间实体由点、线和面等实体及其集合来表示。在小比例尺图中,城镇这类对象可以用点表示,道路和河流由线表示。在较大比例尺图中,城镇被表示为一定形状的多边形,包括建筑物的边界、公园、道路等实体。

在矢量模型中,点实体为一个空间坐标对,线实体由点坐标串组成,构成多边形的折线是由首尾相连的点坐标表达,因此称为矢量,如图 3-8 所示。

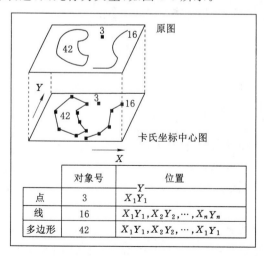

图 3-8 空间对象的矢量模型表示

（三）不规则三角网模型

不规则三角网（Triangulated Irregular Network，TIN）模型采用不规则三角形拟合地表或其他不规则表面，是建立数字地面模型或数字高程模型的主要方法之一。在 TIN 模型（图 3-9）中，采样（数据）点的位置控制着三角形的顶点，这些三角形应尽可能接近等边三角形。TIN 的一个优点是其三角形大小随点的密度变化而自动变化，当数据点密集时生成的三角形小，对不规则表面的拟合精度就高。当需要把 TIN 转化为栅格，包括需要生成平滑的平面来消除三角面之间的不连续性时，可以通过线性或非线性内插的方法实现。

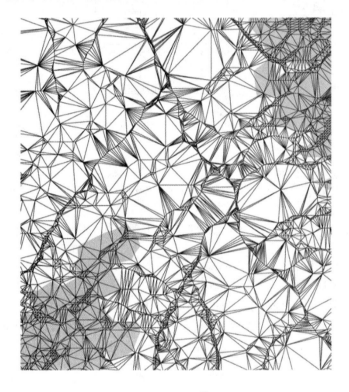

图 3-9　TIN 模型

（四）面向对象的数据模型

虽然关系数据模型得到了普遍应用，但越来越多的数据类型对数据的存储提出了更高要求，如图形、图像以及声音等更加复杂的数据的表示、存储和管理；支持历史数据的存储表示和数据的版本化等等。对于这些要求，传统数据模型或者不支持，或者存在一些应用上的缺陷。人们普遍感到原有的数据模型已难以适应新的要求，迫切需要寻找新的数据模型来替代关系数据模型。因此，人们提出了采用面向对象和对象关系数据模型来建立空间数据库。

1. 面向对象方法中的基本思想

面向对象是一种方法学，它比较自然地模拟了人们认识客观世界的方式，能够建立比较完整的、易于人们理解的软件系统概念和机制，并且成为软件系统设计和实现的软件工程方法。面向对象的基本思想包括：

① 从问题域中客观存在的事物出发来构造软件系统，用对象作为对这些事物的抽象表

示,并以此作为系统的基本构成单位。

② 事物的静态特征(可以用数据来表达的特征)用对象的属性来表示,事物的动态特征(事物的行为)用对象的服务或方法来表示。

③ 对象的属性与服务结合为一体,成为一个独立的实体,对外屏蔽其内部细节(即封装)。

④ 对事物进行分类,把具有相同属性和相同特征的对象归为一类。类是这些对象的抽象描述,每个对象是它的类的一个实例。

⑤ 通过在不同程度上运用抽象的原则,可以得到较一般的类和较特殊的类。特殊类继承一般类的属性与服务。

⑥ 复杂的对象可以用简单的对象作为其构成部分(即聚集)。

⑦ 对象之间通过消息进行通信,以实现对象之间的动态联系。

从以上可以看出,面向对象的方法以类的形式描述,并通过对类的引用而创建对象,它是系统的基本构成单元。这些对象对应着问题域中的各个事物,它们内部的属性与服务刻画了事物的静态特征和动态特征。类之间的继承关系、聚集关系、消息和联合真实地表达了问题域中事物之间的各种关系。这种分类结构能够直接模拟人们认识过程中由一般到特殊的演绎功能和由特殊到一般的归纳功能。

GIS 中经常要遇到多个继承的问题,这里举例说明两个不同的体系形成的多个继承。一个由人工和自然形成的交通线,另一个是以水系为主线。运河具有两方面的特性,即人工交通线和水系;而可航行的河流也有两方面的特性,即河流和自然交通线。其他一些类型如高速公路和池塘仅属于其中某一个体系(图 3-10)。

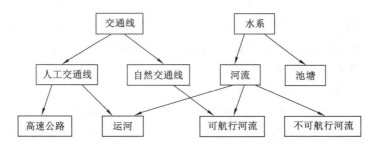

图 3-10　继承的实例

2. 面向对象的几何抽象类型

考察 GIS 中的各种地物,在几何性质方面不外乎表现为四种类型,即点状地物、线状地物、面状地物以及由它们混合组成的复杂地物,因而这四种类型可以作为 GIS 中各种地物类型的超类(图 3-11)。从几何位置抽象,点状地物为点,具有 (x, y, z) 坐标;线状地物由弧段组成,弧段由结点组成;面状地物由弧段和面域组成;复杂地物可以包含多个同类或不同类的简单地物(点、线、面),也可以再嵌套复杂地物。因此弧段聚集成线状地物,简单地物组合成复杂地物,结点的坐标由标识号传播给线状地物和面状地物,进而还可以传播给复杂地物。为了描述空间对象的拓扑关系,除了点、线、面、复杂地物外,还可以再加上结点、弧段等几何元素。

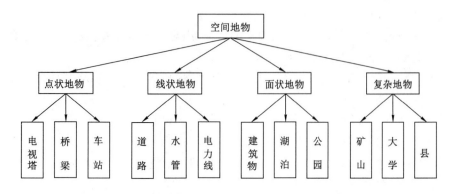

图 3-11　空间对象的几何抽象模型

在定义一个地物类型时,除按属性类别分类外,还要声明它的几何类型。例如定义建筑物类时,声明它的几何类型为面状地物,此时它自动连接到面状地物的数据结构,继承超类的几何位置信息及有关对几何数据的操作。这种连接可以通过类标识和对象标识实现。

3. 面向对象的属性数据类型

关系数据模型和关系数据库管理系统基本上能够满足 GIS 中属性数据的表达与管理。但如果采用面向对象数据模型,语义将更加丰富,层次关系也更明了。与此同时,它又能吸收关系数据模型和关系数据库的优点,或者说它在包含关系数据库管理系统的功能基础上,在某些方面加以扩展,增加面向对象模型的封装、继承、信息传播等功能。

GIS 中的地物可根据国家分类标准或实际情况划分类型。如一个校园 GIS 的对象可分为建筑物、道路、绿化、管线等几大类,地物类型的每一大类又可以进一步分类,如建筑物可再分成教学楼、科研实验楼、行政办公楼、教工住宅、学生宿舍、后勤服务建筑、体育楼等子类;管线可再分为给水管道、污水管道、电信管道、供热管道、供气管道等。另外,几种具有相同属性和操作的类型可综合成一个超类。

（五）3D 数据模型

地理空间本质上就是三维的,但在过去的几十年里,二维地图是人们认识三维世界的工具,不同领域的人们大都无意识地接受了将三维现实世界、地理空间简化为二维投影的概念模型。

但随着应用的深入和实践的需要,人的认识空间(三维世界)与所用工具处理问题的方法空间(二维地图)不一致的矛盾日益突出,二维 GIS 简化世界和空间的缺陷渐渐暴露。现在 GIS 的研究人员和开发者们不得不重新思考地理空间的二维本质特征及在三维空间概念模型下的一系列处理方法。若从三维 GIS 的角度出发考虑,地理空间应有如下不同于二维空间的三维特征:① 几何坐标上增加了第三维信息,即垂向坐标信息;② 垂向坐标信息的增加导致空间拓扑关系的复杂化,其中突出的一点是无论零维、一维、二维还是三维对象,在垂向上都具有复杂的空间拓扑关系;如果说二维拓扑关系是在平面上呈圆状发散伸展的话,那么三维拓扑关系则是在三维空间中呈球状向无穷维方向伸展;③ 三维地理空间中的三维对象还具有丰富的内部信息(如属性分布、结构形式等)。目前研究较多的 3D 数据模型有三维体元充填模型、结构实体几何模型、边界表示模型、面向对象模型、拓扑数据模型等。

（六）时空数据模型

时空数据模型是一种有效组织和管理时态地理数据，属性、空间和时间语义更完整的地理数据模型。时空数据模型不仅要处理属性数据和空间数据，还要处理时间维上的空间属性状态及其变化，以及变化的过程与趋势。面向不同应用的时空数据管理变化要求，由于主要功能目的的差异，需要选择不同的数据组织方式与时空数据模型。因此，围绕时空 GIS 的空间、属性、时态三者之间的复杂关系和组织结构，人们研究提出了多种时空数据模型，概括起来，大致可以分为 4 类：将时间作为属性的附加项、将时间作为新的维数、面向对象建模、基于状态和变化的统一建模，此处不再赘述。

第二节　空间数据结构与数据编码

数据结构即数据本身的组织形式，是指适合于计算机存储、管理和处理的数据逻辑结构形式，是数据模型和数据文件格式的中间媒介。

对现实世界的数据进行组织需要选择一种数据模型，数据模型需要通过数据结构来表达。同一种数据模型可以用多种数据结构表达。数据模型是数据表达的概念模型，数据结构是数据表达的物理实现，前者是后者的基础，后者是前者的实现。数据结构的选择取决于数据的类型、性质以及使用的方式，同时可以视不同的目标任务，选择最有效的、最合适的数据结构。

空间数据结构是指描述地理实体的空间数据本身的组织方法。矢量和栅格是最基本的两种数据结构。矢量结构是通过记录地理实体坐标的方式精确地表示点、线、面等实体的空间位置和形状。栅格结构是以规则的阵列来表示空间地物或现象分布的数据组织，结构中的每个数据表示地物或现象的非几何属性特征。

数据编码是实现空间数据的计算机存储、处理和管理，将空间实体按一定的数据结构转换为适合于计算机操作的过程。

一、矢量数据结构及其编码

矢量数据结构是指通过记录坐标的方式尽可能精确地表示点、线、面（多边形）等地理实体的数据组织形式。

（一）矢量数据结构编码的基本内容

（1）点实体

点是空间上不可再分的地理实体，可以是具体的也可以是抽象的，如地物点、文本位置点或线段网络的结点等。

点实体包括由单独一对 (x, y) 坐标定位的一切地理对象。在矢量数据结构中，除表达点实体的 (x, y) 坐标以外，还可以根据需要存储一些与点实体有关的信息来描述点实体的名称、类型、符号和显示要求等。图 3-12 说明了点实体的矢量数据结构的一种组织方式。

（2）线实体

线实体主要用来表示线状地物（公路、水系、山脊线）、符号线和多边形边界，有时也称为"弧"、"链"、"串"等。线实体由两对以上的 (x, y) 坐标串来定义，也可以定义为直线段组成的各种线性要素。弧、链是 $n(n \geqslant 2)$ 个坐标对的集合，这些坐标可以描述任何连续而又复杂的曲线。组成曲线的线元素越短，(x, y) 坐标数量越多，就越逼近于一条复杂曲线。弧和链

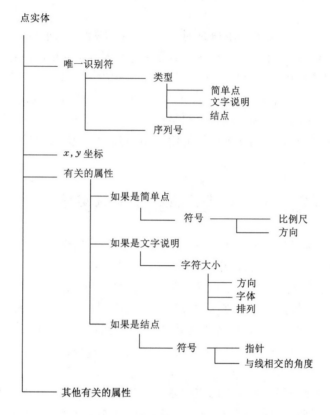

图 3-12　点实体的矢量数据结构

的存储记录中也要加入线的符号类型等信息。

最简单的线实体只存储它的起止点坐标、属性、符号样式等有关数据。线实体的矢量编码的基本内容如图 3-13 所示。

其中,唯一标识是系统识别号。线标识码可以标识线的类型,起始点和终止点可以用点号或直接用坐标表示,显示信息是线的文本或符号等;与线实体相关联的非几何属性可以直接存储于线文件中,也可单独存储,而由标识码连接查找。

（3）面实体

面实体(有时又称为多边形、区域)数据通常用来表示自然或者人工的封闭多边形,如行政区、土地类型、植被分布等。一般表现为首尾相连的(x,y)坐标串来定义其边界信息,是描述地理空间信息最重要的一类数据。

多边形矢量编码,不但要表示位置和属性(名称、分类等),更重要的是能表达区域的拓扑特征,如形状、邻域和层次结构等。由于要表达的信息十分丰富,基于多边形的运算多而复杂,因此多边形矢量编码比点和线实体的矢量编码要复杂得多,也更为重要。

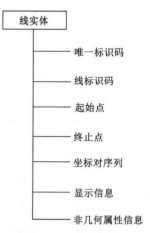

图 3-13　线实体矢量编码

（二）矢量数据结构编码的方法

矢量数据结构的编码方式可分为实体式、索引式、双重独立式和链状双重独立式。

（1）实体式

实体式数据结构是以多边形为组织单元,对构成多边形的边界的各个线段进行组织。按照这种数据结构,边界坐标数据和多边形单元实体一一对应,各个多边形边界都单独编码。例如对图 3-14 所示的多边形 A、B、C、D、E,可以用表 3-1 的数据来表示。

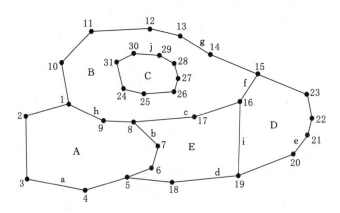

图 3-14　多边形原始数据

表 3-1　　　　　　　　　　　　　　　　　**多边形数据文件**

多边形	数据项
A	$(x_1,y_1),(x_2,y_2),(x_3,y_3),(x_4,y_4),(x_5,y_5),(x_6,y_6),(x_7,y_7),(x_8,y_8),(x_9,y_9),(x_1,y_1)$
B	$(x_1,y_1),(x_9,y_9),(x_8,y_8),(x_{17},y_{17}),(x_{16},y_{16}),(x_{15},y_{15}),(x_{14},y_{14}),(x_{13},y_{13}),(x_{12},y_{12}),$ $(x_{11},y_{11}),(x_{10},y_{10}),(x_1,y_1)$
C	$(x_{24},y_{24}),(x_{25},y_{25}),(x_{26},y_{26}),(x_{27},y_{27}),(x_{28},y_{28}),(x_{29},y_{29}),(x_{30},y_{30}),(x_{31},y_{31}),(x_{24},y_{24})$
D	$(x_{19},y_{19}),(x_{20},y_{20}),(x_{21},y_{21}),(x_{22},y_{22}),(x_{23},y_{23}),(x_{15},y_{15}),(x_{16},y_{16}),(x_{19},y_{19})$
E	$(x_5,y_5),(x_{18},y_{18}),(x_{19},y_{19}),(x_{16},y_{16}),(x_{17},y_{17}),(x_8,y_8),(x_7,y_7),(x_6,y_6),(x_5,y_5)$

这种数据结构具有编码容易、数字化操作简单和数据编排直观等优点,但这种方法也有明显缺点:

① 相邻多边形的公共边界要数字化两遍,造成数据冗余存储,可能导致输出的公共边界出现间隙或重叠。

② 缺少多边形的邻域信息和图形的拓扑关系。

③ 岛只作为一个单个图形,没有建立与外界多边形的联系。

因此,实体式编码只用在简单的系统中。

（2）索引式

索引式数据结构采用树状索引方式组织数据以达到减少数据冗余并间接增加邻域信息的目的。具体方法是对所有边界点进行数字化,将坐标对以顺序方式存储,由点索引与边界线号相联系,以线索引与各多边形相联系,形成树状索引结构。

树状索引结构消除了相邻多边形边界的数据冗余和不一致的问题,在简化过于复杂的边界线或合并多边形时可不必改造索引表,邻域信息和岛状信息可以通过对多边形文件的线索引处理得到,但是比较烦琐,因而给邻域函数运算、消除无用边、处理岛状信息以及检查拓扑关系等带来一定的困难,而且两个编码表都要以人工方式建立,工作量大且容易出错。

图 3-15、图 3-16 分别为图 3-14 的多边形文件和线文件树状索引图。

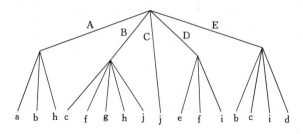

图 3-15　线与多边形之间的树状索引

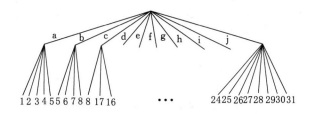

图 3-16　点与线之间的树状索引

（3）双重独立式

双重独立式(Dualindependent Map Encoding,DIME)数据结构最早由美国人口统计局为了进行人口普查分析和制图而专门研制的,其以直线段(城市街道)为编码主体,特点是采用了拓扑编码结构,最适合于城市信息系统。

双重独立式数据结构是对面状要素的任何一条线段,用其两端的节点及相邻多边形面域来进行定义。例如对图 3-17 所示的多边形数据,用双重独立式数据结构表示为表 3-2 所示的形式。

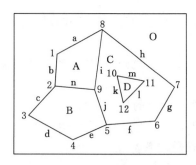

图 3-17　多边形原始数据

表 3-2 中的第一行表示线段 a 的方向是从节点 1 到节点 8,其左侧面域为 O,右侧面域为 A。在双重独立式数据结构中,节点与节点或者面域与面域之间为邻接关系,节点与线段

或者面域与线段之间为关联关系。这种邻接和关联的关系称为拓扑关系。利用这种拓扑关系来组织数据,可以有效地进行数据存储正确性检查,同时便于对数据进行更新和检索。

表 3-2 双重独立式(DIME)编码

线号	左多边形	右多边形	起点	终点	线号	左多边形	右多边形	起点	终点
a	O	A	1	8	h	O	C	8	7
b	O	A	2	1	i	C	A	8	9
c	O	B	3	2	j	C	B	9	5
d	O	B	4	3	k	C	D	12	10
e	O	B	5	4	l	C	D	11	12
f	O	C	6	5	m	C	D	10	11
g	O	C	7	6	n	B	A	9	2

此外,这种数据结构除了表 3-2 中的线—多边形、线—点关系之外,还需要表达点—点、多边形—线的关系,这里不再列出。

(4)链状双重独立式

链状双重独立式数据结构是 DIME 数据结构的一种改进。在 DIME 中,一条边只能用直线两端点的序号及相邻的面域来表示,而在链状数据结构中,将若干直线段合为一个弧段(或链段),每个弧段可以有许多中间点。

在链状双重独立数据结构中,主要有四个文件:多边形文件、弧段文件、弧段坐标文件、结点文件。多边形文件主要由多边形记录组成,包括多边形号、组成多边形的弧段号以及周长、面积、中心点坐标及有关"洞"的信息等;多边形文件也可以通过软件自动检索各有关弧段生成,并同时计算出多边形的周长和面积以及中心点的坐标;当多边形中含有"洞"时则此"洞"的面积为负,并在总面积中减去,其组成的弧段号前也冠以负号。弧段文件主要由弧记录组成,存储弧段的起止结点号和弧段左右多边形号。弧段坐标文件由一系列点的位置坐标组成,一般从数字化过程获取,数字化的顺序确定了这条链段的方向。结点文件由结点记录组成,存储每个结点的结点号、结点坐标及与该结点连接的弧段。结点文件一般通过软件自动生成,因为在数字化过程中,由于数字化操作的误差,各弧段在同一结点处的坐标不可能完全一致,需要进行匹配处理。当其偏差在允许范围内时,可取同名结点的坐标平均值。如果偏差过大,则弧段需要重新数字化。

对如图 3-14 所示的矢量数据,其链状双重独立式数据结构的多边形文件、弧段文件、弧段坐标文件见表 3-3~表 3-5。

表 3-3 多边形文件

多边形号	弧段号	周长	面积	中心点坐标
A	h,b,a			
B	g,f,c,h,−j			
C	j			
D	e,i,f			
E	c,i,d,b			

表 3-4   弧段文件

弧段	起点	终点	左多边形	右多边形	弧段	起点	终点	左多边形	右多边形
a	5	1	O	A	f	15	16	D	B
b	8	5	E	A	g	1	15	O	B
c	16	8	E	B	h	8	1	A	B
d	19	5	O	E	i	16	19	D	E
e	15	19	O	D	j	31	31	B	C

表 3-5   弧段坐标文件

弧段号	点号	弧段号	点号
a	5,4,3,2,1	f	15,16
b	8,7,6,5	g	1,10,11,12,13,14,15
c	16,17,8	h	8,9,1
d	19,18,5	i	16,19
e	15,23,22,21,20,19	j	31,30,29,28,27,26,25,24,31

二、栅格数据结构及其编码

(一)栅格结构的图形表示

栅格结构是最简单、最直观的空间数据结构,又称像元结构,是指将地球表面划分为大小均匀、紧密相邻的网格阵列,每个网格作为一个像元或像素,由行号、列号定义,并包含一个代码表示该像素的属性类型或量值,或仅仅包含指向其属性记录的指针。点实体在栅格数据结构中表示为一个像元;线实体则表示为在一定方向上连接成串的相邻像元集合;面实体由聚集在一起的相邻像元集合表示。如图 3-18(a)所示的点、线、面图形,在栅格结构中可表示为图 3-18(b)中的网格阵列。它包含一个代码以表示该网格的属性(如灰度)或指向属性记录的指针。图 3-18(b)阵列中的 8 是属性代码为 8 的一个点;2 为属性代码为 2 的一条线,5 为属性代码为 5 的面域。

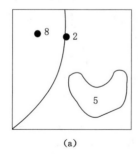

(a)   (b)

图 3-18　图形的栅格数据结构表示

(二)栅格结构编码方法

鉴于栅格数据的数据量非常大,冗余数据很多,栅格结构的编码方法多采取数据压缩的方法。压缩编码有信息保持编码和信息不保持编码两种。信息保持编码指编码过程中没有信息损失,通过解码操作可以恢复原来的信息;信息不保持编码是指为了最大限度地压缩数据,在编码过程中要损失一部分不太重要的信息,解码时这部分信息难以恢复。GIS中多采用信息保持编码,而对于原始遥感图像进行压缩编码时,有时也采用信息不保持的压缩编码方法。

1. 直接栅格编码

直接栅格编码就是将栅格看作一个数据矩阵,逐行逐个记录代码数据。可以每行都从左到右,也可奇数行从左到右,或者采用其他特殊的方法。如图 3-19(a)所示的地图块,0、2、4、8 分别表示不同属性面域代码,其栅格阵列如图 3-19(b)所示,而直接栅格编码的数据记录如图 3-19(c)所示。

2. 行程编码

又称为游程长度编码(Run Length Encoding),是栅格数据压缩的重要编码方法,也是图像编码中比较简单的方式之一。所谓的行程就是指行(或列)上具有相同属性值的相邻像元的个数。在行程编码中,将原图只表示属性的数据阵列变成数据对(A,P),其中 A 为属性值,P 表示行程。对图 3-19 所示的格网数据按行程编码可表示成图 3-20(a)所示。

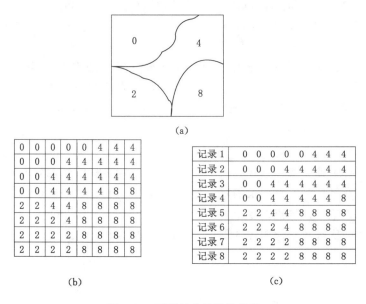

(a)

(b)

(c)

图 3-19　面域的直接栅格编码

这里所记录的是属性和行程。这种方式的缺点是位置不明显。还有一种行程编码是按行程终点的列数编码,从列数的变化也可以推断行数的变化,它的编码如图 3-20(b)所示。可见,只要列数为8,下一个属性便是下一行的内容。

从以上数据可以看出,属性的变化越少,行程越长,则压缩的比例越大。或者说,压缩的大小与此图像的复杂程度成反比。因此这种编码方式最适合于类型区面积较大的专题图、遥感影像分区集中的分类图,而不适合于类型连续变化或类型区域分散的分类图。

这种编码在栅格加密时,数据量不会明显增加,压缩效率高,它最大限度地保留了原始栅格结构,编码解码运算简单,且易于检索、叠加、合并等操作,因而这种压缩编码方法得到了广泛的应用。

(a)

0	5	4	3		
0	3	4	5		
0	2	4	4	8	2
0	2	4	3	8	3
2	3	4	2	8	4
2	4	4	1	8	4
2	4	8	4		
2	8	4			

(b)

0	5	4	8		
0	3	4	8		
0	2	4	6	8	8
0	2	4	5	8	8
2	3	4	4	8	8
2	4	4	4	8	8
2	4	8	8		
2	8	8			

图 3-20　行程编码方式

3. 块码

块码是行程编码向二维扩展的情况，又称二维行程编码，采用方形区域作为记录单元，每个记录单元包括相邻的若干栅格，数据结构由初始位置（行、列号）和半径，再加上记录单元的代码组成。根据块状编码的原则，图 3-19 所示的栅格数据可以用 14 个单位正方形，4 个 4 单位正方形，2 个 9 单位正方形和 1 个 16 单位正方形完整表示，具体编码为：

(1,1,2,0),(1,3,1,0),(1,4,1,0),(1,5,1,0),(1,6,3,4),(2,3,1,40),(2,4,2,4),(3,1,2,0),(3,3,1,4),(4,3,2,4),(4,5,1,4),(4,6,1,4),(4,7,1,8),(4,8,1,8),(5,1,1,2),(5,2,1,2),(5,5,4,8),(6,1,3,2),(6,4,1,4),(7,4,1,2),(8,4,1,2)。

一个多边形所包含的正方形越大，多边形的边界越简单，块状编码的效率就越好。块状编码对大而简单的多边形有效，而对那些碎部较多的复杂多边形效果并不好。块状编码在合并、插入、检查延伸性、计算面积等操作时有明显的优越性，而对某些运算不适应，必须转换成简单数据形式才能顺利进行。

4. 链式编码

链式编码又称为弗里曼(Freeman)编码或边界链码，它将线状地物或区域边界表示为由某一起始点和在某些基本方向上的单位矢量链组成。单位矢量的长度为一个栅格单元，每个后续点可能位于其前继点的 8 个基本方向之一，如图 3-21(a)所示。于是，像图 3-18(a)所示的线实体和面实体可编码为图 3-21(b)和表 3-6 所示的方式。

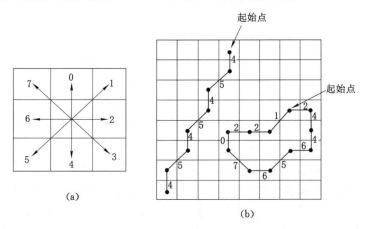

图 3-21　链式编码方式

表 3-6		链式编码表	
特征码(属性)	起点行	起点列	链码
2	1	4	4545454
5	4	7	24465670221

5. 四叉树编码

四叉树实际上是栅格数据结构的一种压缩数据的编码方法,其基本思想是将一幅栅格地图或图像等分为四部分,逐块检查其格网属性值(或灰度)。如果某个子区的所有格网都具有相同的值,则这个子区就不再继续分割,否则还要把这个子区再分割成四个子区。这样递次地分割,直到每个子块都只含有相同的属性值或灰度为止。

图 3-22 表示对图 3-19(a)的分割过程及其关系。这四个等分区称为四个子象限,按顺序为左上(NW)、右上(NE)、左下(SW)和右下(SE),可表示为如图 3-23 的树结构。

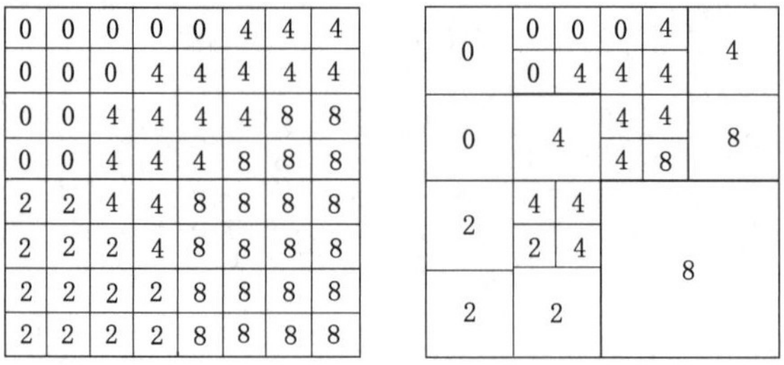

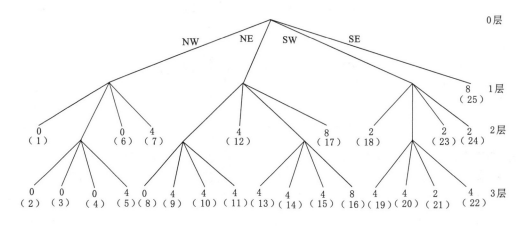

图 3-22 四叉树形成图
(a) 原始栅格;(b) 四叉树图

图 3-23 四叉树的树状表示

四叉树结构按其编码的方法不同又分为常规四叉树和线性四叉树。

常规四叉树除了记录叶结点之外,还要记录中间结点。结点之间借助指针联系,每个结点需要用六个量表达:四个子结点指针,一个父结点指针和一个结点的属性或灰度值。这些指针不仅增加了数据存储存量,而且增加了操作的复杂性。常规四叉树主要在数据索引和图幅索引等方面应用。

线性四叉树只存储最后叶结点的信息,包括结点的位置、深度和本结点的属性或灰度值。所谓深度是指处于四叉树的第几层上。由深度可推知子区的大小。如图 3-22 和图 3-23 所示,原图 64 个栅格单元,所建立的四叉树有 25 个叶结点,它们分布在不同的层上。由于线性四叉树只存储每个叶结点的三个量,数据量比常规四叉树大为减少,因而应用广泛。

线性四叉树叶结点的编号需要遵循一定的规则,这种编号称为地址码,它隐含了叶结点的位置和深度信息。最常用的地址码是四进制或十进制的 Morton 码。

(1) 基于四进制的线性四叉树编码

对一个 $n \times n (n = 2^k, k > 1)$ 的栅格方阵组成的区域作四叉树编码,其中 k 称为分辨率。第一分割四个子象限,它们分别包括:

$$
\left.
\begin{aligned}
& P_0 \supset P[i,j]\left(i = 1, \frac{n}{2}; j = 1, \frac{n}{2}\right) \\
& P_1 \supset P[i,j]\left(i = 1, \frac{n}{2}; j = \frac{n}{2} + 1, n\right) \\
& P_2 \supset P[i,j]\left(i = \frac{n}{2} + 1; j = 1, \frac{n}{2}\right) \\
& P_3 \supset P[i,j]\left(i = \frac{n}{2} + 1; j = \frac{n}{2} + 1, n\right)
\end{aligned}
\right\}
\tag{3-1}
$$

如果要再分割下一层,其子象限分别为:

$$
\left.
\begin{aligned}
& P_{00} \supset P[i,j]\left(i = 1, \frac{n}{4}; j = 1, \frac{n}{4}\right) \\
& P_{01} \supset P[i,j]\left(i = 1, \frac{n}{4}; j = \frac{n}{4} + 1, \frac{n}{2}\right) \\
& \cdots\cdots \\
& P_{10} \supset P[i,j]\left(i = 1, \frac{n}{4}; j = \frac{n}{2} + 1, \frac{3}{4}n\right) \\
& \cdots\cdots \\
& P_{33} \supset P[i,j]\left(i = \frac{3}{4}n + 1; j = \frac{3}{4}n + 1, n\right)
\end{aligned}
\right\}
\tag{3-2}
$$

式中,"$\supset$"表示包含;标号 0、1、2、3 分别表示左上、右上、左下、右下四个子象限。

根据上述公式可以求得任意一个小象限在全区的位置。在分割过程中,标号的位置不断增加,其标号即为四进制 Morton 码,用 M_Q 表示。M_Q 的每一位都是不大于 3 的四进制数,并且每经过一次分割增加一位数字。分割的次数越多,所得到的子区就越小,相应的 M_Q 位数越多。最后叶结点的 Morton 码是所有各位上相应的象限值相加,即:

$$
M_Q = q_1 q_2 q_3 \cdots q_k = q_1 \times 10^k + q_2 \times 10^{k-1} + \cdots + q_k
\tag{3-3}
$$

如前所述,这种自上而下分割的方法需要大量重复运算,因而应用得比较少。对于自下而上合并的方法,则是将二维矩阵的每个元素的下标转换成 Morton 地址码,并将元素按码的升序排列成线性表。其建立的过程如下:

先将十进制的行列号转换成二进制表示,然后按下式计算每个栅格单元对应的Morton 码:

$$M_Q = 2I_b + J_b \tag{3-4}$$

式中,I_b 为二进制行号;J_b 为二进制列号。对于一个 $2^3 \times 2^3$ 的区域,其 Morton 码如表 3-7 所示。

在排好序的线性表中,依次检查四个相邻的 M_Q 码对应的栅格值,如果相同则可合并为一个大块,否则将四个格网值记盘,内容包括 M_Q 码、深度和格网值。这一轮检测完成后依次检查四个大块的格网值,如相同就再合并,不同则分别记盘。如此循环,直到没有能够合并的子块为止。

表 3-7　　　　　　　　　　　　　**基于四叉树的 Morton 码**

M_Q 码 　列号　 JJ 行号		0	1	2	3	4	5	6	7
	J_b	0	1	10	11	100	101	110	111
II	I_b								
0	0	000	001	010	011	100	101	110	111
1	1	002	003	012	013	102	103	112	113
2	10	020	021	030	031	120	121	130	131
3	11	022	023	032	033	122	123	132	133
4	100	200	201	210	211	300	301	310	311
5	101	202	203	212	213	302	303	312	313
6	110	220	221	230	231	320	321	330	331
7	111	222	223	232	233	322	323	332	333

（2）基于十进制的线性四叉树编码

基于四进制的线性四叉树虽然直观上很切合四叉树的分割,但是大部分语言不支持四进制变量,需要用十进制的长整型量表示 Morton 码,这是一种浪费;同时线性表的排序过程也要花费较多的时间,因此逐渐采用十进制的 Morton 码作为线性四叉树的地址码,并且采用自下而上的合并方法建立四叉树。这种十进制的 Morton 码(简称 M_D 码)是从 $0 \sim M$ 的自然数,合并过程的扫描方法可直接按这种自然码的顺序进行。前后两个 M_D 码之差即代表了叶结点的大小,因此也就省去了叶结点深度的存储。

计算 M_D 码的方法很多,在此只介绍一种按位操作的计算法。设十进制表示的行、列号在计算机内部的二进制数分别为:

$$II = i_n i_{n-1} \cdots i_3 i_2 i_1 , JJ = j_n j_{n-1} \cdots j_3 j_2 j_1$$

十进制的 Morton 码实际上是 II、JJ 的二进制数字交叉结合的结果,即:

$$M_D = i_n j_n i_{n-1} j_{n-1} \cdots i_3 j_3 i_2 j_2 i_1 j_1 \tag{3-5}$$

将得到的 M_D 由二进制数再转换为十进制数即可。用类似的方法,也可以由 M_D 码反求栅格单元的行列号。一个 $2^3 \times 2^3$ 的区域得到的 M_D 码的结果见表 3-8 所示。

表 3-8 基于十进制的 Morton 码

M_D码 列号 / 行号		JJ	0	1	2	3	4	5	6	7
		J_b	0	1	10	11	100	101	110	111
II	I_b									
0	0		0	1	4	5	16	17	20	21
1	1		2	3	6	7	18	19	22	23
2	10		8	9	12	13	24	25	28	29
3	11		10	11	14	15	26	27	30	31
4	100		32	33	36	37	48	49	52	53
5	101		34	35	38	39	50	51	54	55
6	110		40	41	44	45	56	57	60	61
7	111		42	43	46	47	58	59	62	63

例如图中的第五行和第六列,其二进制的行列号分别为:

$II=0101, JJ=0110$

得到的 M_D 码为:

$II=0101, JJ=0110$

$M_D=(00110110)_2=(54)_{10}$

将图 3-22 按照十进制 Morton 码建立的线性四叉树如图 3-24 所示。

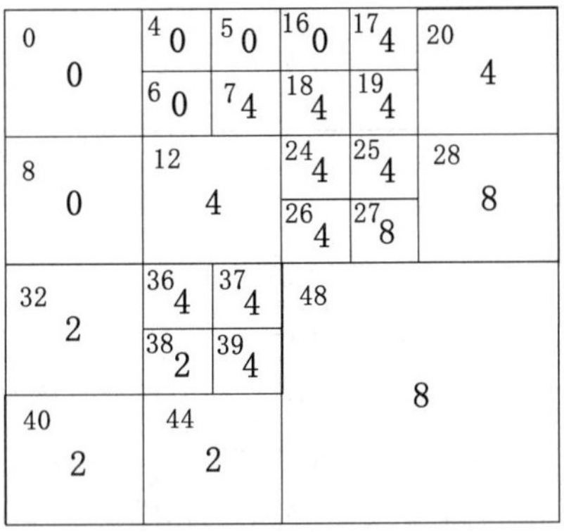

图 3-24 按十进制 Morton 码建立的线性四叉树

三、栅格—矢量数据结构互相转换

（一）矢量、栅格数据结构比较

矢量数据结构表示的数据量小而精度高,易于建立和分析图形的拓扑关系和网络关系。但是它在空间分析运算上比较复杂,特别是缺乏与遥感数据、数字高程数据直接结合的能力。

栅格数据结构在空间运算方面要简单得多,且较容易与遥感数据和数字高程数据直接结合。但它的数据量相对较大,精度相对较低,难以建立空间实体间的拓扑关系,不利于目标的检索等。

这两种结构各有优缺点,也有各自的特点(表3-9)。因此在当前的地理信息系统中,呈现出两种数据结构并存的局面,并可以通过计算机软件实现两种结构的高效转换。

表 3-9   栅格、矢量数据结构特点比较

内容	矢量格式	栅格格式
数据量	小	大
图形精度	高	低
图形运算	复杂、高效	简单、低效
遥感影像格式	不一致	一致或接近
输出表示	抽象、昂贵	直观、便宜
数据共享	不易实现	容易实现
拓扑和网络分析	容易实现	不易实现

（二）矢量、栅格数据结构相互转换

1. 矢量向栅格的转换

矢量数据的坐标是平面直角坐标(X,Y),其坐标起始点一般取图的左下方;栅格数据的基本坐标是行和列(I,J),其坐标起始点是图的左上方。两种数据变换时,令直角坐标系X轴、Y轴分别与行和列平行。由于矢量数据的基本要素是点、线、面,矢量向栅格的转换实际就是实现点、线和面向栅格的转换。

（1）确定栅格单元的大小

栅格单元的大小即栅格数据的分辨率,应根据原图的精度、变换后的用途及存储空间等因素来决定。如果变换后要和卫星图像匹配,最好采用与卫星图像相同的分辨率。如果要作为地形分析用,地形起伏变化小时,分辨率可以低些,栅格单元就可大些;而地形变化大时,分辨率就应当高些,栅格单元就要小些。

栅格单元的边长在坐标系中的大小用ΔX和ΔY表示。设X_{max}、X_{min}和Y_{max}、Y_{min}分别表示全图X坐标和Y坐标的最大值和最小值,I、J表示全图格网的行数和列数,它们之间的关系为(图3-25):

$$\begin{cases} \Delta X = \dfrac{X_{max} - X_{min}}{J} \\[2mm] \Delta Y = \dfrac{Y_{max} - Y_{min}}{I} \end{cases} \qquad (3\text{-}6)$$

行数和列数根据分辨率确定,取整数。

（2）点的变换

点(x,y)的变换很简单,只要点落在某个栅格中,就属于那个格网单元,其行列号i、j可由下式求出:

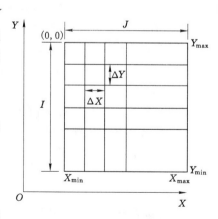

图 3-25 两种坐标关系

$$\begin{cases} i = 1 + \text{INT}\left(\dfrac{Y_{max} - Y}{\Delta Y}\right) \\[3mm] j = 1 + \text{INT}\left(\dfrac{X - X_{min}}{\Delta x}\right) \end{cases} \tag{3-7}$$

式中，INT 表示取整函数。栅格点的值用点的属性表示。

（3）线的变换

曲线可以近似地看成是由多个直线段组成的折线，因此曲线的转换实质就成了构成曲线的直线段集合的转换。

直线段的转换除了计算直线段的起点和终点的行列号之外，还需要求出该直线段中间经过哪些格网单元。

如图 3-26 所示，假设某线段两端点的坐标为 (X_1,Y_1)，(X_2,Y_2)，两个端点的行、列号已经求出，其行号分别为 3 和 7，则中间网格的行号必为 4、5、6。其网格中心线的坐标应为：

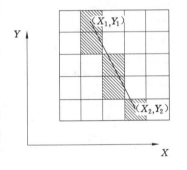

图 3-26　线的变换

$$Y_i = Y_{max} - \Delta Y \cdot \left(i - \frac{1}{2}\right) \tag{3-8}$$

而与直线段交点的 X 坐标为：

$$X_i = \frac{X_2 - X_1}{Y_2 - Y_1}(Y_i - Y_1) + X_1 \tag{3-9}$$

由 X 值再根据式(3-7)求出这一点的列号 J。依次求出直线经过的每一个网格单元，并用直线的属性值去充填这些网格，就完成了线段的转换。整个曲线或多边形边界经分段连续运算即可以完成曲线或多边形边界的转换。与此类似，也可以先计算出两端点的列数，知道直线要经过哪些列，然后计算各列中心线的 Y 值，再求相应的行数 I。

（4）面的充填

在矢量结构中，面域用边界线段表示，面域中间则是空白的。而在栅格结构中，整个面域所在的栅格单元都要用属性值充填，而不能用背景值。因此边界线段转换后，多边形面域中，还必须用属性值充填。

充填的方法很多，而关键问题是使计算机能正确判断哪些栅格单元在多边形之内，哪些在多边形之外。为此，多边形必须严格封闭，没有缝隙。面域充填的方法主要有：

① 射线算法

该算法中常用的有平行线扫描法和铅垂线跌落法。前一种方法是从待检验的栅格单元作一条平行于 X 轴的扫描线，当与多边形相交的点数为偶数时，则该栅格在多边形之外，当交点为奇数时，则该栅格在多边形之内。如图 3-27 所示的 P 点，从它所作的扫描线与多边形相交于 a、b、c、d 四个点，故 P 点在多边形之外。而从 Q 点作扫描线，则交点为 b、c、d 三个点，故 Q 点在多边形之内。有时边界会出现极值点的情况，例如图中的 e 点。此时如在 R 点作扫描线将只有 e、f 两个交点，就会出现错误的判断。

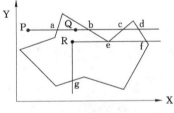

图 3-27　射线法

　　铅垂线跌落法则是从待检查的栅格作一条垂直于 X 轴的直线,检查它与多边形边界交点的个数,奇数在多边形之内,而偶数在多边形之外。例如从 R 点作垂线只交多边形边界于 g 点,故 R 点在多边形之内。

　　为了避免误判,可以同时采用这两种方法检验,只要一种方法交点为奇数,该点就在多边形之内。遍历所有栅格单元,凡在多边形内的点均充填同一属性值。

　　② 边界点跟踪算法(扫描算法)

　　多边形边界的栅格单元确定后,从边界上的某栅格单元开始,按顺时针方向跟踪单元格,以保证多边形位于前进方向的右方。如图 3-28 所示,将边界经过的每个格网赋予字符 R、L、N 中的一个,直至回到起始点。其中 R 代表右,行数一直增加的单元为 R;L 代表左,行数一直减少的单元为 L;N 代表中,与相邻单元行数相同或出现极值现象的单元均赋值 N。最后逐行扫描,以多边形同一属性值充填所有 L 与 R 之间的栅格单元。对于多边形中的岛,则按逆时针方向跟踪,这样岛区内将不充填。

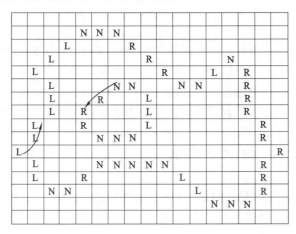

图 3-28　边界点跟踪法

　　③ 内部点扩散算法

　　在多边形边界栅格确定后,寻找多边形中的一个栅格作为种子点,然后向其相邻的八个方向扩散。如果被扩散的栅格是边界栅格,就不再作为种子点向外扩散,否则继续作为种子点向外扩散,重复上述过程直到所有种子点填满该多边形为止。

　　④ 复数积分算法

　　对全部栅格阵列逐个栅格单元判断栅格归属的多边形编码,判别方法是由待判点对每个多边形的封闭边界计算复数积分,对某个多边形,如果积分值为 $2\pi i$,则该待判点属于此多边形,赋予多边形编号,否则在此多边形外部,不属于该多边形。

　　⑤ 边界代数算法

　　边界代数多边形填充算法(Boundary Algebra Filling,BAF),是任伏虎博士等设计并实现的一种基于积分思想的矢量格式向栅格格式转换算法。它适合于记录拓扑关系的多边形矢量数据转换为栅格结构。

　　为说明边界代数转换算法的原理,先考虑图 3-29 所示单个多边形的简单情况。模仿积分求多边形区域面积的过程,初始化的栅格阵列各栅格值为零,欲填充多边形编号为 a 的区域,即将区域内栅格点的值变为 a,而区域外各点仍保持原值零。转换时,以栅格行列为参考坐标轴,由多边形边界上某点为起点顺时针搜索边界线,当边界线段为上行时,如图 3-29(a)所示,位于搜索边界多边形边界曲线左侧的具有相同行坐标的所有栅格点被减去一个值 a;当边界线段为下行时,如图 3-29(b)所示,则将边界左边(从曲线前进方向看为右侧)所有具有相同 3 个坐标点的栅格点加上一个值 a,当沿边界搜索运算一周回到起始点后,所有多边形内部的栅格点都被赋值 a,而多边形外的栅格点的值不变。

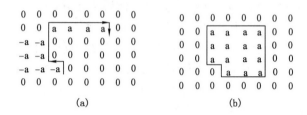

图 3-29　单个多边形边界代数法转换示意图

　　事实上,每幅数字地图都是由多个多边形区域组成的。如果把不属于任何多边形的区域(包括无穷远点)看成一个编号为零的特殊区域,则每一条边界弧段都与两个不同编号的多边形相邻,按边界弧段的前进方向分别称为左、右多边形,可以证明,对于这种多个多边形的矢量向栅格转换问题,只需要对所有多边形的边界弧段做如下运算而不需要考虑排列次序:当边界弧段上行时,该弧段与左图框之间栅格增加一个值(左多边形编号减去右多边形编号);当边界弧段下行时,该弧段与左图框之间栅格增加一个值(右多边形编号减去左多边形编号)。

　　这里以图 3-30 中为例,对边界代数转换过程进行说明。图 3-30 中的 3 个多边形的 6 条边,有如表 3-10 所示的拓扑关系。

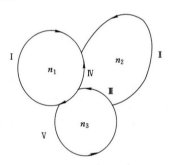

图 3-30　多个多边形示意图

表 3-10　　　　　　　　　　　　线号与左右多边形号的对应关系

线号	I	II	III	IV	V	VI
左多边形	0	n_2	n_3	n_1	n_3	n_3
右多边形	n_1	0	n_2	n_2	0	n_1

　　如果逐个多边形进行转换:

对多边形 n_1；线Ⅰ上行－n_1，下行＋n_1；线Ⅳ上行＋n_1；线Ⅵ下行＋n_1；

对多边形 n_2；线Ⅱ上行＋n_2，下行－n_2；线Ⅳ上行－n_2；线Ⅲ上行－n_2；

对多边形 n_3；线Ⅵ下行－n_3；线Ⅲ上行＋n_3；线Ⅴ下行－n_3，上行＋n_3。

对所有运算按线号进行排列，把图外区域作为编号为零的区域参加计算，表 3-11 表达了相应线的左或右多边形。

表 3-11　　　　　　　　　　　　弧段线前进方向的左右多边形

线号	前进方向	左	右
线Ⅰ	上行	＋0	－n_1
	下行	－0	＋n_1
线Ⅱ	上行	＋n_2	－0
	下行	－n_2	＋0
线Ⅲ	上行	＋n_3	－n_2
线Ⅳ	上行	＋n_1	－n_2
线Ⅴ	上行	＋n_3	－0
	下行	－n_3	＋0
线Ⅵ	下行	－n_3	＋n_1

边界代数法与其他算法的不同之处在于它不是逐点搜寻判别边界，而是根据边界的拓扑信息，通过简单的加减代数运算将拓扑信息动态地赋予各栅格点，实现了矢量格式到栅格格式的转换。由于不需考虑边界与搜索轨迹之间的关系，因此算法简单，可容性好，而且由于仅采用加减代数运算，每条边界仅计算一次，免去了公共边界重复运算，又可不考虑边界存放的顺序，因此运算速度快，同时较少受内存容量的限制。

2. 栅格向矢量的转换

栅格向矢量的转换过程比较复杂，它有两种情况：① 待转换的栅格数据为遥感影像或栅格化的分类图，在矢量化之前需要先将它处理成二值图像（简称二值化），然后再将它转换成坐标表达的矢量数据；② 待转换的栅格数据来自于线划图的二值化扫描，二值化后的线划宽度往往占据多个栅格，这时需要进行细化处理后才能矢量化。其处理流程见图 3-31 所示，具体的步骤为：

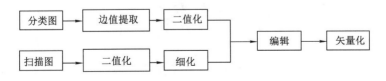

图 3-31　栅格—矢量转换流程图

（1）边界提取

边界提取是图像处理中的一个专门问题，方法较多，这里介绍一种简单方法。这种方法是用一个 2×2 栅格的窗口，按顺序沿行列方向对栅格图像进行扫描。如果窗口内的四个格网点值相同，它们就属于一个等值区，而无边界通过，否则就存在多边形的边界或边界结点。

如果窗口内有两种栅格值,这四个栅格均标识为边界点,同时保留原栅格的值,如果窗口内有三个以上不同的值,则标识为结点。对于对角线上两两相同的情况,由于造成多边形边界的不连通,也作为边界处理。图 3-32 为边界点的六种可能结构,图 3-33 为结点的八种可能结构。

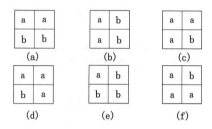

图 3-32　边界点的六种情况

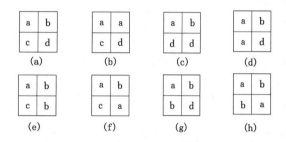

图 3-33　结点的八种结构

边界搜索按线段逐个进行。从搜索到的某一边界窗口开始,下一点组的搜索方向由进入当前点组的搜索方向和将要搜索的后续点的可能走向决定。如图 3-32(c)所示的边界点只可能有两个方向,即下方和右方。如果该边界点组在下方点组没被搜索到,其后续点一定在其右方,而边界左右多边形的值分别为 a 和 b;反之,如果该点在其右方的点组之后没被搜索到,其后续点一定在下方。其他情况依此类推。

(2) 二值化

所谓二值化就是将图像中的灰度取一个阈值,凡高于阈值的灰度取 1,低于阈值的灰度取 0。设阈值为 τ,则二值化后的像元灰度值为:

$$T(i,j) = \begin{cases} 1 & \text{当 } f(i,j) \geqslant \tau \text{ 时} \\ 0 & \text{当 } f(i,j) < \tau \text{ 时} \end{cases} \tag{3-10}$$

(3) 细化

细化也称为栅格数据的轴化,就是将占有多个栅格宽的图形要素缩减为只有单个栅格宽的图形要素的过程。细化的方法很多,这里介绍两种较常用的细化方法。

① 剥皮法

剥皮的概念就是每次删掉外层的一些栅格,直到最后只留下彼此连通的由单个栅格组成的图形。剥皮的方法也有多种,其中一种的具体做法是:用一个 3×3 的栅格窗口,在栅格图上逐个检查每个栅格单元,被查栅格能否删去,其原则是不允许剥去会导致图形不连通的栅格,也不能在图形中形成孔。

例如图 3-34 中,图(a)~(e)的中心栅格均可删去,因为它符合上面的原则,删去后不会造成不连通的情况,也没有形成孔。而图(f)~(j)的中心栅格不能删去,因为前三个图删去后将造成不连通,后两个图删去后将生成孔。

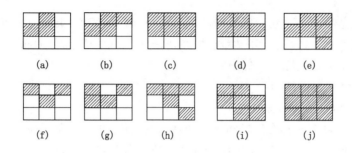

图 3-34　3×3 栅格窗口

② 骨架法

这种方法就是确定图形的骨架,而将非骨架上的多余栅格删除。具体做法是扫描全图,凡是像元值为 1 的栅格都用 V 值取代。V 是该栅格与北、东和北东三个相邻栅格像元之和,即:

$$V = f(i,j) + f(i-1,j) + f(i,j+1) + f(i-1,j+1) \qquad (3-11)$$

如图 3-35(a)中为二值化后的图像,而图 3-35(b)为其 V 值,在 V 值图上保留最大的 V 值的栅格,删去其他,但必须保证连通。因为最大 V 值的栅格只能分布在图形的中心线上(骨架上),因此选取最大值栅格的过程就是细化的过程。

0	0	0	0	0	0	0	0	0	0	0	0	0	0	0	0	0	0	0
1	1	1	0	0	0	0	0	0	0	0	0	0	0	0	0	0	0	0
0	1	1	1	1	0	0	0	0	0	0	0	0	0	0	0	0	0	0
0	0	1	1	1	0	0	0	0	0	0	0	0	0	0	0	0	0	0
0	0	0	1	1	1	0	0	0	0	0	0	0	0	0	0	0	0	0
0	0	0	1	1	1	1	0	0	0	0	0	0	0	0	0	0	0	0
0	0	0	0	1	1	1	0	0	0	0	0	0	0	0	0	0	0	0
0	0	0	0	0	1	1	1	0	0	0	0	0	0	0	0	0	0	0
0	0	0	0	0	0	1	1	1	0	0	0	0	0	0	0	0	0	0
0	0	0	0	0	0	1	1	0	0	0	0	0	0	0	0	0	0	0
0	0	0	0	0	1	1	1	0	0	0	0	0	0	0	0	0	0	0
0	0	0	0	0	0	1	1	1	0	0	0	0	0	0	0	0	0	0
0	0	0	0	0	0	1	1	1	0	0	0	0	0	0	0	0	0	0
0	0	0	0	0	0	0	0	0	0	0	0	0	0	0	0	0	0	0
0	0	0	0	0	0	0	0	0	0	0	0	0	0	0	0	0	0	0

(a)

0	0	0	0	0	0	0	0	0	0	0	0	0	0	0	0	0	0	0
2	2	1	0	0	0	0	0	0	0	0	0	0	0	0	0	0	0	0
3	4	3	2	1	0	0	0	0	0	0	0	0	0	0	0	0	0	0
0	3	4	4	2	0	0	0	0	0	0	0	0	0	0	0	0	0	0
0	0	3	4	3	1	0	0	0	0	0	0	0	0	0	0	0	0	0
0	0	3	4	4	3	1	0	0	0	0	0	0	0	0	0	0	0	0
0	0	0	3	4	4	2	0	0	0	0	0	0	0	0	0	0	0	0
0	0	0	0	3	4	3	1	0	0	0	0	0	0	0	0	0	0	0
0	0	0	0	0	3	4	3	1	0	0	0	0	0	0	0	0	0	0
0	0	0	0	0	3	4	2	0	0	0	0	0	0	0	0	0	0	0
0	0	0	0	3	4	3	1	0	0	0	0	0	0	0	0	0	0	0
0	0	0	0	0	3	4	3	1	0	0	0	0	0	0	0	0	0	0
0	0	0	0	0	3	4	4	2	0	0	0	0	0	0	0	0	0	0
0	0	0	0	0	2	3	2	1	0	0	0	0	0	0	0	0	0	0
0	0	0	0	0	0	0	0	0	0	0	0	0	0	0	0	0	0	0

(b)

图 3-35　骨架法细化

(a) 原始栅格数据;(b) 骨架法栅格

(4) 矢量化

栅格数据矢量化的过程如下:第一步类似于栅格采用链码的栅格跟踪过程,找出线段经过的栅格;第二步将栅格 (i,j) 坐标变成直角坐标 (X,Y),每个网格中心的坐标为:

$$\begin{cases} X = X_{\min} + \left\{ \Delta x \times j - \dfrac{\Delta x}{2} \right\} \\ Y = Y_{\min} + \left\{ \Delta y \times i - \dfrac{\Delta y}{2} \right\} \end{cases} \tag{3-12}$$

矢量结构的数据点不需要像栅格那样充满路径,因此对于多余的中间点可以删除。可以用每三个点是否在一条线上作为检查,如在一条线上,则中间点可删除。对于曲线弧段,必要时还可用其他方法删除过多的中间点。

四、栅矢一体化数据结构

(一)栅矢一体化结构的基本概念

多数 GIS 软件都同时具有矢量和栅格两种数据结构,并能实现两种数据结构之间的转换。但这需要增加更多的存储空间和运算处理时间,因而并非理想的方案。为使系统能用于多种目的,需要研究一种同时具有矢量和栅格两种特性的一体化数据结构。

点状目标在矢量结构中用坐标对(x,y)来表达,在栅格结构中用栅格元子表达;线状目标在矢量结构中用(x,y)坐标串来显示,在栅格结构中一般用在一定方向上连接成串的相邻像元集合来填满整个路径;对于面状空间目标,基于矢量结构的表达主要使用边界表达的方法,而在栅格结构中,它一般用聚集在一起的相邻像元集合填充表达的方式。因此,为了能够将矢量和栅格的概念统一起来,发展矢量栅格一体化的数据结构,可以将矢量方法表示的点、线和面目标也用元子空间填充表达,这样的数据就具有矢量和栅格双重性质。一方面它保留了矢量数据的全部特性,目标具有明显的位置信息,并能建立拓扑关系;另一方面又建立了栅格和地物的关系,即路径上的任一点都与目标直接建立了联系。Molenaar 和龚建雅等对该问题作过较深入的研究,读者可以参考他们的论著。

为了实现地理数据的矢栅一体化的存储,这里对点、线和面的基本类型作如下约定:

① 地面上的点状地物是地球表面上的点,它仅有空间位置,没有形状和面积,在计算机内部仅有一个数据位置。

② 地面上的线状地物是地球表面的空间曲线,它有形状但没有面积。它在平面上的投影是一条连续不间断的直线或曲线。

③ 地面上的面状地物是地球表面的空间曲面,有形状和面积。

(二)细分格网

矢栅一体化存储的关键是栅格数据的存储,但栅格数据存储的首要任务是栅格空间分辨率大小的确定。栅格单元划分得过细,存储空间过大;栅格单元划分得粗略,就难以满足栅格数据精度表达的要求。

为了解决这个矛盾,可利用基本格网和细分格网的方法,来提高点、线(包括面状目标边界线)数据表达的精度。① 基本格网划分。将全图划分成空间分辨率较低的基本格网栅格阵列,在该栅格矩阵中,每个像元所占用的实际范围较大,栅格阵列的栅格数量较少,每一栅格称为基本格网单元;② 细分格网。在有地理实体(点、线目标等)通过的基本格网内,再根据精度表达的需求进行细分,精度要求高时,可以分成 256×256 个细格网;精度要求较低时,可分成 16×16 个细格网,具体如图 3-36 所示。

为使数据格式一致,基本格网和细分格网都采用线性四叉树的编码方法,将采样点和线性目标与基本格网的交点用两个 Morton 码表示(均用十进制 Morton 码,简称 M 码)。前

一个 M_1 码表示该点所在的基本格网的地址码,后一个 M_2 表示该点对应的细分格网的 Morton 码,亦即将一对 (X,Y) 坐标转换成两个 Morton 码。例如 $X=210.00,Y=172.32$,可以转换成为 $M_1=275,M_2=2690$。

这种方法可以将栅格数据的精度提高 256 倍,而存储量仅在有点、线通过的格网上增加两个字节。当细分格网为 16×16 时,精度提高 16 倍,存储量仅增加一个字节。

(三)栅矢一体化数据结构设计

1. 点状地物和结点的数据结构

根据基本约定,点仅有位置,没有形状和面积,不必将点状地物作为一个覆盖层分解成四叉树,只要将点的坐标转化为 Morton 地址 M_1 和 M_2,而不管整个构形是否为四叉树。这种结构简单灵活,不仅便于点的插入和删除操作,而且能处理一个栅格内包含多个点状目标的情况。所有点状地物以及弧段之间的结点可以用一个文件表示,其结构如图 3-37 和表 3-12 所示。这种结构几乎与矢量数据结构完全一致。

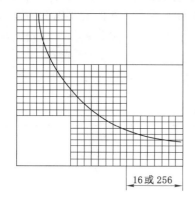

图 3-36 细化格网

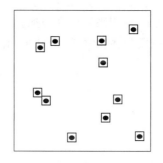

图 3-37 点状地物

表 3-12 点状地物和结点的数据结构

点标识号	M_1	M_2	高程 Z
...	...	...	...
10025	43	4082	432
10026	105	7725	463
...	...	...	...

2. 线状地物的数据结构

根据对线状地物的约定,线状地物有形状而没有面积,并且表达形状应包含整个路径。没有面积意味着线状地物和点状地物一样不必用一个完全的覆盖层分解为四叉树,而只要用一串数字来表达每个线状地物的路径即可,亦即把该线状地物所经过的栅格地址全部记录下来。一个线状地物可能由几条弧段组成,所以应先建立弧段的数据文件,如图 3-38 和表 3-13 所示。

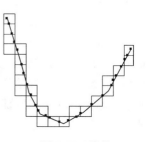

图 3-38 线段

表 3-13　　　　　　　　　　　　　　　　　弧段的数据结构

弧标识号	起始点号	终结点号	中间点串(M_1, M_2, M_3)
...	...	...	...
20078	10025	10026	58,7749,435,92,4377,439...
20079	10026	10032	90,432,502,112,4412,496...
...	...	...	...

表 3-13 中的起结点和终结点是该弧段的两个端点,它们与表 3-12 联结可以建立起弧段和结点之间的拓扑关系。表中的中间点串不仅包含了原始取样点(已转换成用 M_1 和 M_2 表示),而且包含了该弧段路径通过的所有网格边的交点,它所包含的 M_1 码填满了整个路径。这种结构也顾及了线性地物在地表的空间特征。

虽然这种数据结构比单纯的矢量结构增加了一定的存储量,但它解决了线状地物的四叉树表达问题,使它能与点状和面状地物一起建立统一的基于线性四叉树编码的数据结构体系,从而使点状地物与线状地物相交、线状地物相互之间相交、线状地物与面状地物相交的查询总是变得相当简单和快速。

有了弧段的数据文件,线状地物的数据结构只是它的集合表示,如表 3-14 所示。

表 3-14　　　　　　　　　　　　　　　　线状地物的数据结构

线标识号	...	300031	30032	...
弧段标识号	...	20078,20079	20092,20098,20099	...

3. 面状地物的数据结构

按照基本约定,一个面状地物应包含边界和边界所包围的整个面域。面状地物的边界由弧段组成,它同样可用表 3-13 那样的数据文件表示。此外,它还应包含面域的信息,而这种信息则由线性四叉树或二维行程编码表示。

各类不同的地物可以形成多个覆盖层,例如建筑物、广场等可为一个覆盖层,土地类型和煤层分布又可形成另外两个覆盖层。这里规定每个覆盖层都是单值的,即每个栅格内仅有一个面状地物的属性值,每个层可用一棵四叉树或一个二维行程编码来表示。叶结点的值可以是属性值,也可以是目标的标识号,并且可以用循环指针指向将同属于一个目标的叶结点链接起来,形成面向地物的结构。图 3-39 是链接的情况,表 3-15 是对应的二维线性表。表中的循环指针指向该地物的下一个子块的记录(或地址码),并在最后指向该地物本身。如表中的 0、2、4、6、8 为地物的

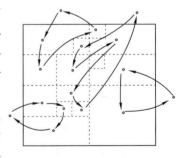

图 3-39　链接面块的指针

属性值,其余数字均为循环指针。只要进入第一块就可以顺着指针直接提取该地物的所有子块,避免像栅格矩阵那样为了查询某一个目标而遍历整个矩形,从而大大加速了查询速度。

表 3-15　　　　　　　　　　　　　　带指针的二维行程表

二维行程 M 码	循环指针属性值	二维行程 M 码	循环指针属性值
0	8	32	38
7	12	36	39
8	16	38	40
12	17	39	4
16	0	42	2
17	36	48	8
25	48		

对于面状地物中的边界格网,采用以面积为指标的四舍五入的方法确定其格网值,即两地物的公共格网值取决于地物面积比重大的格网。如果要求更精确地进行面积计算或叠置运算,则可进一步引用弧段的边界信息。

表 3-13 的弧段文件和表 3-15 的二维行程编码文件是面状地物数据结构的基础。图 3-40 为其示意图,文件结构如表 3-16 所示。

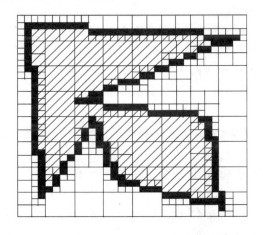

图 3-40　面状地物的数据结果示意图

表 3-16　　　　　　　　　　　　　　面状地物的数据结构

面标识号	弧标识号串	面块头指针
4001(A)	2001,2002,2003	0
4001(B)	2002,2004	16
4003	2004,…	64
…	…	…

可见这种数据结构是面向目标的,并具有矢量的特点。此外,通过面状地物的标识号可以找到它的边界弧,并顺着指针可提取出所有中间面块。同时这种结构又具有栅格的全部特征。表 3-15 中的 M 码表达了位置的相互关系,前后两个 M 码之间隐含了该子块的大小。一个覆盖层形成一个二维行程表,全部记录表示的面块覆盖了研究区域的整

个平面。给出任意一点的位置,都可以从表中顺着指针找到面状地物的标识号,并确定是哪一类地物。

五、镶嵌数据结构

镶嵌是一个很活跃的研究领域,近年来各国学者围绕镶嵌理论、技术与方法进行了大量研究,包括地图的矢量分割与栅格分割、2D 镶嵌与 3D 镶嵌等。Y. C. Lee(2000)对空间镶嵌进行了分类研究,提出特征为主(Feature Primary)和空间为主(Space Primary)的两种镶嵌单元,其中前者主要是不规则形状的,后者则可以分为无约束和受约束两类(受约束类镶嵌可以是层次的或非层次的)。

镶嵌(Tessellation)数据结构是基于连续铺盖的,即用二维铺盖或划分来覆盖整个区域。镶嵌是矢量结构的逻辑对偶,有时也称为多边形网格模型(Polygon Mesh Model)。铺盖的特征参数包括尺寸、形状、方位和间距。对同一现象可以有若干不同尺度、不同聚分性的铺盖。镶嵌数据结构包括规则镶嵌数据结构和不规则镶嵌数据结构,特别适应于三维离散点状空间数据的表达。规则镶嵌最典型的应用模型是格网数字高程模型,其中基于正方形铺盖的栅格数据结构为规则铺盖的特例;不规则镶嵌最典型的数据结构是 Voronoi 图和 Delaunay 不规则三角网,可以当作拓扑多边形处理。

(一)规则镶嵌数据结构

所谓规则镶嵌数据结构,即用规则的小面块集合来逼近自然界不规则的地理单元。在二维空间中虽有多种可能的规则划分方法(图 3-6),但为了便于有效地寻址,网格单元必须具有简单的形状和平移不变性。图 3-6 所示的 3 类规则铺盖中,只有正方形与正六边形既是规则的又是可平移的,即在整个平面上具有相同的方向。正六边形有 6 个最近的邻域,比只有四个邻域的正方形有更好的邻接性。然而,正六边形的层次性较差,即它不能无限地被分割;而正方形具有无限可分性,是分割二维空间的实用形式,很多环境监测数据的采集和图像处理普遍采用正方形面元(像元)。

构造规则镶嵌的具体做法是:用数学手段将一个铺盖网格叠置在所研究的区域上,把连续的地理空间离散为互不覆盖的面块单元(网格)。划分之后,简化了空间变化的描述,同时也使得空间关系(如毗邻、方向和距离等)明确,可进行快速的布尔集合运算。在这种结构中每个网格的有关信息都是基本的存储单元。

从数据结构上看,规则网格系统的主要优点在于其数据结构为通常的二维矩阵结构,每个网格单元表示二维空间的一个位置,不管是沿水平方向还是沿垂直方向均能方便地遍历这种结构。处理这种结构的算法很多,并且大多数程序语言中都有矩阵处理功能。此外,以矩阵形式存储的数据具有隐式坐标,不需要进行坐标数字化;规则网格系统还便于实现多要素的叠置分析。因而,规则铺盖是一种重要的空间数据处理工具。

(二)不规则镶嵌数据结构

不规则镶嵌数据结构是指用来进行镶嵌的小面块具有不规则的形状或边界,其典型数据结构是 Voronoi 图和 Delaunay 不规则三角网。

Voronoi 图是俄国数学家 M. G. Voronoi 于 1908 年发现的几何构造,并以他的名字命名。因早在 1850 年,另一位数学家 G. L. Dirichelt 同样研究过这种几何构造,故有时也称其为 Dirichelt 格网。由于 Voronoi 图在空间剖分上的等分性特征,使它在许多领域获得应用,很多几何问题可用 Voronoi 多边形得出有效、精致、在某种程度上还可以说是最佳的解。

如果把空间邻接定义为多边形邻接,并把围绕各物体的 Voronoi 多边形的边界用等距离准则来确定,则所有地图上的物体(此处为点和线段)就具有明确的邻居关系。从这一思想出发,就可导出一种统一的途径来处理许多空间问题。

在地理学界,最先应用 Voronoi 图的是气象学家 A. H. Thiessen,他在研究随机分布的气象观测站时,对每个观测点建立封闭的多边形范围,这种多边形称为 Thiessen 多边形。在生物学领域,Voronoi 图被称为 Winger-seize 单元或 Blum 变换。

Delaunay 三角网是俄国数学家 B. Delaunay 于 1934 年发现的,是 Voronoi 图的对偶,是将 Voronoi 图中各多边形单元的内点连接后得到一个布满整个区域而又不互相重叠的三角网结构。

Voronoi 多边形是一种重要的混合结构:融图论与几何问题求解为一体,是矢/栅空间模型的共同观察途径。在二维空间,Voronoi 多边形在求解"全部最近邻居问题"、构造凸壳、构造最小扩展树以及求解"最大空圆"(Largest Empty Circle)等问题中,被用做优化算法的第一个步骤。在模式识别中,Voronoi 多边形的应用也越来越广泛。Voronoi 多边形的建立也是计算两个平面图形集合之间最小距离优化算法的预处理步骤。Voronoi 多边形在地理学、气象学、结晶学、天文学、生物化学、材料科学、物理化学等领域均得到广泛应用(晶体生长模型、天体的爆裂等)。例如,在考古学中,用 Voronoi 多边形作为绘制古代文化中心的工具,以及用 Voronoi 多边形来研究竞争的贸易中心地的影响;在生态学中,一种生物体的幸存者依赖于邻居的个数,它一定要为食物和光线而斗争,森林种类和地区动物的 Voronoi 图被用来研究太拥挤的"后果"。

Voronoi 多边形是不规则的、最基本的和最重要的几何构造。设有平面点集 $S(P_1, P_2, \cdots, P_n)$,其对应的 Voronoi 多边形为 $V(P_1), V(P_2), \cdots, V(P_n)$,此处 $V(P_i)$ 是由距 P_i 最近的所有点构成的。这样

$$P = (P_i) = \{x, d(x, P_i) \leqslant d(x, P_j), i, j = 1, 2, \cdots, n; j \neq i\} \tag{3-13}$$

此处,$d(x, P_i)$ 为点 x 与点 P_i 之间的欧氏距离。换句话说,属于 $V(P_i)$ 的每一个点 x 到 P_i 比到 S 的任何其他点 $P_j (i \neq j)$ 都近,即 $V(P_i)$ 的内部是到 P_i 点比到 S 的其余点更近的全部点的轨迹。

到 P_i 点比到 P_j 点更近的全部点的轨迹是一个包含 P_i 的半平面 $H(P_i, P_j)$,其边界是连线 P_iP_j 的垂直二等分线。而以 P_i 为最近点的所有点的轨迹是包括 P_i 点的所有 ($n-1$ 个)半平面的交。

由此得出结论,$V(P_i)$ 为一凸多边形。图 3-41 是由一组给定点所定义的 Voronoi 图。

$$V(P_i) = \bigcap H(P_i, P_j) \quad i \neq j \tag{3-14}$$

由图可见,Voronoi 多边形的边数多少与周围数据点的个数有关。这种多边形具有下列特性:

① 多边形的边界线为两邻近数据点连线的垂直二等分线。

② 每个多边形包含一个原始数据点。

③ 多边形内的任何点比多边形外的任何其他点更靠近于多边形内的数据点(只有一个)。

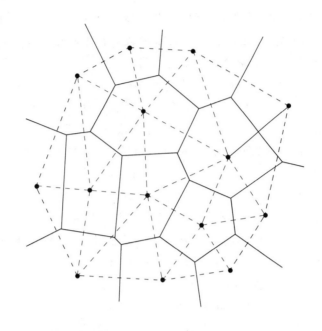

图 3-41　由一组给定点所定义的 Voronoi 图

在不少情况下,不规则网格具有某些优越性,主要表现在:可以消除数据冗余,网格的结构本身可适应于数据的实际分布。这种模型是一种变化分辨率的模型,因为基本多边形的大小和密度在空间上是变动的。

不规则网格能进行调整,以反映空间每一个区域中的数据事件的密度。这样,每个单元可定义为包含同样多数据事件,其结果是数据越稀,则单元越大;数据越密,则单元越小。

单元的大小、形状和走向反映着数据元素本身的大小、形状和走向,这对于目测分析不同类型是很有用的。

Voronoi 多边形可以很有效地用于计算机处理中的许多问题,诸如邻接、接近度(Proximity)和可达性分析等,以及解决最近点问题(Closest Point Problem)、最小封闭圆问题。

尽管各种不规则网格能很好地适用于特定的数据类型和一些分析过程,但对于其他一些空间数据处理和分析任务却无能为力。例如,即便把两个不规则网格覆盖在一起也是极为困难的,生成不规则网格过程是相当复杂且很费时的。由于这两个原因,使许多不规则网格仅用于一些特定场合,作为数据库的数据模型需要作进一步的研究。

然而,将 Voronoi 多边形中参考点连接起来,即形成 Delaunary 三角网,可在地理信息系统或者数字高程模型 TIN 模块中广泛使用。Delaunary 三角网可以由 Voronoi 图构造,也可以根据离散点直接构造。

不规则三角网有多种存储方法,这里介绍以三角形为核心的存储结构。图 3-42(a)为所构建的三角形网,设立三个表,一个表记录每个三角形相邻的三角形编号[图 3-42(b)],一个表记录每个三角形的三个结点的编号[图 3-42(c)],第三个表记录结点的坐标值[图 3-42(d)],这样可以很容易地进行三角形的查找。

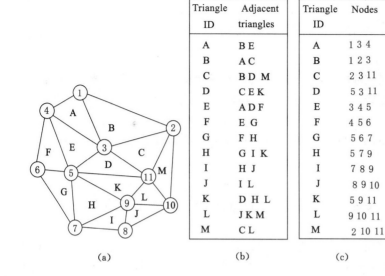

图 3-42　不规则三角网的数据结构

第三节　地理空间数据库与数据库管理系统

一、空间数据库的概念

空间数据库是地理信息系统的核心,地理信息系统几次重大的技术革命都是与空间数据库管理系统的技术发展相关的。20 世纪 80 年代,文件系统与关系数据库管理系统结合的空间数据管理方式和 90 年代末出现的对象关系数据库管理系统都代表着当时 GIS 软件的基本特征。

空间数据库具有通用数据库的基本内涵,它是大量具有相同特征数据集的有序集合,它需要数据库管理系统进行管理,需要有数据查询与浏览的界面,同时要考虑多用户访问的安全机制问题。它也遵循数据库的模式,具有物理模型、逻辑模型和概念模型,但是它不能直接采用通用数据库的关系模型。如果采用商用的关系数据库进行管理,也要对它进行扩展,使之成为对象关系数据模型进行存储管理。

从概念上分,地理空间数据可分为两大类:一类是空间对象数据,它是指具有几何特征和离散特点的地理要素,如点对象、线对象、面对象、体对象等;另一类是场对象数据,它是指在一定空间范围内连续变化的地理对象,如覆盖某一地理空间的格网数字高程模型、不规则三角网、栅格影像数据等。每个离散的空间对象可能有一个唯一的对象标识或相应的属性描述信息,而一个场对象通常作为一个整体,场内的局部特征已经由构造该数据场的节点特征表达,如一个格网点的高程表现了该点的起伏特征。由于离散的空间对象与场对象的特征不同,所以需要采用不同的方法进行处理和管理。

二、空间数据库的特征

空间数据库具有六个基本特征:

① 空间特征:空间特征包括空间位置(坐标)和空间分布,这就要求 GIS 除了必须具备

通用数据库管理系统或文件系统的关键字索引和辅助关键字索引之外,还需建立空间索引机制。

② 非结构化特征:由于地理实体或地理现象的非结构化特征,决定了 GIS 中空间数据的非结构化特征。如一条弧段可能只有两个坐标对,也可能有千百个坐标对,因此弧段记录的长度是不定的;此外,一个多边形可能只由一条弧段封闭而成,也可能由若干条弧段首尾相连而成,因此多边形记录是多条弧段的嵌套。这种变长记录和不定结构的要求,是一般关系型数据库所不能满足的。

③ 空间关系特征:空间数据除了要描述地理实体的空间坐标和空间分布之外,还要描述地理实体之间的空间关系以及实体组成元素之间的拓扑关系(如点与线、线与面等)。这给空间数据的一致性和完整性维护增加了困难。特别是某些几何对象并不直接记录其坐标信息,如面状目标仅记录组成它的弧段标识,因而在查找、显示和分析时均要操纵和检索多个数据文件。

④ 分类编码特征:为了唯一识别地理实体和共享中间数据,每一个地理实体均分配一个分类编码,通过分类编码将空间数据和属性数据关联起来。这种编码可能是按国家标准、行业标准或地区标准进行的,也可能是全球性的。

⑤ 多尺度特征:由于空间认知水平、认知精度和比例尺等的不同,地理实体的表现形式也不相同。这就要求空间数据库具备有效的多尺度空间数据组织与管理功能,这也是一般关系型数据库所不具备的。

⑥ 海量性特征:由于地理区域的广大性、地理数据的多源性以及空间数据分辨率的不断提高,GIS 中的数据量往往要比一般事务性信息系统的数据量大得多。例如,一个城市 GIS 的数据量可能达几十吉字节,若考虑影像数据的存储,则可能超过几百吉字节。因为数据量巨大,需要在二维空间上划分为块和图幅,在垂直方向上划分为层来进行管理。

三、空间数据库结构模式

以地理空间数据存储和操作为对象的空间数据库,把被管理的数据从一维推向了二维、三维甚至更高维。由于传统数据库系统(如关系数据库系统)的数据模拟主要针对简单对象,因而无法有效地支持以复杂对象(如图形、影像等)为主体的工程应用,空间数据库系统必须具备对地理对象(大多为具有复杂结构和内涵的复杂对象)进行模拟和推理的功能。一方面可将空间数据库技术视为传统数据库技术的扩充;另一方面,空间数据库突破了传统数据库理论(如将规范关系推向非规范关系),其实质性发展必然导致理论上的创新。

空间数据库是一种应用于地理空间数据处理与信息分析领域的具有工程性质的数据库,它所管理的对象主要是地理空间数据(包括空间数据和非空间数据)。

目前,大多数商品化的 GIS 软件都不是采取传统的某一种单一的数据模型,也不是抛弃传统的数据模型,而是采用建立在关系数据库管理系统(RDBMS)基础上的综合的数据模型,归纳起来主要有以下三种。

(一)文件关系数据库混合结构模型

它的基本思想是用两个子系统分别存储和检索空间数据与属性数据,其中属性数据建立在 RDBMS 上,数据存储和检索比较可靠、有效;几何数据采用图形文件管理,功能较弱,特别是在数据的安全性、一致性、完整性、并发控制方面,比商用数据库要逊色得多。两个子系统之间使用一种标识符(如 ID)联系起来。图 3-43 为原理框架图。在检索目标时必须同时询问两个子系统,然后将它们的回答结合起来。因为使用两个存储子系统,它们有各自的规则,查询操作难以优化,存储在 RDBMS 外面的数据有时会丢失数据项的语义;此外,空间数据分开存储,数据的完整性有可能遭到破坏,如在几何空间数据存储子系统中目标实体仍然存在,但在 RDBMS 中却已被删除。例如 MapInfo 就是采用双数据库存储模式,空间数据和属性数据是分开存储的,空间数据存储在.Map 文件中,属性数据存储在.DAT 文件中,类似的存储方式还有 ArcGIS 的 Shp 文件等。

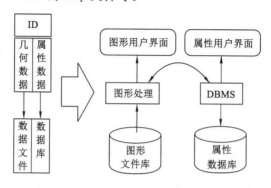

图 3-43 文件关系数据库混合结构模型

（二）扩展结构模型

混合结构模型的缺陷是因为两个存储子系统具有各自的职责,互相很难保证数据存储、操作的统一。扩展结构模型采用同一 DBMS 存储空间数据和属性数据,其做法是在标准的关系数据库上增加空间数据管理层,即利用该层将地理结构查询语言（GeoSQL）转化成标准的 SQL 查询,借助索引数据的辅助关系实施空间索引操作。

这种模型解决了空间数据变长记录的存储问题,由数据库软件商开发,效率较高,其优点是省去了空间数据库和属性数据库之间的烦琐联结,空间数据存取速度较快,但由于是间接存取,在效率上总是低于 DBMS 中所用的直接操作过程,且查询过程复杂,用户不能根据 GIS 要求进行空间对象的再定义,因而难以将设计的拓扑结构进行存储。图 3-44 为其原理框图。这种模型的代表性 GIS 软件有 SYSTEM 9,SMALL WORLD 等。

（三）综合数据模型（Integrated Model）

这种综合数据模型不是基于标准的 RDBMS,而是在开放型 DBMS 基础上扩充空间数据表达功能。如图 3-45 所示,空间扩展完全包含在 DBMS 中,用户可以使用自己的基本抽象数据类型（ADT）来扩充 DBMS。在核心 DBMS 中进行数据类型的直接操作很方便、有效,并且用户还可以开发自己的空间存取算法。该模型的缺点是,用户必须在 DBMS 环境中实施自己的数据类型,对有些应用将相当复杂。

四、空间数据库管理系统

空间数据模型的发展是与数据库技术的发展密切相关的,空间数据库管理系统更是与数据库技术的发展密不可分。按发展的轨迹,可以将 GIS 空间数据管理系统分为文件—关系型、全关系型、对象—关系型和纯对象型 4 种类型。

（一）文件—关系型数据库管理系统

由于空间数据的复杂性,早期关系型数据库难以满足空间数据管理的要求。因此,大部

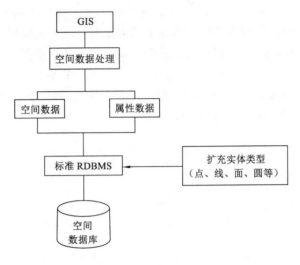

图 3-44　扩展数据模型

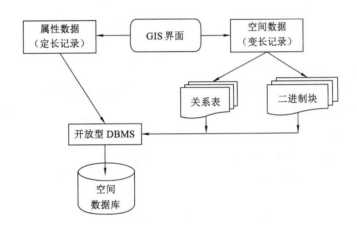

图 3-45　综合数据模型

分 GIS 软件采用混合管理的模式,即用文件系统管理几何图形数据,用商用关系型数据库管理属性数据,两者之间通过目标标识码或内部连接码进行连接,如图 3-46 所示。

OID(目标 ID 或 内部连接码)	图形数据
	属性数据

图 3-46　GIS 的文件—关系型数据连接

在这一管理模式中,除通过 OID(Object ID)连接之外,图形数据和属性数据几乎是完全独立组织、管理与检索的。其中,图形系统采用高级语言编程管理,可以直接操纵数据文件,因而图形用户界面与图形文件处理是一体的,两者中间没有逻辑裂缝。但由于早期的数据库系统不提供高级语言接口,只能采用数据库操纵语言,因此图形用户界面和属性用户界面是分开的。在 GIS 中,通常需要同时启动图形文件系统和关系数据库系统,甚至两个系统来回切换,使用起来很不方便,如图 3-47 所示。

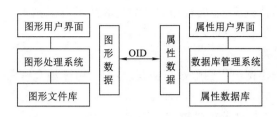

图 3-47　基于 OID 的文件—关系型图形—属性互操作

近年来,随着数据库技术的发展,越来越多的数据库系统提供了高级语言的接口,使得 GIS 可以在图形环境下直接操纵属性数据,并通过高级语言的对话框和列表框显示属性数据;或通过对话框输入 SQL 语句,并将该语句通过高级语言与数据库的接口来查询属性数据,然后在 GIS 的用户界面下显示查询结果。这种工作模式,图形与属性完全在一个界面下进行查询与维护,而不需要启动一个完整的数据库管理系统,用户甚至不知道何时调用了数据库系统。

在 ODBC(Open Data Base Consortium,开放性数据库连接协议)推出之前,各数据库厂商分别提供一套自己的与高级语言的接口程序。因此,GIS 软件开发商就不得不针对每个数据库系统开发一套自己的接口程序,导致在数据共享(或数据复用)上受到限制。ODBC 推出之后,GIS 软件开发商只要开发 GIS 与 ODBC 的接口,就可以将属性数据与任何一个支持 ODBC 协议的关系型数据库管理系统连接。

无论是通过高级语言还是 ODBC 与关系型数据库连接,GIS 用户都是在同一个界面下处理图形和属性数据,如图 3-48 所示,称为混合方式。该方式要比图 3-47 所示的方式方便得多。

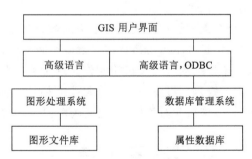

图 3-48　基于高级语言和 ODBC 的文件—关系型图形—属性互操作

采用文件—关系型模式还不能说是真正意义上的空间数据库管理系统。因为文件管理的功能较弱,不能方便地处理大区域图幅分割和地图拼接问题,特别是在数据的安全性、一致性、完整性以及数据损坏后的恢复方面缺少基本功能。在多用户操作的并行控制方面,要比商用数据库系统逊色得多。因此,许多 GIS 软件开发商一直在致力于寻找合适的商用数据库管理系统来同时管理图形数据与属性数据。

(二)全关系型数据库管理系统

全关系型数据库管理系统是指图形和属性数据都用某一关系数据库管理系统进行管

理,GIS 软件开发商直接在某一关系型数据库管理系统的基础上进行开发,使所开发的 GIS 不仅能管理结构化的属性数据,还能管理非结构化的图形数据。

用关系型数据库系统管理图形数据有两种方式:

(1) 基于关系模型

该方式按关系数据模型组织图形数据。其缺点是:由于涉及一系列关系连接运算,查询分析相当费时,效率不高。

(2) 将图形数据的变长部分处理成二进制 Block 字段

目前,大部分关系型数据库管理系统均提供了二进制块的字段域,以适应多媒体数据或可变长文本数据的管理。GIS 于是利用这种功能,把图形的坐标数据当作一个二进制块,交给关系型数据库管理系统进行管理。这种方式虽然省去了大量关系操作,但是二进制块的读写效率远比定长结构的属性字段慢得多,特别是涉及到对象嵌套时,速度更慢。

(三) 对象—关系型数据库管理系统

如上所述,采用全关系型模式管理 GIS 空间数据效率不高,而非结构化的空间数据管理对于数据库管理系统来说又十分重要。所以许多数据库管理系统软件厂商纷纷在关系数据库系统中进行扩展,使之能直接存储和管理非结构化的空间数据,如 Ingres、Informix 和 Oracle 等都推出了用于空间数据管理的专门模块,其中定义了操纵点、线、面、圆、矩形等空间对象的 API 函数。由于这些 API 函数将各种空间对象的数据结构进行了预定义,而且一般不带拓扑关系,用户使用时必须满足它的数据结构要求,即使是 GIS 开发商也不能根据 GIS 的要求对其进行再定义。

这种基于关系扩展的对象—关系型管理模式,主要解决了空间数据的变长记录问题,效率提高了很多,已经在 GIS 领域获得较多应用。但是,它仍然没有解决对象嵌套的问题,空间数据结构尤其是拓扑结构不能由用户进行定义,因此使用上仍然受到较大限制。

(四) 纯对象型数据库管理系统

采用面向对象模型的纯对象型管理方式最适合空间数据的表达与管理,它不仅支持变长记录,而且支持对象嵌套、信息继承与传播。纯对象型空间数据管理系统允许用户定义对象和对象的数据结构(包括拓扑结构),以及它的操作。这种空间数据结构可以是不带拓扑关系的面条数据结构(如等高线),也可以是带拓扑关系的拓扑数据结构。当采用拓扑数据结构时,往往涉及对象的嵌套、连接和对象信息(包括属性,甚至操作)的继承与传播。

本 章 小 结

地理空间实体是在地理空间中与一定的空间位置有关且具有一定几何形态的事件或现象。为了能够运用信息系统这类工具来表述现实世界中的地理空间实体,并解决其中的有关问题,必须对现实世界及其实体进行建模。在 GIS 中要研究和确定空间实体及其关系的空间数据模型。根据空间数据的组织和处理方式,地理空间数据的认知模型大体上可分为基于对象的模型和基于场(域)的模型两类。数据模型是计算机数据库系统的一个重要概念。从数据库的发展历程来看,可将数据模型分为基于对象的数据模型和基于记录的数据模型(包括关系数据模型、网络数据模型和层次数据模型)。这些不同的数据模型属于地理空间的认知模型或概念模型。

有关数据模型从普通的二维向空间(三维)和时间进行扩展,则有空间数据模型和时空数据模型之说。

为使空间实体的上述认知和概念模型在信息系统中得以表达和实现,目前主要采用矢量数据模型、栅格数据模型和矢量—栅格一体化数据模型。由于空间实体及其关系可能相当复杂,在空间数据库中可以采用混合数据模型或集成数据模型。

面向对象的数据模型和面向对象的技术方法是计算机数据库和 GIS 领域的热点问题,对其研究在不断发展和深入。

在 GIS 中要表达的地理空间数据及其关系往往是非常复杂的,必须采用一定的、合理的数据结构和数据组织管理方法统一地组织这些数据,并将它们映射到计算机存储器中,才能进行有效的存取、检索、处理和分析。本章详细论述了目前通用的以及比较有发展前途的空间数据结构种类和数据编码方法,以及它们的相互转换。

本章思考题

1. 什么是现实世界的概念模型和物理数据模型? 它们之间的关系如何?

2. 从某一空间地理现象对空间数据库和数据文件夹的记录,通常需要经过哪些过程?每个过程的作用是什么?

3. 什么是矢量数据? 什么是栅格数据? 试比较这两种数据结构的特点和优缺点。

4. 如何进行点、线、面状数据要素的矢量/栅格方式转换或栅格/矢量方式转换?

5. 为什么要采用矢量—栅格一体化的数据结构? 说明其基本原理。

6. 为了节省存储空间,人们一般采用哪些方法对栅格数据进行压缩?

7. 一幅地图中的结点、弧段和面域之间存在哪几类拓扑关系? 试举例说明。

8. 试通过编程实现二维行程编码的过程。

9. 对 Voronoi 及 Delaunay 三角网这两种结构图形的原理和特点进行比较,阐述它们之间相互转换的过程,它们的应用领域和潜力如何?

10. 如何在矢量和超图数据结构中考虑多媒体数据?

11. 与非空间数据相比较,空间数据库有什么特点?

12. 叙述面向对象数据模型与面向对象技术方法的关系及区别。

第四章　地理信息系统数据采集与处理

数据是地理信息系统中一个非常重要的部分，可以说是地理信息系统的血液。实际上地理信息系统就是围绕地理数据的采集、加工、存储、分析和表现而展开的，地理信息系统的价值在很大程度上取决于系统内所包含数据的数量与质量，空间数据源、空间数据的采集手段、生产工艺、数据质量都直接影响着地理信息系统应用的潜力、成本和效率。

第一节　空间数据的采集

一、GIS 数据源

GIS 的数据源主要包括地图、遥感数据、文本数据、统计调查数据、实验和实测数据、多媒体数据、已有系统的数据等。按来源可分为原始采集数据、再生数据和交换数据。

① 地图：各种类型的地图是 GIS 最主要的数据源，因为地图是地理数据的传统描述形式，大多数的 GIS 其图形数据大部分都来自地图。地图数据主要用于生产矢量数据和数字扫描数据、数字高程模型数据和属性数据。

② 遥感数据：遥感影像是 GIS 中一个极其重要的信息源。通过遥感影像可以快速、准确地获得大面积的、综合的各种专题信息，航天遥感影像还可以获取周期性的资料，这些都为 GIS 提供了丰富的数据。遥感数据主要用于生产正射影像图、分类制图、地理特征要素提取、数字表面模型等。

③ 文本数据：主要是一些文档资料数据，如规范、标准、条例等，作为属性数据或电子档案供查阅使用。

④ 统计调查数据：主要是通过社会调查、人口统计、经济统计等获取的社会经济数据，也是 GIS 的数据源，作为 GIS 的属性数据或地理空间化后进行空间分析和可视化使用。

⑤ 实验和实测数据：是指通过各种传感器实时感知得到的实验、观测数据，时效性强。在一些 GIS 中，各种地学试验、监测数据是系统不可缺少的数据源。当前的测绘技术已经能为 GIS 提供精确和现势的资料，尤其是 GPS 定位数据，可直接更新系统数据，也常用于时空数据分析，如车辆导航等。

⑥ 多媒体数据：主要是图片、视频、音频数据，是多媒体 GIS 的重要数据源。

⑦ 已有系统的数据：主要指来自在运行系统或测绘成果数据库的数据，也是 GIS 重要的数据源。由于规范化、标准化的推广，不同系统间数据的共享和交换越来越容易，转化已有系统的数据在 GIS 建设中发挥着越来越重要的作用。

随着技术进步和社会发展，GIS 的数据源及采集方式日益多样化、大众化。如 google 的街景是通过车载全景摄像机采集，微博中带有位置信息的照片通过智能手机收集，越来越多的位置数据可以通过众包方式进行采集，如众包、开源地图（Open Street Map，OSM），可以免费让用户参与并获取不同级别和精度的 GIS 数据。除了传统测绘部门，也涌现出众多的商业地图厂商,如高德地图、百度地图等,他们可按照用户兴趣点提供相应的地图数据。此外,还有众多的 GIS 数据资源网站,可提供免费下载的 GIS 数据。

GIS 的数据源多种多样,按照不同的指标,数据有不同的分类方式。总的来说,GIS 的数据可以分为图形图像数据与文字数据两大类。各种文字数据包括各类调查报告、文件、统计数据、野外调查的原始记录等,图形图像数据包括现有的地图、工程图、规划图、照片、航空与遥感影像等。

非数字形式存在的 GIS 数据源,都必须经过数字化处理转化为数字数据,才能为 GIS 所支持和使用。已经是数字形式的数据源,需经过必要的预处理,即可为 GIS 所使用。

二、几何图形的数据采集与输入

图形数据采集:一是对原始纸质数据、电子数据(表格、图像文件、遥感影像、航片等)的矢量化,二是利用卫星、无人机、各种采集仪器(全站仪、GPS 数据采集车等)直接采集数字化的数据。图形数据的采集过程实际上主要是图形或图像的数字化处理过程,目前尚没有统一而简单的方法来输入图形数据,只有一些普遍适用的方法供用户选择。用户可以选择单一的方法或几种方法结合起来输入需要的图形数据。

1. 手工数据输入方法

手工输入几何图形数据,实际就是将表示点、线、面实体的地理位置数据(各种坐标系中的坐标)通过键盘输入数据文件或输入到程序中去。实体坐标可以用地图上的坐标网或其他格网覆盖在地图上量取,这是最简单又不用任何特殊设备的图形数据输入法。手工输入栅格数据是将已知栅格单元内所观测到的特征值进行编码,随后将代码输入到自动化文件中。

手工输入方法简单,不用任何特殊的设备,但输入效率低,需要做十分烦琐的坐标取点或编码工作。这种方法在缺少数字化设备或输入图形要素不复杂时可以使用。

2. 手扶跟踪数字化仪输入

数字化仪是将图像(胶片或相片)和图形(包括各种地图)的连续模拟量转换为离散的数字量的装置。数字化仪能够记录每个点、线和多边形的位置,形成数据文件。应用数字化仪输入速度快,精度高,各种商业化的 GIS 软件均支持数字化仪采集数据。常用的数字化仪器包括手扶跟踪数字化仪、扫描仪等。

(1)手扶跟踪数字化仪

手扶跟踪数字化仪,根据其采集数据的方式可以分为机械式、超声波式和全电子式三种,其中全电子式数字化仪精度最高,应用最广,如图 4-1 所示。按照其数字化板面的大小可分为 A0、A1、A2、A3、A4 等。

数字化仪由电磁感应板、游标和相应的电子电路组成,这种设备利用电磁感应原理:在电磁感应板的 x,y 方向上有许多平行的印刷线。游标中装有一个线圈。当使用者在电磁感应板上移动游标到图件的指定位置,并将十字叉丝的交点对准数字化的点位,按动相应的按钮时,线圈中就会产生交流信号,十字叉丝的中心便产生了一个电磁场,当游标在电磁感应板上运动时,板下的印刷线上就会产生感应电流。印制板周围的多路开关等线路可以检测出最大信号的位置,即十字叉线中心所在的位置,从而得到该点的坐标值。

(2)数字化过程

把待数字化的图件固定在图形输入板上,首先用鼠标器输入图幅范围和至少四个控制

图 4-1　Calcomp Drawingboard Ⅲ 型数字化仪

点的坐标,经过校准后,即可输入图幅内各点、曲线的坐标。数字化的精度取决于工作底图的质量、复杂程度以及数字化仪器的性能(主要是分辨率)、作业人员的工作熟练程度等多种因素。

手扶跟踪数字化仪数据处理的软件比较完备,但采集的数据量小,对复杂地图的处理能力较弱,速度比较慢,自动化程度低,只适用于时间要求不紧迫、地图所包含的信息不太复杂的情况。所以,目前很多单位在大批量数字化时,已不再采用它。

3. 扫描仪输入

扫描仪直接把图形(如地形图)和图像(如照片)扫描输入到计算机中,以像素信息的形式存储。按其所支持的颜色分类,可分为单色扫描仪和彩色扫描仪;按所采用的固态器件又分为电荷耦合器件(CCD)扫描仪、MOS 电路扫描仪、紧贴型扫描仪等;按扫描宽度和操作方式可分为大型扫描仪、台式扫描仪和手动式扫描仪。目前,采用线性阵列电荷耦合器件(CCD)的工程扫描仪可以按 300~600 dpi 的精度对大到 A0 图幅的图纸进行扫描数字化。

(1) 工作原理

CCD 扫描仪的工作原理是:用光源照射原稿,投射光线经过一组光学镜头射到 CCD 器件上,再经过模/数转换器、图像数据暂存器等,最终输入到计算机。CCD 感光元件阵列是逐行读取原稿的。为了使投射在原稿上的光线均匀分布,扫描仪中使用的是长条形光源。对于黑白扫描仪,用户可以选择黑白颜色所对应电压的中间值作为阈值,凡低于阈值的电压就为 0(黑色),反之为 1(白色)。而在灰度扫描仪中,每个像素有多个灰度层次。彩色扫描仪的工作原理与灰度扫描仪的工作原理相似,不同之处在于彩色扫描仪要提取原稿中的彩色信息。扫描仪的幅面有 A0、A1、A3、A4 等。

(2) 扫描过程

扫描时,必须先进行扫描参数的设置,主要包括扫描模式(分二值、灰度、百万种彩色)、扫描分辨率、扫描范围等的设置。扫描参数设置完后,即可通过扫描获得某个地区的栅格数据。

通过扫描获得的是栅格数据,数据量比较大。如一张地形图采用 300 dpi 灰度扫描,其数据量就有 20 M 左右。除此之外,扫描获得的数据还存在着噪声和中间色调像元的处理问题。噪声是指不属于地图内容的斑点污渍和其他模糊不清的东西形成的像元灰度值。噪声范围很广,没有简单有效的方法能加以完全消除,有的软件能去除一些小的脏点,但有些地图内容如小数点等和小的脏点很难区分。对于中间色调像元,则可以通过选择合适的阈值选用一些软件如 Photoshop 等来处理。

（3）数字化过程

图形或图像经过扫描之后,得到的图像不能直接用于建立和编辑矢量要素。一般需要通过栅格—矢量化处理才能获得所需要的点、线、面空间要素的矢量坐标。但目前的扫描矢量化软件如 GeoScan、R2V 等都具有自动和半自动矢量化功能,前者适用于单要素地图,如地形等高线图,后者适用于全要素地图的扫描图像矢量化。

扫描输入因其输入速度快,不受人为因素的影响,操作简单而越来越受到人们的欢迎,再加之计算机运算速度、存储容量的提高和矢量化软件的踊跃出现,使得扫描输入已成为图形数据输入的主要方法。

4. 数字化测绘仪器采集

随着数字地图的日益普及,传统的纸质地图也通过数字化技术转换为数字地图,模拟制图及其数字化任务越来越少,取而代之的是数字化测图。测绘仪器、计算机硬件以及数字化测图软件的广泛应用,数字化测图技术日益成为 GIS 主要的数据采集手段。常用的数字化测绘仪器有电子平板仪、全站仪、GPS、全数字摄影测量工作站等,以及三维激光扫描仪、干涉合成孔径雷达、高分辨率遥感等测绘新技术。

数字化测绘仪器采集的数据通常存储在内存卡上,通过数据接口输入到计算机,再经过处理才能成为被 GIS 所接受的矢量图形。常用的测绘数据处理软件有南方 CASS、瑞德 RDMS、清华 EPSW 等。而三维激光扫描仪、干涉合成孔径雷达、高分辨率影像还需要借助专门的处理软件解析得到矢量图形。

5. 直接采用现成数据

在现实世界中,存在很多现成的 GIS 数据,如 GIS 网站数据、商业地图厂商提供的数据等,这些数据通过一定方式的处理才能使用。用户还可以直接使用现有系统的数据,这些数据一般需要转换格式才能满足 GIS 数据处理的要求。

三、属性数据的获取与输入

属性数据即空间实体的特征数据,主要定义空间数据或制图特征所表示的内容,一般包括名称、等级、数量、代码等多种形式。在地理信息系统中属性数据可能记录土地利用类型、土壤特征、所有权关系、植被类型、病虫害等许多属性。空间点、线、面实体都有相应的属性。属性数据获取主要在于资料的收集,在建立地理信息系统之前,首先要进行详细的用户调查,确定需要存储哪些属性信息、属性数据应当如何编码以及信息的来源等。

1. 属性数据的编码

属性数据在输入地理信息系统之前,一般需要进行编码。编码主要遵循以下原则:

① 编码的系统性和科学性:编码系统在逻辑上必须满足所涉及学科的分类方法,体现该类属性本身的自然系统性,同时还要能反映出同一类型中不同的级别特点。

② 编码的一致性:一致性是指对象的专业名词、术语的定义等必须严格保持一致,对代码所定义的统一专业名词、术语必须是唯一的。

③ 编码的标准化和通用性:为满足未来有效的信息传输与交流,所制定的编码系统必须在有可能的条件下实现标准化。编码的标准化就是拟定统一的代码内容、代码长度、码位分配和码位格式,为大家所采用。因此,编码的标准化为数据的通用性创造了条件。

④ 编码的简捷性:在满足国家标准的前提下,每一种编码应该以最小的数据量负载最大的信息量。这样,既便于计算机存储和处理,又具有相当的可读性。

⑤ 编码的可扩展性:虽然代码的码位一般要求紧凑,减少冗余代码,但是应该考虑到实际使用时往往会出现新的类型需要加入到编码系统中,因此编码的设置应留有可扩展的余地,避免新对象的出现而使原编码系统失效,造成编码错乱现象。

2. 编码内容

属性编码一般包括三个方面的内容:

① 登记部分:用来标识属性数据的序号,可以是简单的连续编号,也可划分不同层次进行顺序编码。

② 分类部分:用来标识属性的地理特征,可采用多位代码反映多种特征。

③ 控制部分:用来通过一定的查错算法,检查在编码、录入和传输中的错误,在属性数据量较大情况下具有重要意义。

3. 编码方法

编码的一般方法是:

① 列出全部制图对象清单。

② 制定对象分类、分级原则和指标,将制图对象进行分类、分级。

③ 拟定分类代码系统。

④ 设定代码及其格式,设定代码使用的字符和数字、码位长度、码位分配等。

⑤ 建立代码和编码对象的对照表。这是编码最终成果档案,是数据输入计算机进行编码的依据。

属性的科学分类体系无疑是 GIS 中属性编码的基础。目前,较为常用的编码方法有层次分类编码法与多源分类编码法两种基本类型。

(1) 层次分类编码法

是按照分类对象的从属和层次关系为排列顺序的一种代码,它的优点是能明确表示出分类对象的类别,代码结构有严格的隶属关系。如土地利用类型的八大类编码。

(2) 多源分类编码法

又称独立分类编码法,是指对于一个特定的分类目标,根据诸多不同的分类依据分别进行编码,各位数字代码之间并没有隶属关系。以河流为例,可以分别以河床形状、主流长度、宽度、河流弯曲、是否通航等属性数据分类编码。该种编码方法一般具有较大的信息载量,有利于对于空间信息的综合分析。

4. 属性数据的输入

属性数据如果不是数字形式,也需要进行数字化处理。可采用扫描数字化方式,但需要借助文字识别软件,转换为计算机可以识别的字符。属性数据一般采用键盘输入。当数据量较小时,可将属性数据与实体图形数据记录在一起,而当数据量较大时,属性数据与图形数据应分别输入并分别存储。在进行属性数据输入时,一般使用商品化关系型数据库管理系统,如 Microsoft SQL Server、Oracle、FoxPro 等,根据实体属性的内容定义数据库结构,再按表格一个实体一条记录输入。特别重要的是,当将实体图形数据和属性数据分别组织和存储时,应给每个空间实体赋予一个唯一标识符,该标识符分别存储在实体图形数据记录与属性数据记录中,以便于这两者的有效连接。

四、数据的检核

通过以上各种方式所采集的原始图形和属性数据,都不可避免地存在着错误和误差。在将这些数据输入空间数据库之前,必须经过检核和编辑,以修正这些数据。

空间和属性数据的错误和误差主要有如下几类:

① 空间数据的不完整或重复:数字化时漏线或漏像元,栅格数据矢量化时线划的断裂,矢量数据栅格化处理导致弯曲度大的曲线丢失其突出部分,或者在数字化时对同一点、线多次重复数字化。

② 空间数据的位置不正确:数字化时点位偏移,线段过长或过短,相邻多边形边界不重合等。

③ 空间数据的比例尺不准确:比例尺错误和误差将导致整个空间数据层所有点、线、面数据的位置变形。

④ 空间数据的变形:对不均匀伸缩的原图进行数字化会导致图面要素的比例尺处处发生变化,造成空间数据与地面实际形状不符。

⑤ 图形数据与属性数据连接有误:在图形数字化输入属性时,统一实体的唯一标识符不一致,属性数据库中关系表的对应关系不对等。

⑥ 属性数据不完整:属性数据输入不全、遗漏或属性项的内容重复等。

图 4-2 给出了几何图形数据采集中经常遇到的几种典型错误和误差的示例。

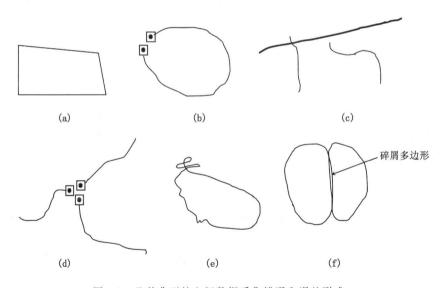

图 4-2　几种典型的空间数据采集错误和误差形式

(a) 房屋形状变形;(b) 多边形不封闭;(c) 线段过头与不及;(d) 结点不重合;(e) 多边形自身交叉;(f) 碎屑多边形

在 GIS 数据编辑前,应进行多工序的数据检核。检核的方法有:

① 目标检核:将图形实体显示在屏幕上,检查一些明显的错误,如丢失了线段、图斑不闭合、线段过长等。

② 机器检核:这种检核主要是对数字化数据的拓扑一致性进行逻辑检核,把弧段连接成多边形以进行数字化限差的检查等。

③ 图形叠合比较法:按与原图相同的比例尺用数据输出模块把输入的图形及其相应的

属性绘到透明材料上,然后与原图精确套叠,在投光桌上仔细地观察和比较,查找遗漏、位置错误等,并做好相应的标记。

④ 属性数据检核:属性数据的检核方法很多,常用且简单的方法是用打印机输出属性文件,逐行检核。另一种方法是编制检核程序,用程序扫描数据文件,看有无文字代替了数字或数字超过了允许范围等粗差,该程序还应有标出错误或粗差的能力。

第二节　空间数据的处理

一、坐标转换

在数据输入完毕后,经常需要进行投影变换,得到经纬度参照系下的地图。对各种投影进行坐标变换的原因主要是输入时地图是一种投影,而输出的地图产物往往需要另一种投影方式。

在投影变换过程中,有以下 3 种基本的操作:平移、旋转和缩放,如图 4-3 所示。

1. 平移

平移是将图形的一部分或者整体移动到笛卡儿坐标系的另外位置,如图 4-3(a)所示。其变换公式为:

$$\begin{cases} X' = X + T_X \\ Y' = Y + T_Y \end{cases} \tag{4-1}$$

2. 缩放

缩放操作可以用于输出大小不同的图形,如图 4-3(b)所示。其公式为:

$$\begin{cases} X' = XS_X \\ Y' = YS_Y \end{cases} \tag{4-2}$$

3. 旋转

在地图投影变换后,经常要应用旋转操作,如图 4-3(c)所示。实现旋转操作要用到三角函数,假定顺时针旋转角度为 θ,其公式为:

$$\begin{cases} X' = X\cos\theta + Y\sin\theta \\ Y' = -X\sin\theta + Y\cos\theta \end{cases} \tag{4-3}$$

如果综合考虑图形的平移、旋转和缩放,则其坐标变换式如下:

$$(X', Y') = \lambda \begin{bmatrix} \cos\theta & \sin\theta \\ -\sin\theta & \cos\theta \end{bmatrix} \begin{bmatrix} X \\ Y \end{bmatrix} + \begin{bmatrix} T_X \\ T_Y \end{bmatrix} \tag{4-4}$$

上式是一个正交变换,其更为一般的形式是:

$$(X', Y') = \lambda \begin{bmatrix} a & b \\ c & d \end{bmatrix} \begin{bmatrix} X \\ Y \end{bmatrix} + \begin{bmatrix} T_X \\ T_Y \end{bmatrix} \tag{4-5}$$

式(4-5)被称为二维的仿射变换(Affine Transformation),仿射变换在不同的方向可以有不同的压缩和扩张,可以将球变为椭球,将正方形变为平行四边形。

二、数据格式转换

利用数字化仪、扫描仪等方法输入的数据往往先存入临时数据文件,经过适当转换后才进入正式的数据库中。同时从外部数据文件获得的数据在数据结构、数据组织、数据表达上和用户自己的信息系统往往不一致,也需要进行转换。

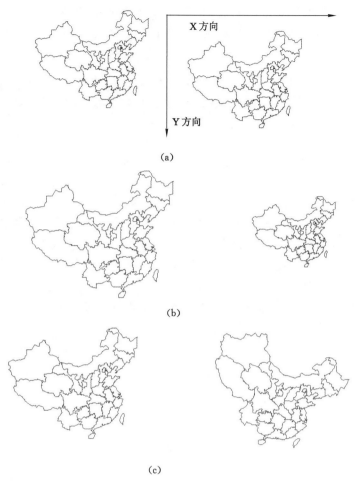

图 4-3　图形坐标变换
（a）平移；（b）缩放；（c）旋转

空间数据转换的内容主要包括三个方面的信息：① 空间定位信息，即实体的坐标；② 空间拓扑关系；③ 属性信息。由于每个 GIS 的数据结构和数据模型并不完全相同，在空间数据转换过程中往往会产生数据的丢失。一般情况下，空间目标的定位信息能够完整地进行转换。拓扑关系在转换过程中经常丢失，如果数据模型基本一致，拓扑关系信息在转换过程中丢失后，可以在数据转换后的系统中进行重构而得以恢复，但是若数据结构不一致，如 MapInfo、ArcView 等软件本身就没有拓扑关系，空间数据的转入和转出就不可能带有拓扑关系。对于属性数据，大部分 GIS 都能够进行转换，但有些数据文件（如 AutoCAD 的外部交换文件 DXF）本身就没有属性信息，就需要通过其他途径重新输入。目前，不同的空间数据格式的数据转换途径有以下三种：

1. 外部数据交换方式

大部分商用 GIS 软件都定义了外部数据交换格式，一般为 ASCII 文件，可以直接阅读。如 ArcGIS 的 e00 文件、MapInfo 的 MID/MIF 文件等。这样，从系统 A 的内部数据转换到系统 B，可能需要经过 2～3 次转换。如图 4-4 所示，先从 A 的内部文件转到 A 的交换文件，如果 B 系统能够直接读取 A 系统的交换文件,需要转换两次;否则,要从 A 的外部交换文件到 B 的外部交换文件,再从 B 的外部交换到 B 的内部文件,就需要经过三次转换。

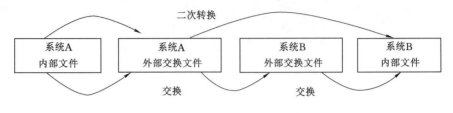

图 4-4　外部数据交换

2. 标准空间数据交换格式

由于 GIS 软件系统很多,每一个系统都不可能提供直接读写所有商用 GIS 软件的外部数据文件的程序。因此,为了方便地进行空间数交换,也为了尽量减少空间数据交换所造成的信息损失,使之更加科学化和标准化,许多国家和国际组织制定了空间数据交换标准,如美国的 STDI。我国也制定了相应的空间数据交换格式(CNSDTF)标准。有了空间数据交换的标准格式以后,每个系统都提供读写这一标准格式的空间数据的程序,可以避免大量的编程工作,而且数据转换只需要两次(图 4-5)。

图 4-5　标准空间数据交换

3. 空间数据互操作方式

空间数据交换标准可减少不同软件系统编写数据转换的软件编程工作,但是对用户来说,它仍然需要进行两次转换。能否将空间数据的转换变成一次或者不进行转换?这就是 OpenGIS 的思想,即实现不同 GIS 软件系统之间空间数据的互操作。OpenGIS 提供一套读取空间数据的标准函数,每个系统软件都按照这一标准提供读写自己系统空间的驱动程序,其他软件都可以通过调用这一程序,直接读取对方的内部数据。如图 4-6 所示,从系统 A 到系统 B 只需要进行一次转换。

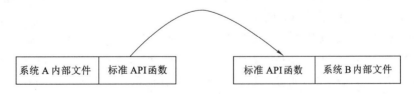

图 4-6　通过 OpenGIS 的空间数据交换

三、投影转换

在 GIS 中,在进行某些操作或处理时(如叠置分析),要求所有空间信息层必须是同种投影,因此,当系统使用的数据取自不同的地图投影,需要将一种投影的数据转换为所需要的投影的坐标数据。投影转换可由下列三种途径实现:

1. 直接转换

通过建立一种投影变换为另一种投影的严密或近似的解析关系式,直接由一种投影的数字化坐标(x,y)变换为另一种投影的直角坐标(X,Y)。但是对于不同投影系统,往往很难找到这种解析关系式。

2. 间接变换

即先使用坐标反算公式,将一种投影的平面坐标换算为球面大地坐标:$(x,y)\rightarrow(B,L)$,然后再使用坐标正算公式把求得的球面大地坐标代入另一种投影的坐标公式中,计算出该投影下的平面坐标:$(B,L)\rightarrow(X,Y)$,从而实现两种投影坐标间的变换$(x,y)\rightarrow(X,Y)$。例如,研究区域恰好横跨两个高斯—克吕格投影带,则应将两个投影带坐标统一到一个投影带才能实现图幅的拼接,这时就需用采用间接变换法。

3. 数值变换

根据两种投影在变换区内的已知坐标的若干同名控制点,采用插值法或有限差分法、有限元法、待定系数法、最小二乘法,实现两种投影坐标之间的变换。这种变换公式为:

$$\begin{cases} X = \sum_{i=0}^{m}\sum_{j=0}^{m-i} a_{ij}x^i y^i \\ Y = \sum_{i=0}^{m}\sum_{j=0}^{m-i} b_{ij}x^i y^j \end{cases} \tag{4-6}$$

如取 $m=3$ 时,则有:

$$\begin{cases} X = a_{00} + a_{10}x + a_{20}x^2 + a_{11}xy + a_{02}y^2 + a_{30}x^3 + a_{21}x^2 y + a_{12}xy^2 + a_{03}y^3 \\ Y = b_{00} + b_{10}x + b_{01}y + b_{20}x^2 + b_{11}xy + b_{02}y^2 + b_{30}x^3 + b_{21}x^2 y + b_{12}xy^2 + b_{03} \end{cases}$$
$$\tag{4-7}$$

为了解算以上三次多项式,需要在两投影间选定相应的 10 个以上控制点,其坐标分别为(x_i,y_i)和(X_i,Y_i),按最小二乘法组成法方程,并解算该方程组,得系数 a_{ij}、b_{ij},这样就可确定一个坐标变换方程,由该方程对其他待变换点进行坐标转换。这种坐标转换法也称作待定系数法。

四、空间数据压缩处理

所谓数据压缩,是从取得的数据集合 S 中抽出一个子集 A,这个子集作为一个新的信息源,在规定的精度范围内最好地逼近原集合,而又取得尽可能大的压缩比。

栅格数据压缩技术在前面的有关章节中已经介绍,这里主要介绍矢量数据结构的压缩编码方法。矢量数据压缩的主要任务是根据线性要素中心轴线和面状要素边界线的特征,减少弧段矢量坐标串中顶点的个数(结点不能去除),常用的数据压缩方法有:

1. 间隔取点法

设弧段由顶点序列$\{P_1,P_2,\cdots,P_R\}$构成,给定反映其坐标值的两数组:$\{x_1,x_2,\cdots,x_R\}$和$\{y_1,y_2,\cdots,y_R\}$,则任意两点间的距离为:

$$D_{MN} = \sqrt{(x_M - x_N)^2 + (y_M - y_N)^2} \tag{4-8}$$

并给定临界点距离 D。首先,保留弧段的始点 P_1,该点为弧段的起始点,然后计算 P_2 点与 P_1 点之间的距离 D_{21},若 $D_{21} \geqslant D$,则保留第 P_2 点,否则舍去 P_2 点。

依此方法,逐一比较 P_3 与 P_2 点……,以确定舍去那些离已选点比规定距离 D 更近的点(图 4-7),但弧段的末尾点即终点一定要予以保留。

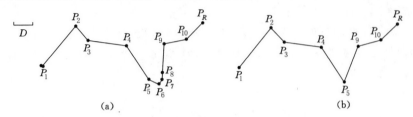

图 4-7　间隔取点法曲线压缩取点示意图

(a) 原曲线;(b) 经压缩后曲线

这种方法可大量减少弧段顶点序列中的点的个数,但不一定能恰当地保留弧段曲线的大弯曲变化部分。

2. 垂距法和偏角法

这两种方法是按垂距或偏角的限差选取符合或超过限差的点,即利用曲线点序列中顺序的 3 点 P_{n-1}、P_n、P_{n+1},把 P_{n-1} 与 P_{n+1} 点相连,计算 P_n 点到 $P_{n-1}P_{n+1}$ 连线的垂距(垂距法)或计算 $P_{n-1}P_n$ 与 $P_{n-1}P_{n+1}$ 直线的夹角(偏角法),并与规定的限差比较,以确定 P_n 点是否取舍,其过程如图 4-8 所示。

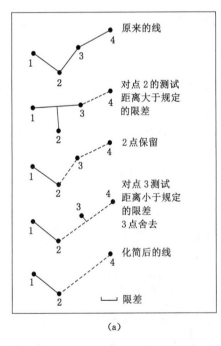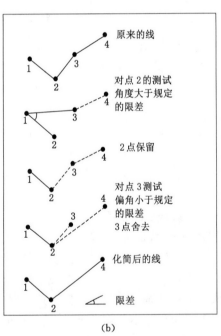

(a)　　　　　　　　　　　　　(b)

图 4-8　按垂距法和偏角法对曲线进行压缩的过程

(a) 垂距算法;(b) 偏角算法

这两种方法虽然不能同时考虑相邻点间的方向和距离,且有可能舍去不该舍去的点,但比前一种方法好。

3. Douglas-Peucker 方法

该方法试图保持曲线走向并允许用户规定合理的限差,其执行过程如图 4-9 所示。

图 4-9　Douglas-Peucker 法曲线压缩示意图

首先,把一条曲线首末两点连成一条直线,其直线方程为:

$$Ax + By + C = 0 \tag{4-9}$$

曲线上各点到该直线的距离为:

$$d_i = \frac{|Ax_i + By_i + C|}{\sqrt{A^2 + B^2}} \tag{4-10}$$

选取距离中最大者 $d_{i,\max}$ 与规定的限差比较,若大于限差,则离该直线距离最大的点保留,否则将直线两端点间各点全部舍去。显然图 4-9 中 4 号点应该保留。

然后,将已知点列分成两部分处理,计算 2、3 点到 1、4 点连线的距离,选距离大者与限差比较,结果 2、3 点均应舍去;计算 5 点到 4、6 两点连线的距离,经比较,应保留。依次类推,最后保留的点在原数据库中的编号为 1、4、5、6 点,重新排序后得到经压缩后的点序 1、2、3、4。

五、图幅拼接

在对底图进行数字化以后,由于图幅比较大或者使用小型数字化仪时,难以将研究区域的底图以整幅的形式来表示,这时需要将整个图幅划分成几部分分别输入。在所有部分都输入完毕并进行拼接时,常常会有边界不一致的情况,需要进行边缘匹配处理(图 4-10)。边缘匹配处理可以由计算机自动完成,或者辅助以手工半自动完成。

除了图幅尺寸的原因,在 GIS 实际应用中,由于经常要输入标准分幅的地形图,也需要在输入后进行拼接处理。这时,一般需要先进行投影变换,通常的做法是从地形图使用的高斯—克吕格投影转换到经纬度坐标系中,然后再进行拼接。

图幅的拼接总是在相邻两图幅之间进行的。要将相邻两图幅之间的数据集中起来,就要求相同实体的线段或弧的坐标数据相互衔接,也要求同一实体的属性码相同,因此必须进行图幅数据边缘匹配处理,具体步骤如下:

1. 逻辑一致性的处理

由于人工操作的失误,两个相邻图幅的空间数据库在接合处可能出现逻辑裂隙,如一个多边形在一幅图层中具有属性 A,而在另一幅图层中属性为 B。此时,必须使用交互编辑的方法,使两相邻图斑的属性相同,取得逻辑一致性。

2. 识别和检索相邻图幅

将待拼接的图幅数据按图幅进行编号,编号有 2 位,其中十位数指示图幅的横向顺序,个位数指示纵向顺序(图 4-11),并记录图幅的长宽标准尺寸。当进行横向图幅拼接时,总是将十位数编号相同的图幅数据收集在一起;进行纵向图幅拼接时,是将个位数编号相同的图幅数据收集在一起。图幅数据的边缘匹配处理主要是针对跨越相邻图幅的线段或弧而言

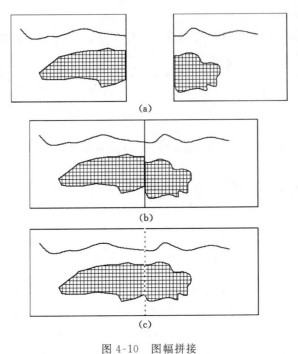

图 4-10　图幅拼接

（a）拼接前；（b）拼接中的边缘不匹配；（c）调整后的拼接结果

的,为了减少数据容量,提高处理速度,一般只提取图幅边界 2 cm 范围内的数据作为匹配和处理的目标。同时要求,图幅内空间实体的坐标数据已经进行过投影转换。

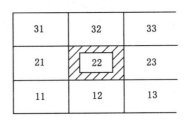

图 4-11　图幅编号及图幅边缘数据提取

3. 相邻图幅边界点坐标数据的匹配

相邻图幅边界点坐标数据的匹配采用追踪拼接法。追踪拼接有四种情况(图 4-12),只要符合下列条件,两条线段或弧段即可匹配衔接:相邻图幅边界两条线段或弧段的左右码各自相同或相反;相邻图幅同名边界点坐标在某一允许值范围内(如±0.5 mm)。

匹配衔接时是以一条弧或线段作为处理单元,当边界点位于两个结点之间时,需分别取出相关的两个结点,然后按照结点之间线段方向一致性的原则进行数据的记录和存储。

4. 相同属性多边形公共边界的删除

当图幅内图形数据完成拼接后,相邻图斑会有相同属性。此时,应将相同属性的两个或多个相邻图斑组合成一个图斑,即消除公共边界,并对共同属性进行合并。

多边形公共界线的删除,可以通过构成每一面域的线段坐标链,删去其中共同的线段,然后重新建立合并多边形的线段链表(图 4-13)。

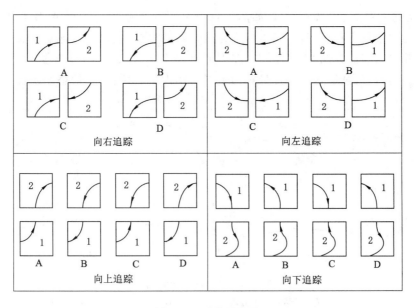

图 4-12　追踪拼接法

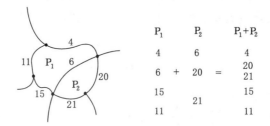

图 4-13　多边形公共边界的自动删除

对于多边形的属性表,除多边形的面积和周长需重新计算外,其余属性保留其中之一图斑的属性即可。

六、拓扑关系生成

在图形修改、编辑完毕后,多数情况下需对图形要素建立正确的拓扑关系。目前,大多数 GIS 软件都提供了完善的拓扑关系功能,但在某些情况下,需要对系统自动创建的拓扑关系进行手工修改,典型的例子是网络连通性。

正如拓扑的定义所描述的,建立拓扑关系时只需要关注实体之间的邻接、关联和包含关系。现以链状双重独立编码为例来讨论多边形和网络拓扑关系建立的过程。

1. 多边形拓扑关系的建立

多边形有三种情况:① 独立多边形,它与其他多边形没有共同边界,如独立房屋,这种多边形可以在数字化过程中直接生成,因为它仅涉及一条封闭的弧段;② 具有公共边界的简单多边形,在数据采集时,仅输入了边界弧段数据,然后用一种算法自动将多边形的边界聚合起来,建立多边形文件;③ 嵌套多边形,除了要按第二种方法自动建立多边形外,还要考虑多边形内的多边形(也称作内岛)。

下面以第二种情况为例,讨论多边形自动生成的步骤和方法。

① 首先进行结点匹配(Snap)。如图 4-14 所示的 3 条弧段的端点 A、B、C 本来应该是同一结点,但由于数字化误差,三点坐标不完全一致,造成他们之间不能建立关联关系。因此,以任一弧段的端点为圆心,以给定容差为半径,产生一个搜索圆,搜索落入该搜索圆的其他弧段的端点,若有,则取这些端点坐标的平均值作为结点位置,并代替原来各弧段的端点坐标。

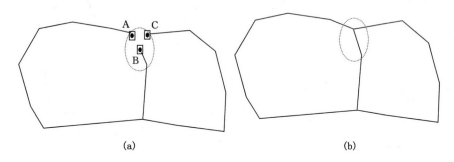

图 4-14　结点匹配示意图

(a) 三个没有吻合在一起的弧段端点;(b) 结点匹配处理后产生同一结点

② 建立结点—弧段拓扑关系。在结点匹配的基础上,对产生的结点进行编号,并产生两个文件表,一个记录结点所关联的弧段,另一个记录弧段两端的结点(图 4-15)。

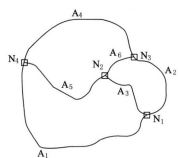

弧段—结点表

ID	起结点	终结点
A_1	N_1	N_4
A_2	N_1	N_3
A_3	N_1	N_2
A_4	N_4	N_3
A_5	N_4	N_2
A_6	N_2	N_3

结点—弧段表

ID	关联弧段
N_1	A_2, A_3, A_1
N_2	A_6, A_5, A_3
N_3	A_4, A_6, A_2
N_4	A_4, A_1, A_5

图 4-15　结点与弧段拓扑关系的建立

③ 多边形的自动生成。多边形的自动生成,实际上就是建立多边形与弧段的关系,并将弧段关联的左右多边形填入弧段文件中。建立多边形拓扑关系时,必须考虑弧段的方向性,即弧段沿起结点出发到终结点结束,沿该弧段前进方向,将其关联的两个多边形定义为左多边形和右多边形。多边形拓扑关系是从弧段文件出发建立的。

在建立多边形拓扑关系前,首先将所有弧段的左、右多边形都置为空,并将已建立的结点—弧段拓扑关系中各个结点所关联的弧段按方位角大小排序。方位角是从 x 轴按逆时针方向量至结点与它相邻的该弧段上后一个(或前一个)顶点的连线的夹角(图 4-16)。建立多边形拓扑关系的算法如下:

从弧段文件中得到第一条弧段,以该弧段为起始弧段,并以顺时针方向为搜索方向,若起终点号相同,则这是一条单封闭弧段,否则根据前进方向的结点号在结点—弧段拓扑关系表中搜索下一个待连接的弧段。由于与每个结点有关的弧段都已按方位角大小排过序,则

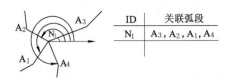

ID	关联弧段
N_1	A_3,A_2,A_1,A_4

图 4-16　在结点处弧段按方位角大小排序

下一个待连接的弧段就是它的后续弧段。如图 4-15 所示,假如从 A_4 开始,其起结点为 N_4,终结点为 N_3,在结点 N_3 上,连接的弧段分别为 A_4、A_6、A_2,则后续弧段为 A_6,沿 A_6 向前追踪,其下一结点为 N_2,N_2 连接的弧段为 A_6、A_5、A_3,后续弧段为 A_5,A_5 的下一结点为 N_4,回到弧段追踪的起点,形成一个弧段号顺时针排列的闭合多边形,该多边形—弧段的拓扑关系表建立完毕。在多边形建立过程中,将形成的多边形号逐步填入弧段—多边形关系表的左、右多边形内。

对于嵌套多边形,需要在建立简单多边形以后或建立过程中,采用多边形包含分析方法判别一个多边形包含了哪些多边形,并将这些内多边形按逆时针排列。

2. 网络拓扑关系的建立

在输入道路、水系、管网、通信线路等信息时,为了进行流量、连通性、最佳线路分析,需要确定实体间的连接关系。网络拓扑关系的建立主要是确定结点与弧段之间的拓扑关系,这一工作可以由 GIS 软件自动完成,其方法与建立多边形拓扑关系相似,只不过不需要建立多边形。

第三节　空间索引

GIS 空间数据库是用来存储、管理各种空间或非空间数据的计算机应用系统,其一项根本任务就是信息检索。与传统数据库相比,空间数据库中空间实体的表达形式复杂,数据量大,它的操作不仅涉及复杂且高代价的几何操作,而且多具有面向领域的特点。因此,空间数据库不仅要对非空间数据做索引,更要求对空间数据做很好的空间索引,以便提高各种空间操作的效率。

空间索引是依据空间对象的位置、形状或空间对象间的某种空间关系,按一定顺序排列的一种数据文件,其中包含空间实体的概要信息,如实体的标识符、外接矩形及指向空间实体的指针。作为一种辅助性的空间数据结构,空间索引介于空间操作算法和空间实体之间,其主要目的是:在进行空间操作时,通过对空间数据的筛选和过滤,把大量与之无关的空间数据预先排除,从而提高空间操作的效率。空间索引性能的优劣直接影响空间数据库和地理信息系统的整体性能,它是一项十分关键的技术。

常见的空间索引一般采取自顶而下、逐级划分空间的方式来建立,比较有代表性的是实体范围索引、格网索引、四叉树、BSP 树、KDB 树、R 树、R＋树和 CELL 树索引等。

一、实体范围索引

在记录每个空间实体的坐标时,记录包围每个空间实体的外接矩形的最大最小坐标。这样,在检索空间实体时,根据空间实体的最大最小范围,预先排除那些没有落入检索窗口内的空间实体,仅对那些外接矩形落在检索窗口内的空间实体作进一步的判断,最后检索出那些真正落入窗口内的空间实体。如图 4-17 所示的查询窗口中,对所有空间实体的外接矩形最大最小坐标进行落入判别,其中空间实体 B、C 完全落入查询窗,从空间数据库中提取 B 和 C 的相应数据。

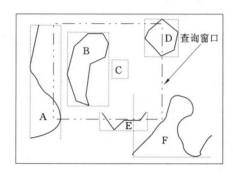

图 4-17　基于实体范围的空间数据检索

这种方法没有建立真正的空间索引文件,而是在存储空间实体的数据文件中增加了外接矩形的最大和最小坐标,它主要依靠空间计算来进行判别。在这种方法中仍然要对整个数据文件的空间实体进行检索,只是有些实体可以直接判别予以排除,而有些实体则需要进行复杂计算才能判别。这种方法仍然要花费大量的时间进行空间检索,但是随着计算机的速度越来越快,这种方法也能满足一般的查询检索效率要求。

二、格网索引

将覆盖整个研究区的范围按照一定的规则划分成大小相等的格网,然后记录每个格网内所包含的空间实体。为了便于建立空间索引的线性表,将每个格网按 Morton 码或称 Peano 码(Peano 编码模型见图 4-18)进行编码,建立 Peano 码与空间实体的关系,该关系表就成为格网索引文件,如图 4-19 所示。

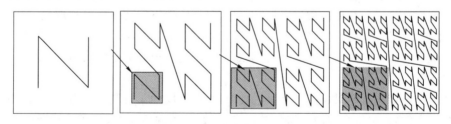

图 4-18　Peano 码编码模型

从中可以看到,没有包含空间实体的格网,在索引表中没有出现该编码,即没有该条记录。如果一个格网中含有多个地物,则需要记录多个实体的标识,如图 4-19 中的 35 号格网,含有线状目标和点状目标两个地物,故记录了两个实体的标识。如果需要表格化,则需要使用串行指针将多个空间目标联系到一个格网内。

按格网法对空间数据进行索引时,所划分的格网数不能太多,否则,索引表本身太大而不利于数据的索引和检索。

三、四叉树空间索引

四叉树作为一种有效的数据结构,不仅可以用来对栅格数据进行组织,还可用于建立空

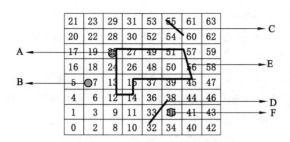

空间索引	
Peano 键	空间对象
7	B
14	E
15	E
25	A
26	E
32	D
33	D
35	D,F
37	E
38	D
39	E
48	E
50	E
54	C
55	C
60	C

对象索引	
空间对象	Peano 键集
A	25-25
B	7-7
C	54-55
C	60-60
D	32-23
D	35-35
D	38-38
E	14-15
E	26-26
E	37-37
E	39-39
E	48-48
E	50-50
F	35-35

图 4-19　基于 Peano 键的格网空间索引

间数据的索引。四叉树中的线性四叉树和层次四叉树都可以用于建立空间索引。

在建立四叉树索引时,根据所有空间对象覆盖的范围,进行四叉树分割,使每个子块中包含单个实体,然后根据包含每个实体的子块层数或子块大小,建立相应的索引。在四叉树索引中,大区域空间实体更靠近树的根部,小实体位于叶端,以不同的分辨率来描述不同实体的可检索性。

线性四叉树采用十进制 Morton 码或 Peano 码来表示四叉树的大小和层数(图 4-20)。

Peano 码	边长	实体
0	4	E
0	2	D
1	1	A
4	1	F
8	2	C
15	1	B、G

图 4-20　用线性四叉树组织的空间索引

在图 4-20 中,空间实体 E 的外接矩形范围很大,涉及到由节点 0 开始的 4×4 个节点,所以在索引表的第一行,Peano 码为 0(表示涉及整个区域),边长为 4,实体标识符为 E;空间实体 D 虽然仅涉及 Peano 码为 0 和 2 两个格网,但对四叉树来说,它所涉及的 0、1、2、3 四个节点不可再分割,因此它需要 2×2 的节点来表达。同理,实体 C 也需要用 2×2 的节点表达。而点状实体 A、F、G 本身没有大小,直接使用最低一级节点来表示。由此就可建立 Peano 码与空间实体的索引关系。在进行空间数据检索和提取时,根据 Peano 码和边长值就可以检索出某一范围内的对象。

使用层次四叉树建立空间数据的索引与线性四叉树基本相同,但是它需要记录不同层次节点的指针,建立索引和维护都较困难。

四、R 树与 R+树空间索引

与实体范围索引类似,R 树和 R+树利用空间实体的外接矩形来建立空间索引。就 R 树而言,认为有 N 个实体被 N 个外接矩形所包围,现欲寻找某一特定的矩形,或是检索一个矩形中某一特定的点,若对数据不进行适当组织的话,那么测试的次数与外接矩形的个数成正比。假如有成千上万个矩形,则检索特定的空间数据所需的机时会太大,检索效率低下。

R 树空间索引不仅利用单个实体的外接矩形,还将空间相近的实体的外接矩形重新组织为一个更大的虚拟矩形。在构造虚拟矩形时,虚拟矩形方向与坐标方位轴一致,同时满足:包含尽可能多的空间实体;矩形间的重叠率尽可能少;允许在每个矩形内再划分小矩形。对这些虚拟的矩形建立空间索引,它含有指向所包围的空间实体的指针。

R 树空间索引就是按包含实体的矩形来确定的,树的层次表达了分辨率信息,每个实体与 R 树的结点相联系,这点与四叉树相同。矩形的数据结构为:

RECT (Rectangle-ID, Type, min-X, min-Y, max-X, max-Y)

其中,Rectangle-ID 为矩形的标识符;Type 用于表示矩形的类别是实体的外接矩形还是虚拟矩形;min-X、min-Y 为该矩形的左下角坐标;max-X, max-Y 为该矩形的右上角坐标。

在虚拟矩形与实体的外接矩形重合时,两者的标识符相同。由于虚拟矩形允许再划分,还必须建立不同层次矩形的相互关系:

PS(上层虚拟矩形标识符,下层虚拟矩形标识符)

在进行空间数据检索时,首先判断哪些虚拟矩形落入查询窗口内,再进一步判别哪些实体是被检索的内容,这样可以提高数据检索的速度。图 4-21 给出了 R 树空间数据索引的实例。在该例中,仅有 2 层,内层矩形为实体的外接矩形,外层矩形为建立的虚拟矩形,虚拟矩形 B 中包含了实体外接矩形 H、I、J、K。

在构造 R 树时,要求虚拟矩形之间尽量不要相互重叠,而且一个空间实体通常仅被一个同级虚拟矩形所包围,但由于空间对象的复杂性,实体的外接矩形通常是相互重叠的,使包含它们的虚拟矩形难免会重叠。

R+树是对 R 树索引的一种改进,它允许虚拟矩形可以相互重叠,并分割下层虚拟矩形,允许一个空间实体被多个虚拟矩形所包围。在构造虚拟矩形时,尽量保持每个虚拟矩形包含相同个数的下层虚拟矩形或实体外接矩形,以保证任一实体具有相同的检索时间(图 4-22)。

R+树的结构与 R 树的相同,但是,对于被分割的下层虚拟矩形或实体外接矩形,还要增加关系表达:

DECOMP(原矩形标识符,分割后矩形 1 的标识符,分割后矩形 2 的标识符)。

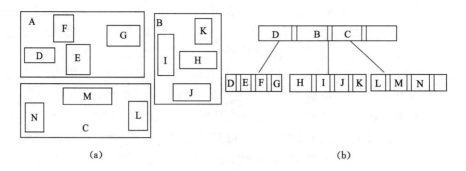

图 4-21　R 树结构示意图

（a）二层不重叠矩形；（b）层状结构

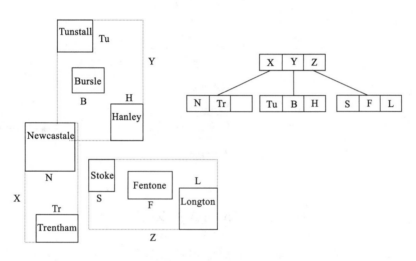

图 4-22　R＋树空间索引实例

五、CELL 树空间索引

R 树和 R＋树空间索引的主要缺点是建立空间索引时易受实体方位的限制，当空间数据层发生旋转或投影变换后，矩形区也必须随之重新建立。而基于任意多边形 CELL 树空间数据索引则没有这一局限性。CELL 树采用凸多边形来作为区域划分的基本单元，子空间不再相互覆盖（图 4-23）。基于 CELL 树索引的空间数据检索磁盘访问次数比 R 树或 R＋树的要少，而磁盘访问次数是空间索引性能的关键指标，因此，CELL 树空间索引是一种优秀的空间数据索引方式。

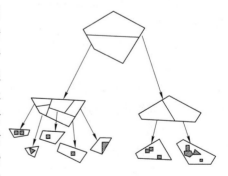

图 4-23　CELL 树空间索引

六、BSP 树空间索引

BSP（Binary Space Partition）树采用二叉空间分割。其基本思想是：任何平面都可以将空间分割成两个互不相交的半空间，所有位于这个平面一侧的点定义了一个半空间,位于另一侧的点定义了另一个半空间。此外,如果在任何半空间中有一个平面,它会进一步将此半空间分割为更小的两个子空间。可以使用多边形列表将这一过程进行下去,当子空间中仅存在单个平面时,即可构造出一个描述实体对象层次结构的二叉树(BSP 树)。在这个树中,一个进行分割的多边形被存储在树的节点,所有位于子空间中的多边形都在相应的子树上。这一规则也适用于树中的每一个节点。构造BSP 树的关键是如何在空间中快速确定分割平面,以使生成的 BSP 树尽量趋于平衡。BSP树能很好地与空间数据库中空间对象的分布情况相适应,但对一般情况而言,BSP 树深度较大,对各种操作均有不利影响,如图 4-24 所示。

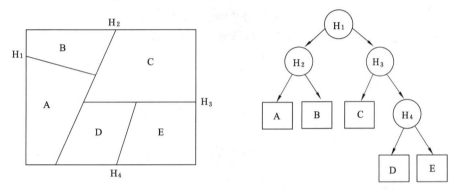

图 4-24　BSP 树空间索引

第四节　空间数据质量分析与控制

空间数据是指空间实体或现象在时间信息、空间位置和专题特征的数据记录。空间数据质量则是空间数据在表达这 3 个基本要素时的准确性、一致性、完整性及三者之间统一性的程度。空间数据的主要研究对象是地球,地球是一个复杂的巨系统,地球上发生的许多变化和过程十分复杂且呈非线性特征,时间和空间的跨度变化不等,差别又大,加上人类对空间实体或现象认识和表达上的局限性,致使对这种抽象的表达不可能完全达到真实值,只能在一定程度上接近真实值,从这种意义上讲空间数据存在质量问题是不可避免的,同时在空间数据处理的过程中也会产生不同程度的误差。如用户根据不同的需求,对空间数据进行不同的组合、删减和扩充等都是产生误差的根源。

一、空间数据质量的概念和内容

1. 与数据质量有关的基本概念

(1) 准确性(Accuracy)

即一个记录值(测量或观察值)与它的真实值之间的接近程度。在实际工作中,测量数据准确性可能依赖于测量的类型和比例尺。一般而言,对单个的观察或测量数据准确性的评价是通过与可获得的最准确的测量或公认的分类进行比较。空间数据的准确性通常是根据所指的位置、拓扑或非空间属性来分类的,它可用误差(Error)来衡量。

(2) 精度(Precision)

即对现象描述得详细程度。如对同样的两点,精度低的数据并不一定准确度也低。精度要求测量能以最好的准确性来记录,但是这可能误导为提供了较大的精度,因为超出一个测量仪器的已知准确度的数字在效率上是冗余的。

（3）空间分辨率（Spatial Resolution）

分辨率是两个可测量数值之间最小的可辨识的差异,而空间分辨率可以看作记录变化的最小距离。一张线划地图的分辨率通常由最小的线划宽度或最小图斑来表示,一般为0.1 mm左右。对于遥感图像,其分辨率取决于传感器的性能和成像高度,如 SPOT2 卫星的 HRV 全色波段图像为 10 m。

（4）比例尺（Scale）

比例尺是地图上一个记录的距离和它所表现的"真实世界"的距离之间的一个比例。地图的比例尺将决定地图上一条线的宽度所表现的地面的距离。例如,在一个 1：10000 比例尺的地图上,一条 0.5 mm 宽度的线对应着 5 m 的地面距离。如果这是线的最小宽度,那么就不可能表示小于 5 m 的现象。

（5）误差（Error）

误差表示数据与其真值之间的差异。在定义了准确性研究后,就不能理解误差这一概念。误差研究包括:位置误差,即点的位置误差、线的位置误差和多边形的位置误差;属性误差;位置和属性误差之间的关系。

（6）不确定性（Uncertainty）

地理信息系统的不确定性包括空间位置的不确定性、属性不确定性、时域不确定性、逻辑上的不一致性及数据的不完整性。空间位置的不确定性指 GIS 中某一被描述的物体与其地面上真实物体位置上的差别;属性不确定性是指某一物体在 GIS 中被描述的属性与其真实的属性之差别;时域不确定性是指在描述地理现象时,时间描述上的差错;逻辑上的不一致性指数据结构内部的不一致性,尤其是指拓扑逻辑上的不一致性;数据的不完整性指对于给定的目标,GIS 没有尽可能完全地表达该物体。

2. 空间数据质量指标和内容

数据质量是数据整体性能的综合体现,而空间数据质量标准是生产、应用和评价空间数据的依据。为了描述空间数据质量,许多国际组织和国家都制定了相应的空间数据质量标准和指标。空间数据质量指标的建立必须考虑空间过程和现象的认知、表达、处理、再现等全过程。一般来说,空间数据质量指标内容应该包括:

① 数据情况说明:要求对地理数据的来源、数据内容及处理过程等做出准确、全面和详尽的说明。

② 位置精度或称定位精度:为空间实体的坐标数据与实体真实位置的接近程度,它包括数学基础精度、平面精度、高程精度、接边精度、形状再现（形状保真度）、像元定位精度（图像分辨率）等。

③ 属性精度:指空间实体的属性值与其真值相符的程度。通常取决于地理数据的类型,且常常与位置精度有关,包括要素分类与代码的正确性、要素属性值的准确性及其名称的正确性等。

④ 时间精度:指数据的现势性,可以通过数据更新的时间和频度来体现。

⑤ 逻辑一致性:指地理数据关系上的可靠性,包括数据结构、数据内容（包括空间特征、专题特征和时间特征）,以及拓扑性质上的内在一致性。

⑥ 数据完整性：指地理数据在范围、内容及结构等方面满足所有要求的完整程度，包括数据范围、空间实体类型、空间关系分类、属性特征等方面的完整性。

⑦ 数据相容性：指多个来源的数据在同一个应用中的吻合和难易程度。一般来说，比例尺不同、数据分类体系和标准的不同都会带来数据的不相容问题。

⑧ 数据的可得性：指数据或使用数据的容易程度。保密的数据按其保密等级限制了使用者获得所需的数据，而公开的数据可能由于价格太高不能获得，只能另找数据采集途径，降低了数据的质量并造成浪费。

⑨ 表达形式的合理性：主要指数据抽象、数据表达与真实世界的吻合性，包括空间特征、专题特征和时间特征表达的合理性。

二、空间数据质量的影响因素分析

空间数据是通过对现实世界中的实体进行量测、解译、数据输入、空间数据处理以及数据表示而完成的；从空间数据的形式表达到空间数据的生成，从空间数据处理、变换到空间数据的应用，无不存在着对空间数据质量的影响。影响空间数据质量的各种因素可以简要分析如下。

1. 空间现象自身的不稳定性

空间数据质量问题首先来源于空间现象自身存在的不稳定性。空间现象自身存在的不稳定性包括空间特性和过程在空间、专题、时间和内容上的不确定性，空间现象在空间上的不确定性是指其在空间位置分布上的不确定性变化；空间现象在时间上的不确定性表现为其在发生时间段上的游移性；空间现象在属性上的不确定性表现为属性类型划分的多样性、非数值型属性值表达的不精确性。

2. 空间数据的获取和表达中的误差

数据采集中的测量方法以及量测精度的选择受到人类自身的认识和表达的影响。在以下的几种 GIS 数据采集过程中都会产生影响数据质量的误差：

① 用全站仪、电子速测仪、GPS 施测的野外测量误差包括仪器误差、人为误差、环境误差等。

② 由航片或近景测量所导致的遥感数据误差包括地面控制点误差、几何校正误差、影像增强误差、影像分类误差等。

③ 地图数据误差包括原始数据误差、坐标转换误差、制图综合与印刷产生的误差等。

3. 空间数据处理中的误差

处理误差是指数据录入后进入数据处理过程中产生的误差，产生误差主要因素有：① 地图投影变换。地图是通过特定拓扑变换的三维椭球面上的地物在二维场中的平面表示。在不同的投影形式下，地理特征的位置、面积和方向的表现会有差异。② 地图数字化及矢量化处理。在数字化过程中，采点的位置精度、空间分辨率、属性赋值等都可能产生误差。③ 数据转换。包括数据结构变换、数据格式转换和数据计算变换等。数据结构转换误差主要包括栅格向矢量格式的转换和矢量向栅格格式的转换所引起的误差；数据格式转换主要是指数据在不同系统中文件格式之间的转换，在转换的过程中，由于各系统内部数据结构不同和功能差异，往往造成信息的损失；数据计算变换是指通过各种计算方法对数据进行处理，包括数据坐标变换、比例变换、投影变换，在变换的过程中由于算法模型本身的局限而引起的误差。④ 空间分析。在数据之间建立拓扑关系和不同数据层进行匹配、叠加与更新时,也会产生空间位置和属性值的差异。⑤ 数据的可视化表达。数据在可视化表达过程中为适应视觉效果,需对数据的空间位置特征、注记等进行调整,由此会产生数据表达上的误差。

4. 空间数据使用中的误差

在空间数据使用过程中也会导致误差的出现,主要包括两个方面:一是对数据的解释的偏差,即解译误差;二是缺少对数据集相关信息的声明。对于同一空间数据来说,不同用户对它的内容的解释和理解可能不同,处理这类问题的方法是随空间数据提供各种相关的说明,如元数据等。另外,缺少对某一地区不同来源的空间数据的说明,如缺少投影类型、数据定义等描述信息,这样往往导致数据用户对数据的随意性使用而使误差扩散。

三、空间数据质量的误差分析

GIS 中的误差是指 GIS 中描述的物体与其在现实世界真实情况之间的差别。按数据的流程误差可分为源误差、处理误差、使用误差;按数据类型可分为几何误差、属性误差、时间误差和逻辑误差;按误差的性质分类,GIS 中的数据误差可以是随机误差,也可以是系统误差,还可能是粗差。

在几何误差、属性误差、时间误差与逻辑误差四类误差中,属性误差与时间误差与一般信息系统中的概念一致,而几何误差是地理信息系统所特有的。因此,在这里重点讨论 GIS 数据中的几何误差。

1. 几何误差

由于地图是以二维平面坐标表达位置,在二维平面上的几何误差主要反映在点和线上。

(1)点误差

关于某点的点误差即为测量位置(x,y)与其真实位置(x_0,y_0)的差异。真实位置测量方法比测量位置要更加精确,如在野外使用高精度的 GPS 方法得到。点误差可通过计算坐标误差和距离的方法得到。坐标误差定义为:

$$\begin{cases}\Delta x = x - x_0 \\ \Delta y = y - y_0\end{cases} \tag{4-11}$$

为了衡量整个数据采集区域或制图区域内的点误差,一般抽样测算$(\Delta x, \Delta y)$。抽样点应随机分布于数据采集区内,并具有代表性。这样抽样点越多,所测的误差分布就越接近于点误差的真实分布。

(2)线误差

线在地理信息系统数据库中既可表示线性现象,又可以通过连成的多边形表示面状现象。第一类是线上的点在真实世界中是可以找到的,如道路、河流、行政界线等,这类线性特征的误差主要产生于测量和对数据的后处理;第二类是现实世界中找不到的,如按数学投影定义的经纬线、按高程绘制的等高线,或者是气候区划线和土壤类型界限等,这类线性特征的线误差及在确定线的界限时的误差,被称为解译误差。解译误差与属性误差直接相关,若没有属性误差,则可以认为那些类型界限是准确的,因而解译误差为零。

另外,线分为直线、折线、曲线与直线混合的线(图 4-25)。GIS 数据库中用两种方法表达曲线、折线,图 4-26 对这两类误差作了对照。

2. 几何误差分析的方法

在 GIS 空间数据对象中,点构成线,线构成面或多边形,点、线、面是 GIS 中的基本操作

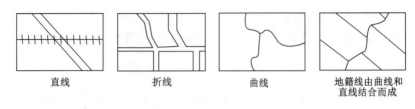

图 4-25　各种线(直线、折线、曲线)

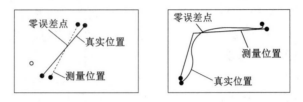

图 4-26　折线和曲线的误差

对象。所以,对于几何误差的分析对象主要是点对象、线对象、面对象。对这些对象的几何误差的分析方法主要有:

(1) 解析法

该方法是基于统计学中的误差传播定律,包括分布、方差、协方差的传播。传播包含有获取相关变量的随机特性,给出独立变量的特性以及两组变量的函数关系。

设$\{x_i\}$是一组服从n维密度函数$f(x_1,x_2,\cdots,x_n)$的一维随机变量,设y_k是x_i函数相关的另一组随机变量$y_k=y_k(x_1,x_2,\cdots,x_n)$,现在的任务是以$\{x_i\}$确定$y_k$的随机特性,即确定密度函数$f(x_1,x_2,\cdots,x_n)$。

基于传播定律的解析方法的计算量是适中的,其优点在于可以提供一个输出误差的解析方差形式,尽管这是一个近似的解;其缺点在于y_k是非线性时它为一个近似解。若y_k在$x_i(i=1,2,\cdots,n)$处是强烈非线性时,则这种近似不可接受。另一个局限性是y_k必须是连续可导的。

(2) 试验法

应用理论的评估方法,有时不可能知道GIS中点的真正统计特性,但是可以将理论所得的结果与试验法所获得的结果相比较。若两者之间有显著差别,则可能是由于误差估计的偏差或模型设计上的误差,需对误差模型进行修改。

试验法主要有两种方法:实验场法和实地检验法。在实施实验场法时,对某一试验目标首先确定实验场中检验点的个数及其分布。这些点的已知值是用比被测试方法更好、精度更高、性能更稳定的仪器测得的值。之后,这些检验点再用被检测的方法测定,后一种方法的精度用最小二乘估计计算出。实地检验法更类似于抽样调查,当一个被检查区建立之后,从中选择若干点以更高的精确度再重新测量,从而得出点的误差。当该误差满足一定标准时,即可接受该结果。实验场法与实地检验法存在不同,前者是用预先选定场地中预先选定的固定个数的点进行检验。因此,前一种方法适于对某种方法或仪器进行检验,即对于某一单一的因素进行检验;而后一种方法适用于对某一产品结果进行检验,例如一幅地图的精度检验。其中的最小二乘误差包含所有的误差,它是整体误差的量测值。例如,使用该法表示量测、绘图、图纸变形、数字化以及数据表示等几方面误差的内容。

（3）蒙特卡洛模拟法

该方法是通过对输入数据加上随机噪声来模拟其误差和不确定性影响的，前提是要事先假定 GIS 中任意操作的输入数据的误差模型。通过该模型，用已知参数的概率分布描述和反映空间数据的性质。其基本操作是通过从该概率分布产生一组或多组随机数，然后将其加到输入数据上，在 GIS 的空间操作下，对这种具有随机性的输入数据进行处理，并且记录和存储所产生的结果。重复整个过程 n 次，然后对所得结果进行分析。对于数字型输出结果，经过 n 次模拟结果的分布，可以反映出输入数据的误差与不确定性影响的规律；若模拟操作对象为图形，则可以根据 n 次输出图形的图集得到能反映误差与不确定性影响的"置信区间"。

这种模拟在原理上比较简单明了，且对矢量型和栅格型数据同样适用。但是，在实际应用该方法时，对如何确定所用误差模型的类型和如何配置符合随机分布的参数，是关系到应用该法成败的关键。

（4）Epsilon 带模型

Epsilon 带模型是这样一个定宽带，它是一个沿着一条线或多边形边界线的两侧有定宽（Epsilon）的带所构成。该模型是基于若干假设的：① 对于 GIS 中每一个特定线的每一个误差影响可被视为一个随机变量；② 在 GIS 中产生数字线的过程可被看成是独立的过程。这是一种类似于 GIS 中建立缓冲区操作的限定误差方法，尤其是在拓扑叠加操作中采用该法可以对地图概括误差及不确定性影响产生有效限制。另外，对于一条绘图线来说，其左右两侧各 ε 宽的范围，又可当作该线的目标概括范围，从而可以应用该 ε 值定义和说明其误差范围。在应用该模型时，如何确定 ε 值是一个关键。可以采用数据误差的统计性质，先选择一个条件概率函数来定义该 ε 值，采用一个二次多项式逼近条件概率函数的方法也能给出较合理的 ε 值。

（5）误差带模型

在 Epsilon 带模型的基础上，人们又进一步研究了误差带模型。误差带是以线要素上各点的实际误差作该点处的带宽，其带宽是不相等的，因而能更好地描述线要素的点位误差分布情况。误差带模型的建立基于以下两个假设：① 两端点的误差是相互独立的；② 两端点的误差有相同的方差、协方差。以这两个假设为前提，可以根据误差传播定律导出线段上任意一点的误差。基于误差带模型，可以把直线与折线误差分布的特点分别看作是"骨头型"或者"车链型"的误差分布带模式（图 4-27）。对于曲线的误差分布或许应当考虑"串肠型"模式（图 4-28）。

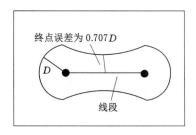
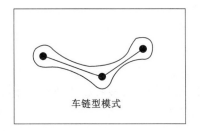

图 4-27　折线误差的分布

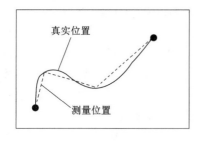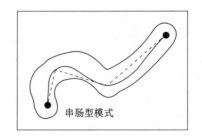

图 4-28　曲线的误差分布

在以上的几种方法中,解析法、实验法、模拟法是三种研究 GIS 中几何误差的基本方法,主要用于研究点误差。Epsilon 带模型和误差模型主要用于线要素及线要素构成的多边形和面要素误差分析。

四、空间数据质量评价

空间数据质量的评价内容包括数据集完整性、说明信息评价和地理目标数据评价三部分。数据集完整性包括要素分层的完整性、要素内容的完整性等;说明信息用于描述对图中各地理实体有共同影响的因素,包括原始资料的说明(如比例尺、生产单位、生产日期、地图投影和用于更新的辅助资料说明)、数据获取的方法和日期、数据处理方法、作业人员、数据格式和各种文档资料;地理目标数据用于描述具体地理实体或其一部分的特征及其相互关系,评价内容包括位置精度、属性精度、数据的完整性、逻辑一致性和拓扑关系正确性几个方面。

属性数据的不确定性主要来自数据源的不确定性、数据建模的不确定性和分析过程中引入的不确定性等,其中数据源的不确定性来源于数据采集过程中的测量、人为判断和假设,数据建模的不确定性主要与属性编码的合理性、完整性、包含性有关。属性精度评价是空间数据质量评价中最主要、最复杂、最困难的工作,原因是难以得到属性的真值(即参考数据)以及属性的组合模型相当复杂;自动判断其正确性涉及图形模式识别等复杂技术。属性组合的灵活性及属性值输入的复杂性使得数字化作业人员容易出错,这些属性包括主码、识别码、描述码、参数、地名、地名指针、复合目标指针、拓扑关系等信息及其组合,对属性精度进行评价,首先要得到属性的真值(即参考数据),用扫描数字化地图底图作为判断属性正确性的标准,依据《数字地图要素属性编码》、《数字地图采集细则》对属性数据的值域、逻辑一致性进行检查,用图形符号、汉字、数字及色彩等配合坐标数据进行可视化表示,然后用自动检查和人机交互相结合的方法统计其出错率,根据错误种类、严重程度,利用属性的模糊综合评价模型评价其质量等级。属性值正确性的检查方法主要有:

(1)属性值值域的检查

用属性模板自动检查要素层中每个数字化目标的主码、识别码、描述码、参数值的值域是否正确,对不符合属性模板的属性项在相应位置作错误标记,并记入属性错误统计表。

(2)属性值逻辑组合正确性检查

用属性值逻辑组合模板检查要素层中每个数字化目标的属性组合是否有逻辑错误,是否按有关技术规定正确描述了目标的质量、数量及其他信息。

(3)用符号化方法对各属性值进行详细检查

针对空间数据质量评价的特点,制定与图式规范尽量一致又有利于目标识别和理解的符号化方案,较好地满足属性数据评价的要求。符号化使图形相对定位简单易行,方便了人机交互检查作业。符号化表示时,属于同一主码的目标显示在同一层次上;把识别码分成点、线、面图形,分别对应点状、线状和面状符号库,用图式规定的符号及颜色,配合符号库解释规则把识别码解释成图形;描述码同识别码相结合,有些改变图形的表示方法,如建筑中的铁路用虚线符号表示;有些改变颜色,如不依比例图形居民地用黑色表示,县级用绿色,省级用红色等;有些注记汉字,如时令河在线划上注记"时令"两个汉字;要素所带参数用数字的形式注记出来,用颜色区分参数的类别,用红色表示宽度参数,用黑色表示相对高参数,用蓝色表示长度参数,用棕色表示其他参数。对于错误,用人机交互的方法在图上作标记,并记入属性错误统计表。

五、空间数据质量的控制

空间数据质量控制是个复杂的过程,要控制数据质量应从数据质量产生和扩散的所有过程和环节入手,分别用一定的方法减少误差。空间数据质量控制常见的方法有:

1. 传统的手工方法

质量控制的人工方法主要是将数字化数据与数据源进行比较,图形部分的检查包括目视方法、绘制到透明图上与原图叠加比较,属性部分的检查采用与原属性逐个对比或其他比较方法。

2. 元数据方法

数据集的元数据中包含了大量的有关数据质量的信息,通过它可以检查数据质量,同时元数据也记录了数据处理过程中质量的变化,通过跟踪元数据可以了解数据质量的状况和变化。

3. 地理相关法

用空间数据的地理特征要素自身的相关性来分析数据的质量。如从地表自然特征的空间分布着手分析,山区河流应位于微地形的最低点,因此,叠加河流和等高线两层数据时,如河流的位置不在等高线的外凸连线上,则说明两层数据中必有一层数据有质量问题,如不能确定哪层数据有问题时,可以通过将它们分别与其他质量可靠的数据层叠加来进一步分析。因此,可以建立一个有关地理特征要素相关关系的知识库,以备各空间数据层之间地理特征要素的相关分析之用。

第五节 空间数据的元数据

一、元数据的概念及其重要性

1. 元数据的概念和作用

信息社会的发展,导致社会各行各业对翔实、准确的各种数据的需求量迅速增加以及数据库的大量出现。用户对不同类型数据的需求,要求数据库的内容、格式、说明等要符合一定的规范和标准,以利于数据的交换、更新、检索、数据库集成以及数据的二次开发利用等,而这一切都离不开元数据(Metadata)。对空间数据的有效生产和利用,要求空间数据的规范化和标准化。应用于地学领域的数据库不但要提供空间和属性数据,还应该包括大量的引导信息以及由纯数据得到的推理、分析和总结等,这些都是由空间的元数据系统实现的。

"meta"是一希腊语词根,意思是"改变"。"metadata"一词的原意是关于数据变化的描述。到目前为止,科学界仍没有关于元数据的确切公认的定义,但一般都认为元数据就是

"关于数据的数据"。

元数据并不是一个新的概念。实际上,传统的图书馆卡片、出版图书的介绍、磁盘的标签等都是元数据。纸质地图的元数据主要表现为地图类型、地图图例,包括图名、空间参照系统、图廓坐标、地图内容说明、比例尺和精度、编制出版单位和日期或更新日期等。在这种形式下,元数据是可读的,生产者和用户之间容易交流,用户可以很容易地确定地图是否能够满足其应用需要。

当地图转换为数字形式后,数据的管理和应用均会产生一些新的问题。例如,数据生产者需要管理和维护好海量数据,提高效率,且不受工作人员变动的影响;用户缺乏查询可用数据的方便快捷的途径,缺少可用数据的技术文件信息(如数据的来源、生产日期);当数据格式对于应用而言可直接使用时,不知道如何理解和转换数据。

元数据可以用来辅助地理空间数据,帮助数据生产者和用户解决这些问题。元数据的主要作用可以归纳为如下几个方面:

① 帮助数据生产单位有效地管理和维护空间数据,建立数据文档,并保证即使其主要工作人员退休或调离时,也不会失去对数据情况的了解。

② 提供有关数据生产单位数据存储、数据分类、数据内容、数据质量、数据交换网络及数据销售等方面的信息,便于用户查询检索地理空间数据。

③ 提供通过网络对数据进行查询检索的方法或途径,以及与数据交换和传输有关的辅助信息。

④ 帮助用户了解数据,以便就数据是否能满足其需求做出正确的判断。

⑤ 提供有关信息,以便用户处理和转换有用的数据。

可见,元数据的根本目的是促进数据库的高效利用,以及为计算机辅助软件工程(CASE)服务。

元数据的内容主要包括:对数据库的描述;对数据库中各数据项、数据来源、数据所有者及数据生产历史等的说明;对数据质量的描述,如数据精度、数据的逻辑一致性、数据完整性、分辨率、源数据的比例尺等;对数据处理信息的说明,如量纲的转换等;对数据转换方法的描述;对数据库的更新、集成方法等的说明。

元数据的性质:元数据是关于数据的描述性数据信息,它应尽可能多地反映数据库自身的特征规律,以便用户对数据库进行准确、高效与充分的开发与利用。不同领域的数据库,其元数据的内容会有很大差异。

2. 元数据的基本形式和类型

元数据也是一种数据,在形式上与其他数据没有区别,它可以数据存在的任何一种形式存在。

元数据的传统形式是填写了数据源和数据生产工艺过程的文件卷宗,也可以是用户手册。用户手册提供的简洁的元数据容易阅读,并且可以联机查询。

更主要的形式是与元数据内容标准相一致的数字形式。数字形式的元数据可以用多种方法建立、存储和使用:

最基本的方法是文本文件。文本文件易于传输给用户,而不论用户使用什么硬件和软件。

元数据的另一种形式是用超文本链接标示语言(Hyper Text Markup Language,

HTML)编写的超文本文件。用户可以利用 Netscape Navigator、Internet Explorer 或 Mosaic 查阅元数据。

用通用标示语言(Standard For General Markup Language,SGML)建立元数据,SGML 提供了一种有效的方法链接元数据元素。这种方法便于建立元数据索引和在空间数据交换网络上查询元数据,并且提供一种在元数据用户间交换元数据、元数据库和元数据工具的方法。

通过对元数据进行分类可以更好地了解使用元数据。分类的原则不同,元数据的分类体系和内容将会有很大的差异。下面列出几种不同的分类体系。

(1)根据元数据的内容分类

造成元数据内容差异的主要原因有两个:其一,不同性质、不同领域的数据所需要的元数据内容有差异;其二,为不同应用目的而建设的数据库,其元数据内容会有很大的差异。根据这两个原因,可将元数据分为三种类型:

① 科研型元数据:其主要目标是帮助用户获取各种来源的数据及其相关信息,它不仅包括诸如数据源名称、作者、主体内容等传统的、图书管理式的元数据,还包括数据拓扑关系等。这类元数据的任务是帮助科研工作者高效获取所需数据。

② 评估型元数据:主要服务于数据利用的评价,内容包括数据最初收集情况、收集数据所用的仪器、数据获取的方法和依据、数据处理过程和算法、数据质量控制、采样方法、数据精度、数据的可信度、数据潜在应用领域等。

③ 模型元数据:用于描述数据模型的元数据与描述数据的元数据在结构上大致相同,其内容包括模型名称、模型类型、建模过程、模型参数、边界条件、作者、引用模型描述、建模使用软件、模型输出等。

(2)根据元数据描述的对象分类

根据元数据描述的对象,可将元数据划分为三种类型:

① 数据层元数据:指描述数据库中每个数据的元数据,内容包括日期邮戳(指最近更新日期)、位置戳(指示实体的物理地址)、量纲、注释(如关于某项的说明附录)、误差标识(可通过计算机消除)、缩略标识、存在问题标识(如数据缺失原因)、数据处理过程等。

② 属性元数据:是关于属性数据的元数据,内容包括为表达数据及其含义所建的数据字典、数据处理规则(协议),如采样说明、数据传输线路及代理编码等。

③ 实体元数据:是描述整个数据库的元数据,内容包括数据库区域采样原则、数据库有效期、数据时间跨度等。

(3)根据元数据在系统中的作用分类

根据元数据在系统中的作用,可以将元数据分为两种:

① 系统级别(System-Level)元数据:指用于实现文件系统特征或管理文件系统中数据的信息,例如访问控制数据的时间、数据的大小、在存储级别中的当前位置、如何存储数据块以保证服务控制质量等。

② 应用层(Application-Level)元数据:指有助于用户查找、评估、访问和管理数据等与数据用户有关的信息,如文本文件内容的摘要信息,图块快照、描述与其他数据文件相关关系的信息。它往往用于高层次的数据管理,用户通过它可以快速获取合适的数据。

(4)根据元数据的作用分类

根据元数据的作用可以把元数据分为两种类型：

① 说明元数据：是专为用户使用数据服务的元数据，它一般用自然语言表达，如源数据覆盖的空间范围、源数据图的投影方式及比例尺的大小、数据库说明文件等，这类元数据多为描述性信息，侧重于数据库的说明。

② 控制元数据：是用于计算机操作流程控制的元数据，这类元数据由一定的关键词和特定的句法来实现。其内容包括：数据存储和检索文件、检索中与目标匹配方法、目标的检索和显示、分析查询及查询结果排列显示、根据用户要求修改数据库中原有的内部顺序、数据转换方法、空间数据和属性数据的集成、根据索引项把数据绘制成图、数据模型的建设和利用等。这类元数据主要是对与数据库操作有关的方法描述。

二、空间数据元数据的概念和标准

1. 空间数据元数据的概念

地理空间数据（Geospatial Data）是用于描述具有自然特征或者人工建筑特征的地理实体的地理位置、属性及其边界信息；空间数据元数据指对于这些空间数据的描述或说明，主要包括以下方面：

- 类型（Type）：在元数据标准中，数据类型指该数据能接收的值的类型；
- 对象（Object）：对地理实体的部分或整体的数字表达；
- 类型实体（Entity Type）：对于具有相似地理特征的地理实体集合的定义和描述；
- 点（Point）：用于位置确定的 0 维地理对象；
- 结点（Node）：拓扑连接两个或多个链或环的一维对象；
- 标识点（Label Point）：显示地图或图表时用于特征标识的参考点；
- 线（Line）：一维对象的一般术语；
- 线段（Line Segment）：两个点之间的直线段；
- 线（String）：由相互连接的一系列线段组成的没有分支线段的序列，线可以是自身或与其他线相切；
- 弧（Arc）：由数学表达式确定的点集组成的弧状曲线；
- 链（Link）：两个结点之间的拓扑关联；
- 链环（Chain）：非相切线段或由结点区分的弧段构成的有方向无分支序列；
- 环（Ring）：封闭状不相切链环或弧段序列；
- 多边形（Polygon）：在二维平面中由封闭弧段包围的区域；
- 外多边形（Universe Polygon）：数据覆盖区域内最外侧的多边形，其面积是其他所有多边形的面积之和；
- 内部面积（Interior Area）：不包括其边界的区域；
- 格网（Grid）：组成规则或近似规则的棋盘状镶嵌表面的格网集合，或者组成规则或近似规则的棋盘状镶嵌表面的点集合；
- 格网单元（Grid Cell）：表示格网最小可分要素的二维对象；
- 矢量（Vector）：有方向的线的组合；
- 栅格（Raster）：同一格网或数字影像的一个或多个叠加层；
- 像元（Pixel）：二维图形要素，它是数字影像最小要素；
- 栅格对象（Raster Object）一个或多个影像或格网，每一个影像或格网表示一个数据

层,各层之间相应的格网单元或像元一致且相互套准;

· 图形(Graph):与预定义的限制规则一致的 0 维(如 Node 点)、一维(Link 或 Chain)和二维(T 多边形)有拓扑相关的对象集;

· 数据层(Layer):集成到一起的面域分布空间数据库,它用于表示一个主体中的实体,或者有一公共属性或属性值的空间对象的联合(association);

· 层(Stratum):在有序系统中的数据层、级别或梯度序列;

· 纬度(Latitude):在中央经线上度量,以角度单位度量离开赤道的距离;

· 经度(Longitude):经线面到格林尼治中央经线面的角度;

· 中央经线(Meridian):穿过地球两极的大圆圈;

· 坐标(Ordinate):在笛卡儿坐标系中沿平行于 x 轴和 y 轴测量的坐标值;

· 投影(Projection):将地球球面坐标中的空间特征(集)转化到平面坐标体系时使用的数学转换方法

· 投影参数(Projection parameters):对数据库进行投影操作时用于控制投影误差、变形分布的参考特征;

· 地图(Map):空间现象的空间表征,通常以平面图形表示;

· 现象(Phenomenon):事实、发生的事件、状态等;

· 分辨率(Resolution):由涉及或使用的测量工具或分析方法能区分开的两个独立量测量或计算值的最小差异;

· 质量(Quality):数据符合一定使用要求的基本或独特的性质;

· 详述(Explicit):由一对数或三个数分别直接描述水平位置和三维位置的方法;

· 介质(Media):用于记录、存储或传递数据的物理设备;

· 其他。

2. 空间数据元数据的标准

同物理、化学等学科使用的数据结构类型相比,空间数据是一种结构比较复杂的数据类型。它既涉及对于空间特征的描述,也涉及对于属性特征以及他们之间关系的描述,所以空间数据元数据标准的建立是项复杂的工作,并且由于种种原因,某些数据组织或数据用户开发出来的空间数据元数据标准很难为地学界所广泛接受。但空间数据元数据标准的建立是空间数据标准化的前提和保证,只有建立起规范的空间数据元数据,才能有效利用空间数据。目前,空间数据元数据已形成了一些区域性或部门性的标准,表 4-1 列出了有关空间数据元数据的几个现有主要标准。

表 4-1　　　　　　　　　　　　　空间数据元数据的几个现有标准

元数据标准名称	建立标准的组织
CSDGM 地球空间数据元数据内容标准	FGDC,美国联邦空间数据委员会
GDDD 数据库描述	MEGRIN,欧洲地图事物组织
CGSB 空间数据库描述	CSC,加拿大标准委员会
CEN 地学信息—数据标准—元数据	CEN/TC287
DIF 目录交换格式	NASA
ISO 地理信息	ISO/TC211

美国联邦空间数据委员会(Federal Geographical Data Committee,FGDC)的空间数据元数据内容标准的影响较大,该标准用于确定地学空间数据库的元数据内容,于1992年7月开始起草,1994年7月8日FGDC正式确认该标准。该标准将地学领域中应用的空间数据元数据分为7个部分,它们是:数据标识信息、数据质量信息、空间数据组织信息、空间参照系统信息、地理实体及属性信息、数据传播及共享信息和元数据参考信息。

中国国家基础地理信息系统(NFGIS)元数据标准正在制订中,其草案主要参考了"ISO 15046—15 地理信息——元数据(CD 2.0)"和"FGDC 地理空间数据元数据内容标准(CS-DGM)v.2.0"的内容。

三、空间数据元数据的获取与管理

空间数据的特征(包括空间特征和属性特征)要求对数据的各种操作,从数据获取、数据处理、数据存储、数据分析、数据更新等方面有一套面向空间对象的方法,相应的空间数据元数据的内容及相关操作也具有不同于其他种类数据元数据的特点。

1. 空间数据元数据的获取

空间数据元数据的获取是个复杂的过程,相对于基础数据(Primary Data)的形成时间,它的获取可分为三个阶段:数据收集前、数据收集中和数据收集后。对于模型元数据,这三个阶段分别是模型形成前、模型形成中和模型形成后。第一阶段的元数据是根据要建设的数据库的内容而设计的元数据,内容包括:① 普通元数据,如数据类型、数据覆盖范围、使用仪器描述、数据变量表达、数据收集方法等;② 专指性元数据,即针对要收集的特定数据(如中国1950~1980年30年间的逐旬降水数据)的元数据,内容包括数据采样方法、数据覆盖的区域范围、数据潜在利用等。第二阶段的元数据随数据的形成同步产生,例如在测量海洋要素数据时,测点的水平和垂直位置、深度、温度、盐度、流速、海流流向、表面风速、仪器设置等是同时得到的。第三阶段的元数据是在上述数据收集到以后根据需要产生的,包括数据处理过程描述、数据的利用情况、数据质量评估、浏览文件的形成、拓扑关系、影像数据的指示体系及指标、数据库大小、数据存储路径等。

空间数据元数据的获取方法主要有五种:键盘输入、关联表、测量法、计算法和推理法。键盘输入一般工作量大且容易出错,如有可能应尽量避免,但对某些元数据而言(如数据变量表达的内容)只能由键盘输入。关联表方法是通过公共项(字段)从已存在的元数据或数据中获取有关的元数据,例如通过区域的名称从数据库中得到区域的空间位置坐标等,测量方法容易使用且出错较少,如用全球定位系统(GPS)测量数据空间点的位置等。计算法是指由其他元数据或数据计算得到的元数据,例如水平位置可由仪器位置及测量成果计算得到,区域的面积可由多边形拓扑关系计算出来,该方法一般用于获取数量较大的元数据。推理方法是指根据数据的特征获取元数据。

在元数据获取的不同阶段,使用的方法也有差异。第一阶段主要是由键入方法和关联表方法;第二阶段主要是采样测量方法;第三阶段主要是计算和推理方法。

2. 空间数据元数据的管理

空间数据元数据管理的理论和方法涉及数据库和元数据两方面。由于元数据的内容、形式上的差异,元数据的管理与其涉及的领域有关,它是通过建立在不同数据领域基础上的元数据信息系统实现的。

另外,全球信息源字典采用两步实体关系模型(Two-Stages-Entity-Relationship

Model)来管理元数据。

四、空间数据元数据的应用

1. 地理信息系统中元数据的使用

在地理信息系统中使用元数据的原因如下：

(1) 完整性(Completeness)

面向对象的地理信息系统和空间数据库的目标之一，是把事物的有关数据都表示为类的形式，而这些类也包括类自身，即复杂的"类的类"结构。这就要求有支持类与类之间相互印证和操作的机制，而元数据可以帮助这个机制的实现。

(2) 可扩展性(Extensibility)

有意地延伸一种计算机语言或者数据库特征的语义是很有用途的，如把跟踪或引擎信息的生成结果添加到操作请求中，通过动态改变元数据信息可以实现这种功能。

(3) 特殊化(Specialization)

继承机制是靠动态连接操作请求和操作体来实现的，语言及数据库以结构化和语义信息的关联文件(context)方式把操作请求传递给操作体，而这些信息可以通过元数据表达。

(4) 安全性(Safety)

分类完好的语言和数据库都支持动态类型检测，类的信息表示为元数据，这样在系统运行时，可以被类检测者访问。

(5) 查错功能(Debugging)

在查错时使用元数据信息，有助于检测可运行应用系统的解释和修改状态。

(6) 浏览功能(Browsing)

为数据的控制类开发浏览器时，为显示数据，要求能解译数据的结构，而这些信息是以元数据来表达的。

(7) 程序生成(Program Generation)

如果允许访问元数据，则可以利用关于结构的信息自动生成程序，如数据库查询的优化处理和远程过程调用残体(Stub)生成。

2. 空间数据元数据的应用

(1) 帮助用户获取数据

通过元数据，用户可对空间数据库进行浏览、检索和研究等。一个完整的地学数据库除应提供空间数据和属性数据外，还应提供丰富的引导信息，以及由纯数据得到的分析、综述和索引等。通过这些信息，用户可以明白诸如："这些数据是什么数据？""这个数据库对我有用吗？""这是我需要的数据吗？""怎样得到这些数据？"等一系列情况。

(2) 空间数据质量控制

不论是统计数据还是空间数据都存在数据精度问题，影响空间数据精度的原因主要有两个方面：一是源数据的精度；二是数据加工处理过程中精度质量的控制情况。空间数据质量控制包括：① 有准确的数据字典，以说明数据的组成、各部分的名称、表征的内容等；② 保证数据逻辑、科学地集成，如植被数据库中不同亚类的区域组合成大类区，这要求数据按一定逻辑关系有效地组合；③ 有足够的说明数据来源、数据的加工处理流程、数据解译的信息。

这些要求可通过元数据来实现，这类元数据的获取往往由地学和计算机领域的工作者来完成。数据逻辑关系在数据中的表达要由地学工作者来设计,空间数据库的编码要求有一定的地学基础,数据质量的控制和提高要求,工作人员有数据输入、数据查错、数据处理专业背景知识,而数据再生产要由计算机基础较好的人员来实现。所有这些方面的元数据,按一定的组织机构集成到数据库中,构成数据库的元数据信息系统来实现上述功能。

（3）在数据集成中的应用

数据库层次的元数据记录了数据格式、空间坐标体系、数据的表达形式、数据类型等信息;系统层次和应用层次的元数据则记录了数据使用软硬件环境、数据使用规范、数据标准等信息。这些信息在数据集成的一系列处理中,如数据空间匹配、属性一致化处理、数据在各平台之间的转换使用中都是必需的。这些信息能够使系统有效地控制系统中的数据流。

（4）数据存储和功能实现

元数据系统用于数据库的管理,可以避免数据的重复存储,通过元数据建立的逻辑数据索引可以高效查询检索分布式数据库中任何物理存储的数据,减少用户查询数据库及获取数据的时间,从而降低数据库的费用。数据库的建设和管理费用是数据库整体性能的反映,通过元数据可以实现数据库设计和系统资源利用方面开支的合理分配,数据库许多功能（如数据库检索、数据转换、数据分析等）的实现是靠系统资源的开发来实现的,因而这类元数据的开发和利用将大大增强数据库的功能并降低数据库的建设费用。

本 章 小 结

地理空间数据是地理信息系统的血液,空间数据的采集、组织和管理的建立是地理信息系统的关键步骤。本章着重讨论了空间数据包括图形数据和属性数据的采集方法;数据编辑和加工;拓扑关系的生成;对以分幅形式采集的空间数据进行几何纠正、投影转换、图幅拼接以形成区域整体空间数据库;空间数据的压缩与不同的数据格式之间相互转换的方法;对空间数据建立索引机制,可大大地提高从空间数据库中检索数据的效率,不同的空间索引方法其效率也不同。空间数据采集的目的是为满足一定应用需求服务的,因此,对空间数据质量进行评价和质量控制也是建立空间数据库过程中的一个重要内容。空间数据元数据指对空间数据的描述或说明,可以用来辅助管理空间数据,对空间数据的规范化和标准化至关重要。

本 章 思 考 题

1. 如何从已有地形图上采集 GIS 空间数据?

2. 阐述图幅数据几何校正的原理、方法和步骤。

3. 图形数据的压缩可以采用哪些方法?试就一种算法编程实现。

4. 如何实现图幅数据的拼接处理?

5. 为什么要进行空间数据的格式转换?有哪些方法?各有哪些特点?

6. 如何实现空间数据库的数据更新?

7. 什么是空间索引？空间索引方法有哪些？阐述各种索引方法的实现算法。

8. 空间数据质量的含义是什么？有哪些基本概念？

9. 空间数据质量问题的来源有哪些？在空间数据处理过程中,哪些数据会降低空间数据的精度和可靠性?

10. 简述空间数据点、线、面位置不确定性评价模型。

11. 对空间数据进行质量控制的途径有哪些？

12. 空间数据元数据的概念和标准是什么？如何管理元数据？

第五章　空间分析与建模

第一节　概　述

一、空间分析的基本概念

通过各种途径采集的空间数据,经过投影、编辑和处理,并将数据符号化表示,以一定的空间组织方式存储到计算机中,所有这些工作的最终结果是形成一个完整的空间数据库。空间数据只有用于分析和处理在一定地理区域内分布的各种空间现象、环境特征和演变过程,解决复杂的规划、决策和管理问题,才能真正发挥作用,而这需要通过严密、科学的空间分析技术。因此,空间分析是 GIS 的核心,是 GIS 区别于 MIS、CAD 等的关键所在,也是评价一个 GIS 功能的主要指标之一。

空间分析技术在很多领域都发挥着重要作用,如地震学家研究地震的发生是否存在空间格局及其可预报性;流行病学家分析病例的空间分布规律及其是否与污染分布有关等诸如此类的问题;警察通过察看盗窃事件发生的空间位置,寻找其与社会经济特征的空间关联性,据此对未来态势做出估计;遥感专家需要将遥感图像中的噪声过滤掉以恢复其基本空间格局;地质学家需要根据空间离散分布的钻孔点集信息推测矿藏储量;水文地质学家需要用一系列有毒化学浓度样品制作地下水污染地图;零售商可以根据区域科学家利用社会经济数据和空间经济学原理建立起来的购物流模型估计与评价对于其所属零售店的需求,以及是否有新的营业网点需要开业、扩张、关闭等。

不考虑空间关联的经典统计分析有时可能造成误判。美国总统选举团需要研究居民收入(I)与对其政党的支持度(P)之间的关系,以制定有针对性的竞选政策。首先调查选举区的数据(P,I),绘出散点图(这时并未考虑空间分布),并做出相关系数和线性回归及各系数的显著性和置信区间[图 5-1(a)],选举团据此得出结论:"如果增加个人所得税税收的 1%,将减少低收入家庭(年收入 5 万美元以下)30% 的支持票,而对中高收入家庭支持票无显著影响"。但是如果进一步做出回归误差空间分布图[图 5-1(b)],发现正误差主要分布于西北部州,而负误差主要分布于东南部州,误差空间分布显示出明显的空间聚集状,那么,选举团根据经典统计学得到的结论是不可靠的,政策制定将建立在假象的基础上。这是因为在误差之间存在系列关联性的条件下,相关系数和线性回归系数及其置信区间都将发生偏移。

自从有了地图,人们就自觉或者不自觉地进行着各种类型的空间分析。比如,在地图上测量地理要素之间的距离、面积,以及利用地图进行战术研究和战略决策等。随着 GIS 的产生和发展,基于一定的算法和空间分析模型,利用计算机分析空间数据,支持空间决策,成为 GIS 的重要研究内容,"空间分析(Spatial Analysis)"这个词也成为这一领域的一个专门术语。

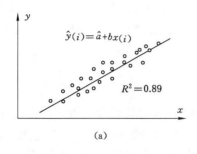
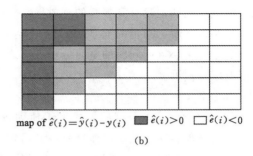

图 5-1　线性回归及其残差的空间分布

Robert Haining 曾经对于空间分析给出如下定义："空间分析是基于地理对象的空间布局的地理数据分析技术"。

一般认为,空间分析是指基于空间对象的属性、分布、形态及其空间关系特征的空间数据分析技术,它以地学原理为依托,通过空间分析算法和模型,从空间数据中获取有关地理对象的空间位置、空间分布、空间形态、空间形成和空间演变等,其目的在于提取、传输空间信息,回答用户的问题,是对地理数据的深加工。目前,人们把在 GIS 中使用的所有空间分析方法及相关建模技术统称为地学空间分析(Geospatial Analysis)。

二、常用的空间分析方法

空间分析中的核心概念是空间位置,关心的是"什么事情(What)"发生在"什么地方(Where)",并将特征和现象与位置连接起来。在空间上,空间分析的应用范围是整个地理空间;在尺度上,可以从厘米级的范围到全球;在时间上,可以分析从古至今任何时间段的变化,甚至预测将来。因此,空间分析的内容相当广泛,相应的空间分析方法也种类繁多。其中一些是针对单一特征的分析,如属性数据的数学或逻辑运算,有的则是涉及邻域分析、综合几何与属性的复杂分析。空间模拟技术能用来建立几乎无限的数据分析模型的能力,有些复杂分析方法则是一系列简单方法经组合后形成特殊模型而产生的。应指出,栅格数据结构与矢量数据结构的空间分析方法有所不同,一般来说,针对栅格数据的空间分析方法要简单得多,而且对遥感图像处理的许多方法可以直接用来处理和分析栅格数据。下面是对一些常用的空间分析方法的概述。

1. 基于空间关系的查询

空间实体间存在着多种空间关系,包括拓扑、顺序、距离、方位等关系。通过空间关系查询和定位空间实体是 GIS 不同于一般数据库系统的功能之一。如查询满足下列条件的城市:在京九线的东部,距离京九线不超过 200 km,城市人口大于 100 万并且居民人均年收入超过 1 万。整个查询计算涉及了空间顺序方位关系(京九线东部),空间距离关系(距离京九线不超过 200 km),甚至还有属性信息查询(城市人口大于 100 万并且居民人均年收入超过 1 万)。

2. 空间量算

对于线状地物求长度、曲率、方向,对于面状地物求面积、周长、形状、曲率等;求几何体的质心;空间实体间的距离等。

3. 缓冲区分析

邻近度描述了地理空间中两个地物距离相近的程度,是空间分析的一个重要内容。交通沿线或河流沿线的地物有其独特的重要性,公共设施的服务半径,大型水库建设引起的搬迁,铁路、公路以及航运河道对其所穿过区域经济发展的重要性等,均是一个邻近度问题。缓冲区分析是解决邻近度问题的空间分析工具之一。所谓缓冲区就是地理空间目标的一种影响范围或服务范围。

4.叠加分析

大部分 GIS 软件是以分层的方式组织地理景观,将地理景观按主题分层提取,同一地区的整个数据层集表达了该地区地理景观的内容。GIS 的叠加分析是将有关主题层组成的数据层面,进行叠加产生一个新数据层面的操作,其结果综合了原来两层或多层要素所具有的属性。叠加分析不仅包含空间关系的比较,还包含属性关系的比较。叠加分析可以分为视觉信息叠加、点与多边形叠加、线与多边形叠加、多边形叠加、栅格图层叠加等。

5.网络分析

对地理网络(如交通网络)、城市基础设施网络(如各种网线、电力线、电话线、供排水管线等)进行地理分析和模型化,是 GIS 中网络分析功能的主要目的。网络分析是运筹学模型中的一个基本模型,它的根本目的是研究、筹划一项网络工程如何安排,并使其运行效果最好,如一定资源的最佳分配,从一地到另一地的运输费用最低等。

6.空间统计分类分析

多变量统计分析主要用于数据分类和综合评价。在大多数情况下,首先是将大量未经分类的数据输入数据库,然后要求用户建立具体的分类算法,以获得所需要的信息。分类评价中常用的几种数学方法有主成分分析、层次分析、聚类分析、判别分析。

此外,DTM 和三维地形分析也是常用的空间分析方法,将在后面的章节详细论述。

三、GIS 软件中的空间分析工具

在过去的半个多世纪中,虽然出现了各种各样的空间分析技术,但是在许多领域空间分析技术还显得十分匮乏。随着空间分析技术的迅速发展和社会需求的不断增加,商业 GIS 软件正提供越来越多的空间分析工具(包)。由于很多 GIS 产品提供软件开发工具(SDK),用户也可以根据需要开发自己的空间分析模块。

在使用不同 GIS 软件提供的相同空间分析方法时,可能产生不相一致的结果。导致这种不一致的原因较多,如不同的软件结构及实现这些方法的不同算法;原始资料及对其解释上的误差;编码错误;不同的模拟、存储和操控数据的方式;对一些特殊条件的处理,如缺失值、边界等。源代码对于帮助理解空间分析方法、发现错误十分有益,但是 GIS 用户在应用空间分析工具包时,只是根据操作手册的要求输入需要的参数和数据进行操作,极少能获得源代码或所用空间分析方法的具体细节。尽管一些非商业软件提供源代码和一些测试数据,但并不意味着用户可以下载全部代码,并且缺少必要的技术支持。

许多 GIS 产品将空间分析限定在很窄的范围内,对基于矢量的 GIS,空间分析通常指叠置分析、缓冲区分析等类似的基本操作;对基于栅格的 GIS,空间分析主要是指栅格的代数运算、统计分析等。显然,这些软件提供的是一套不完整的空间分析工具。

试图在一个 GIS 软件上集成所有的空间分析方法是徒劳的。在很多情况下,GIS 软件允许空间分析工具结合其他统计分析工具使用,输入和输出模式的软件包被设计成批处理的模式,数学模式工具提供更强有力的数学计算。很多不同种类的 GIS 软件包是可以利用的,每种软件都有其优势和弱点。一些软件包可直接链接到其他的分析软件,以增强该软件的应用能力。其他一些软件则提供数据结构,允许外部的分析结果和 GIS 之间相互传输。

第二节　空间统计分析

空间统计分析主要用于空间和非空间数据的分类、统计、分析和综合评价。空间统计分析的方法有很多,这里主要介绍统计图表分析、描述统计分析、空间自相关分析、回归分析、空间信息分类。

一、统计图表分析

统计图表分析是数据统计分析中一种较为直观的方法,主要包括统计图和统计表两种方法。统计图就是根据给定的数据以某种图形的形式反映出来。统计图能直观地表示信息,易于观察和理解。统计图有很多种类型,如柱状图、扇形图、折线图、散点图等,如图 5-2 所示。统计表即将所给的数据用表格形式列出,可以提供详细准确的数据,特别有利于数据之间的比较。在许多研究中,一个问题可能由多种方法进行实验,不同的方法得到不同的实验结果,为了分析结果的优劣,必须进行数据分析,而统计图表能清楚地列出相关数据,便于比较。

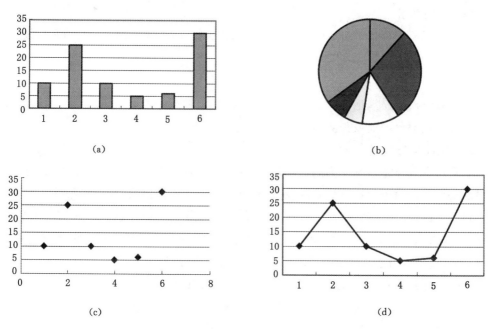

(a)　　　　　　　　　　　　　　(b)

(c)　　　　　　　　　　　　　　(d)

图 5-2　统计图
(a) 柱状图;(b) 扇形图;(c) 散点图;(d) 折线图

二、描述统计分析

描述统计分析即是将数据本身的信息加以总结、概括、简化,使问题变得更加清晰、简单、易于理解、便于处理。数据的描述统计即是数据的基本统计量。有许多统计量可以定量化地表示空间数据,如均值、总和、方差、频数、峰度系数、分布中心等。

三、空间自相关分析

空间自相关是空间位置上越靠近,事物或现象就越相似,即事物或现象具有对空间位置的依赖关系,例如水稻的产量往往与所处的土壤的肥沃程度相关。空间自相关分析是在研究某个空间单元与其周围的单元之间,就某种特征通过统计方法进行空间相关性程度的计算,以分析这些空间单元在空间上分布的特性。也就是说,空间自相关研究的是不同观察对象的同一属性在空间上的相互关系。

目前,普遍使用空间自相关系数——Moran I 指数,其计算如下:

$$I = \frac{N}{W_{ij}} \times \frac{\sum_{i=1}^{N} \sum_{j \neq 1}^{N} W_{ij}(x_i - \bar{x})(x_j - \bar{x})}{x_i - \bar{x}} \tag{5-1}$$

式中,N 表示空间实体数目;x_i、x_j 分别表示第 i 和第 j 个空间实体的属性值,$\bar{x}$ 是 x_i 的平均值;$W_{ij}=1$ 表示空间实体 i 与 j 相邻,$W_{ij}=0$ 表示空间实体 i 与 j 不相邻。

I 的值介于 $-1 \sim 1$ 之间,$I=1$ 表示空间自正相关,空间实体呈聚合分布;$I=-1$ 表示空间自负相关,空间实体呈离散分布;$I=0$ 则表示空间实体是随机分布的。W_{ij} 表示实体 i 与 j 的空间关系,它通过拓扑关系获得。

四、回归分析

回归分析用于分析两组或多组变量之间的相关关系,常见的回归分析方程有线性回归、指数回归、对数回归、多元回归等。

五、趋势分析

通过数学模型模拟地理特征的空间分布与时间过程,把地理要素时空分布的实测数据点之间的不足部分内插或预测出来。

六、空间信息分类

空间信息分类是根据不同的使用目的对 GIS 空间数据库中存储的原始数据进行任意的提取和分析。对于数据分析来说,随着采用的分类和内插方法的不同,得到的结果有很大的差异。因此,在大多数情况下,首先是将大量未经分类的属性数据输入信息系统的数据库,然后要求用户建立具体的分类算法,以获得所需要的信息。空间信息分类方法主要包括主成分分析、层次分析(AHP)、系统聚类分析、判别分析等。

1. 主成分分析(Principal Component Analysis,PCA)

地理问题往往涉及大量相互关联的要素,众多的要素常常使模型变得复杂,也增加了运算的复杂性;同时,由于地理变量中许多变量通常都是相互关联的,就有可能按这些关联关系进行数学处理,从而达到简化数据的目的。主成分分析是通过数理统计的方法,将众多要素的信息压缩表达为若干具有代表性的合成变量(这就克服了变量选择时的冗余和相关),然后选择信息最丰富的少数因子进行各种聚类分析,构造应用模型。

设有 n 个样本(实体),每个样本有 m 个变量(属性),将原始数据转换为一组新的特征值——主成分。主成分是原始变量的线性组合且具有正交特性,即将 $x_1, x_2, \cdots, x_m$ 综合为 $p(p < m)$ 个指标 $z_1, z_2, \cdots, z_p$,使得:

$$
\begin{bmatrix} z_1 \\ z_2 \\ \vdots \\ z_p \end{bmatrix} = \begin{bmatrix} l_{11} & l_{12} & \cdots & l_{1m} \\ l_{21} & l_{22} & \cdots & l_{2m} \\ \vdots & \vdots & & \vdots \\ l_{p1} & l_{p2} & \cdots & l_{pm} \end{bmatrix} \begin{bmatrix} x_1 \\ x_2 \\ \vdots \\ x_m \end{bmatrix} \tag{5-2}
$$

所确定的综合指标 $z_1, z_2, \cdots, z_p$ 分别是原指标的前 $1 \sim p$ 个主成分,其中 z_1 在原指标中所占总方差比例最大, $z_2, z_3, \cdots, z_p$ 依次减少。在实际工作中,常挑选前几个方差比例最大的主成分,既减少指标的数目,又不减少原始信息。

主成分分析的关键是确定变换矩阵 L。由原始 n 个样本 m 个变量的数据组成大小为 $n \times m$ 的矩阵,其协方差矩阵是正定对称的,大小为 $m \times m$。用 Jacobi 方法计算该协方差矩阵的特征值和特征向量,对所计算的特征值从大到小排序,找到其中前 p 个特征值所对应的特征向量就可构造变换矩阵 L。在确定特征值 p 的个数时,可以按累积特征值占特征值总和的百分比并按一定的阈值确定。

很显然,主成分分析这一数据分析技术是把数据减少到易于管理的程度,也是将复杂数据变成简单类别以便于存储和管理的有力工具。

2. 层次分析法(Analytic Hierarchy Process,AHP)

在分析涉及大量相互关联、相互制约的复杂因素时,各因素对问题的分析有着不同程度的重要性,决定它们对目标的重要性序列对问题的分析十分重要。AHP 方法把相互关联的要素按隶属关系划分为若干层次,请有经验的专家们对各层次各因素的相对重要性给出定量评价,利用数学方法、综合众人意见给出各层次各要素的相对重要性权值,作为综合分析的基础。

设要比较 n 个因素 $y = \{y_1, y_2, \cdots, y_n\}$ 对目标的影响,确定它们在 Z 中的比重,每次取两个因素 y_i 和 y_j,用 a_{ij} 表示 y_i 与 y_j 对 Z 的影响之比,全部比较结果可用矩阵 $A = (a_{ij})_{n \times n}$ 表示,A 称作对比矩阵,A 中的元素应满足:

$$
a_{ij} > 0, a_{ji} = 1/a_{ij} (i, j = 1, 2, \cdots, n) \tag{5-3}
$$

能满足式(5-3)的矩阵称作正互反矩阵,显然有 $a_{ii} = 1$。

例如,在旅游问题中,假设某人考虑 5 个因素——费用 y_1、景色 y_2、居住条件 y_3、饮食条件 y_4、交通条件 y_5,经过因素的两两对比,得到了正互反矩阵为:

$$
A = \begin{array}{c} \\ \\ \\ \\ \\ \\ \end{array} \begin{array}{ccccc} y_1 & y_2 & y_3 & y_4 & y_5 \\ \end{array} \\ \begin{bmatrix} 1 & 2 & 7 & 5 & 5 \\ 1/2 & 1 & 4 & 3 & 3 \\ 1/7 & 1/4 & 1 & 1/2 & 1/3 \\ 1/5 & 1/3 & 2 & 1 & 1 \\ 1/5 & 1/3 & 3 & 1 & 1 \end{bmatrix} \begin{array}{c} y_1 \\ y_2 \\ y_3 \\ y_4 \\ y_5 \end{array} \tag{5-4}
$$

式中,$a_{12} = 2$ 表示费用 y_1 与景色 y_2 对选择旅游点(目标 Z)的重要性之比为 2 : 1;$a_{23} = 4$ 则表示景色 y_2 与居住条件 y_3 之比为 4 : 1,其他类推。对于正互反矩阵还需求出最大特征值所对应的特征向量,作为进一步分析的权向量。

3. 系统聚类分析

系统聚类是根据地理实体间的相似程度,对地理实体逐步合并并划分为若干类别的方法。在实现过程中,地理实体间的相似程度由距离或者相似系数定义。相似程度和距离有多种定义，如绝对值距离、切比雪夫距离等。类别之间的距离越小，它们之间的相似程度就越高。进行类别合并的准则是使得类间差异最大，而类内差异最小。这里仅介绍直接聚类法。

直接聚类法的基本原理是：先把各个分类对象单独视为一类，然后根据距离最小的原则，依次选出一对分类对象，并成新类。如果其中一个分类对象已归于一类，则把另一个也归入该类；如果一对分类对象正好属于已归的两类，则把这两类并为一类。每一次归并，都划去该对象所在的列与列序相同的行。经过 $m-1$ 次就可以把全部分类对象归为一类，这样就可以根据归并的先后顺序做出聚类谱系图。

设有根据绝对值距离建立的距离系数矩阵如图 5-3 所示，采用直接聚类法聚类的过程为：

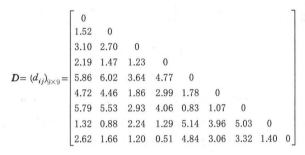

$$\boldsymbol{D}=(d_{ij})_{9\times9}=\begin{bmatrix} 0 & & & & & & & & \\ 1.52 & 0 & & & & & & & \\ 3.10 & 2.70 & 0 & & & & & & \\ 2.19 & 1.47 & 1.23 & 0 & & & & & \\ 5.86 & 6.02 & 3.64 & 4.77 & 0 & & & & \\ 4.72 & 4.46 & 1.86 & 2.99 & 1.78 & 0 & & & \\ 5.79 & 5.53 & 2.93 & 4.06 & 0.83 & 1.07 & 0 & & \\ 1.32 & 0.88 & 2.24 & 1.29 & 5.14 & 3.96 & 5.03 & 0 & \\ 2.62 & 1.66 & 1.20 & 0.51 & 4.84 & 3.06 & 3.32 & 1.40 & 0 \end{bmatrix}$$

图 5-3 九个农业区之间的距离系数矩阵

① 在距离矩阵 $\boldsymbol{D}$ 中，除去对角线元素以外，$d_{49}=d_{94}=0.51$ 为最小者，故将第 4 区与第 9 区并为一类，划去第 9 行和第 9 列。

② 在余下的元素中，除对角线元素以外，$d_{75}=d_{57}=0.83$ 为最小者，故将第 5 区与第 7 区并为一类，划掉第 7 行和第 7 列。

③ 在第二步之后余下的元素中，除对角线元素以外，$d_{82}=d_{28}=0.88$ 为最小者，故将第 2 区与第 8 区并为一类，划去第 8 行和第 8 列。

④ 在第三步之后余下的元素中，除对角线元素以外，$d_{43}=d_{34}=1.23$ 为最小者，故将第 3 区与第 4 区并为一类，划去第 4 行和第 4 列，此时，第 3、4、9 已归并为一类。

⑤ 在第四步之后余下的元素中，除对角线元素以外，$d_{21}=d_{12}=1.52$ 为最小者，故将第 1 区与第 2 区并为一类，划去第 2 行和第 2 列，此时，第 1、2、8 已归并为一类。

⑥ 在第五步之后余下的元素中，除对角线元素以外，$d_{65}=d_{56}=1.78$ 为最小者，故将第 5 区与第 6 区并为一类，划去第 6 行和第 6 列，此时，第 5、6、7 已归并为一类。

⑦ 在第六步之后余下的元素中，除对角线元素以外，$d_{31}=d_{13}=3.10$ 为最小者，故将第 1 区与第 3 区并为一类，划去第 3 行和第 3 列，此时，第 1、2、3、4、8、9 区已归并为一类。

⑧ 在第七步之后余下的元素中，除对角线元素以外，只有 $d_{51}=d_{15}=5.86$，故将第 1 区与第 5 区并为一类，划去第 5 行和第 5 列，此时，第 1、2、3、4、5、6、7、8、9 区均归并为一类。

根据上述步骤，可以做出聚类过程的谱系图，如图 5-4 所示

4. 判别分析

判别分析与聚类分析同属分类问题，所不同的是判别分析预先根据理论与实践确定等级序列的因子标准，再将待分析的地理实体安排到序列的合理位置上，对于诸如水土流失评

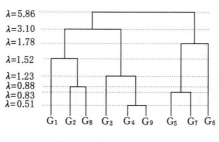

图 5-4　直接聚类谱系图

价、土地适宜性评价等有一定理论根据的分类系统定级问题比较适用。

判别分析依其判别类型的多少与方法的不同,可分为两类判别、多类判别和逐步判别等。

通常在两类判别分析中,要求根据已知的地理特征值进行线性组合,构成一个线性判别函数 Y,即:

$$Y = c_1 \times x_1 + c_2 \times x_2 + \cdots + c_m \times x_m \qquad (5\text{-}5)$$

式中,$c_k (k=1,2,\cdots,m)$ 为判别系数,它可反映各要素或特征值作用方向、分辨能力和贡献率的大小。只要确定了 c_k,判别函数 Y 也就确定了。在确定判别函数后,根据每个样本计算判别函数值,可以将其归并到相应的类别中。常用的判别分析有距离判别法、Bayes 最小风险判别、费歇尔准则判别等。

第三节　空间查询分析

空间查询是 GIS 的最基本功能,是 GIS 进行高层次分析的基础。空间信息查询是按一定的要求对 GIS 所描述的空间实体及其地理信息进行访问,从众多的地理实体中挑选出满足用户需求的空间实体及其相应的属性。

一、几何参数量算

几何参数量算包括对几何对象的位置、中心、重心、长度、面积、体积和曲率等的测量与计算。这些几何参数是了解空间对象特征、进行高级空间分析以及制定决策的基本信息。一般的 GIS 软件都具有针对矢量数据结构或栅格数据结构的点、线、面状地理实体的几何参数进行量算与查询的功能,这里介绍几种常见的几何参数计算方法。

1. 距离和方向查询

在屏幕上任意给定两点 A、B,查询其距离和方向。需要将屏幕坐标变换为地图坐标(假定使用笛卡儿坐标系),由此坐标可计算出两点间的距离。

$$d_{AB} = \sqrt{(x_A - x_B)^2 + (y_A - y_B)^2} \qquad (5\text{-}6)$$

两点连线与 x 坐标轴夹角为:

$$\theta = \arctan\left(\frac{y_B - y_A}{x_B - x_A}\right) \quad x_B \neq x_A \qquad (5\text{-}7)$$

其中,θ 为从 x 轴正向逆时针方向量算的角度。

2. 长度或周长查询

任意给定一系列点构成的线或封闭区域边界线,其总长度或周长实际上是各折线段距离之和：

$$L = \sqrt{\sum_{i=1}^{n}\left[(x_{i+1}-x_i)^2+(y_{i+1}-y_i)^2\right]} = \sum_{i=1}^{n}d_i \tag{5-8}$$

3. 多边形面积的查询

若查询对象是多边形,还需要求出其面积。可根据构成多边形边界的弧段坐标,使用多边形面积公式计算：

$$S = \frac{1}{2}\left|\sum_{i=1}^{n-1}(x_i y_{i+1}-x_{i+1}y_i)+(x_n y_1-x_1 y_n)\right| \tag{5-9}$$

4. 质心量算

对于沿面状分布的离散点,质心是一个重要的参数,它可以概略表示分布总体的位置。对于多边形而言,其质心一般为其中心,是制图符号配置或注记的中心位置。质心一般采用加权平均算法：

$$\begin{cases} x_G = \dfrac{\sum_i W_i x_i}{\sum_i W_i} \\[4mm] y_G = \dfrac{\sum_i W_i y_i}{\sum_i W_i} \end{cases} \tag{5-10}$$

式中,W_i 为第 i 个离散目标的权重;x_i、y_i 为第 i 个目标的坐标。

对于多边形的质心,各边界点的权均取 1,但上式计算的质心不一定落入多边形内,还需要利用射线法或铅垂线法进行点是否在多边形内的判别。对于经计算落入多边形外的质心,应进行平移,将其移入多边形内。

5. 形状查询

线状地物和面状地物的形状是复杂多变的,难以找到一个准确的指标来进行描述,一般采用伸长度来表示线状地物的形状特征,采用形状系数来表示面状地物的形状。

伸长度：

$$q = \frac{L}{d_{SE}} \tag{5-11}$$

式中,L 为描述线的弧段的总长度;d_{SE} 为其起点到终点的直线距离。显然,恒有 $q \geqslant 1$,当且仅当线为直线时,$q=1$;q 越大,线的形状越复杂。

形状系数：

$$r = \frac{P}{2\sqrt{\pi A}} \tag{5-12}$$

式中,P 为多边形周长;A 为多边形面积。若 $r<1$,则该多边形为紧凑型;$r=1$,多边形为标准圆型;$r>1$,则多边形为膨胀型。

二、基于属性数据的查询

一般来说,基于属性信息的查询操作主要是在属性数据库中完成的。目前大多数的GIS软件都将属性信息存储在关系数据库中,而发展成熟的关系数据库又提供了完备的数据索引方法和信息查询手段。几乎所有的关系数据库管理系统都支持标准的结构化查询语言(SQL)。利用 SQL,可以在属性数据库中方便地实现属性信息的复合条件查询,筛选出满足条件的地理实体的标识值,再到图形数据库中根据标识值检索到该地理实体。

例如,查询所有高速公路并用红虚线表示,用空间结构化查询语言表示为:

Set Color Red

　　　Pattern Dashed

For Select Geometry

　　　From Roads

　　　Where Type＝"Highway"

现在,许多 GIS 软件提供了可视化的扩展 SQL 查询界面,查询对象类的选择和查询表达式的输入都是可见的,使 SQL 查询更加直观。图 5-5 为查询"人口密度＞1 000 人/km^{2}的省份"时的界面,其查询结果见图 5-6 所示。

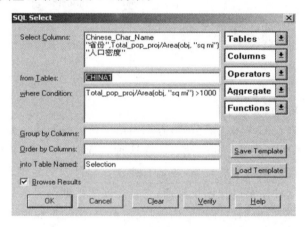

图 5-5　GIS 中可视化 SQL 查询

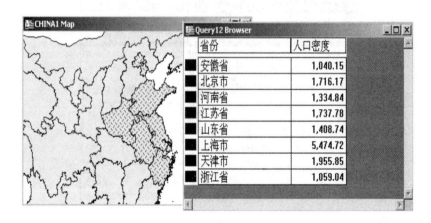

图 5-6　SQL 查询结果显示

三、空间定位查询

空间定位查询是指给定一个点或一个几何图形,检索出该图形范围内的地理实体以及相应的属性。

1. 按点查询

给定一个鼠标定位，检索出离它最近的空间对象，并显示它的属性，按点定位查询的例子如图5-7所示。

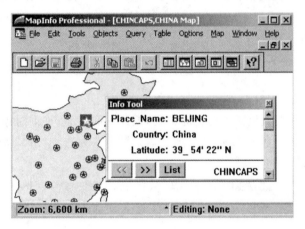

图 5-7　按点定位查询

2. 按矩形、圆或多边形查询

给定一个矩形窗口或圆或多边形窗口，查询出给定窗口内的某一类地物的所有对象，如有需要，可以显示出每个对象对应的属性表。在这种查询中，往往需要考虑检索的要求，即是要检索出完全包含在该窗口内的地物，还是只要该窗口涉及的地物无论是被包含还是被穿越都被检索出来。这种检索过程比较复杂，它首先需要根据空间索引，检索到哪些空间对象可能位于该窗口内，然后根据点在矩形内、线在矩形内、多边形在矩形内的判别计算，检索出所有落入检索窗口内的目标。其中矩形定位查询如图5-8所示。

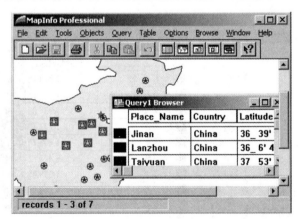

图 5-8　按矩形查询

四、空间关系查询

空间关系查询包括空间拓扑关系查询和缓冲区查询。空间关系查询有些是通过拓扑数据结构直接查询得到，有些是通过空间运算，尤其是空间位置关系运算得到。

1. 拓扑邻接查询

如查询与某一面状地物相邻的所有多边形,可以通过拓扑邻接查询来完成,如图 5-9 所示。

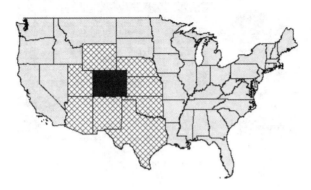

图 5-9 与面相邻多边形的查询

2. 拓扑包含关系查询

查询某一个面状地物之内所包含的地理实体,被包含的空间对象可能是点状地物、线状地物或面状地物。

3. 穿越查询

例如,当需要查询某一条公路或某一条河流穿越了哪些县时所进行的查询就是穿越查询。穿越查询一般采用空间运算方法执行,根据一个线状目标的空间坐标,计算出哪些面状地物或线状地物与它相交。

4. 落入查询

有时我们需要了解一个空间对象它落在哪个空间对象之内。例如,查询一个水井落在哪个乡镇之内。执行这一操作采用空间运算即可,即使用点在多边形内线在多边形内或面在多边行内的判别方法。

5. 缓冲区查询

缓冲区查询与后面介绍的缓冲区分析不同,缓冲区查询不对原有图形进行切割,只是根据用户需要给定一个点缓冲、线缓冲或面缓冲的距离,从而形成一个缓冲区的多边形,再根据多边形检索的原理,检索出该缓冲区多边形内的空间地物。如图 5-10 所示为查询出的距离北京 500 km 以内的城市。

五、基于图形和属性的混合查询

GIS 中的查询往往不仅仅是单一的图形或者属性信息查询,而是包含了两者的混合查询。如用户希望检索出满足如下条件的城市:

① 在某条铁路的东边。

② 距离该铁路不超过 30 km。

③ 城市人口大于 70 万。

④ 城市选择区域是特定的多边形。

整个查询计算涉及空间顺序关系(铁路东边)、空间距离关系(距离该铁路不超过 30 km)、空间拓扑关系(被选择城市在特定的选择区域内)、属性信息查询(城市人口大于 70

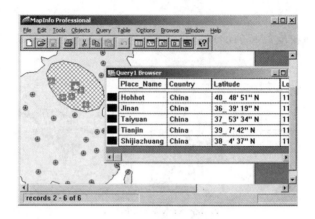

图 5-10　缓冲区查询

万）。就目前成熟的地理信息系统而言，比较系统地完成上述查询任务还比较困难。前面提到的标准的 SQL 是关系数据模型中的一些关系操作及其组合，适合于关系表的查询与操作，但不支持空间数据的运算。为了支持空间数据的查询，需要对 SQL 进行扩展，使之包含空间关系谓词，并增加一些空间操作。为此，众多的 GIS 专家提出了"空间查询语言"（Spatial Query Language）以作为解决该问题的方案，但仍处于理论发展和技术探索阶段。

六、模糊查询

模糊查询指的是待查询项的数据不确定，具有一定的模糊性或者概括性。这种模糊性往往导致查询结果是一个目标集合。模糊查询是快速获取具有某种特性的数据集的快速方法。例如，自来水管网信息系统数据库中，管段埋藏的起止地址信息是详细到门牌号的，而一条街道的管道往往是由几个管段构成，为了获取某条街道上所有的管段信息，可以引入模糊查询。例如：

select ＊ from pipe.db where address like '人民路＊'

通过上面的查询语句，可以找到人民路上所有管段的信息。

模糊查询本身的特性决定了模糊查询只能适用于查询条件是字符型数据的情况，对于其他数据类型不适用。

模糊查询的通配符有两种："＊"和"?"。"＊"是不限长度的通配符，而"?"是定长通配符，代表一个字符的位置。例如对于 ID 为 GW1003056 的管段，用"select ＊ from pipe.db where name like 'GW100＊6'"语句可以查询到，而"select ＊ from pipe.db where name like 'GW100? 6'"查询不到该管段。

合理使用模糊查询可以提高批量查询的效率。

七、自然语言空间查询

在空间数据查询中引入自然语言可以使查询更轻松自如。在 GIS 中很多地理方面的概念是模糊的，例如地理区域的划分实际上并没有像境界一样有明确的界线。而空间数据查询语言中使用的概念往往都是精确的。

为了在空间查询中使用自然语言，必须将自然语言中的模糊概念量化为确定的数据值或数据范围。例如查询高温城市时，引入自然语言时可表示为：

SELECT name

FROM cities

WHERE temperature is high

如果通过统计分析和计算以及用模糊数学的方法处理,认为当城市气温大于或等于33.75 ℃时是高气温,则对上述用自然语言描述的查询操作转换为:

SELECT name

FROM cities

WHERE temperature>＝ 33.75

在对自然语言中的模糊概念量化时,必须考虑当时的语义环境。例如,对于不同的地区,城市为"高温"时的温度是不同的;气温的"高(high)"和人的身"高(high)"也是不同的。因此,引入自然语言的空间数据查询只能适用于某个专业领域的GIS,而不能作为GIS中的通用数据库查询语言。

八、超文本查询

超文本查询把图形、图像、字符等皆当作文本,并设置一些"热点"(Hot Spot),它可以是文本、键等。用鼠标点击"热点"后,可以弹出说明信息、播放声音、完成某项工作等。但超文本查询只能预先设置好,用户不能实时构建自己要求的各种查询。

九、符号查询

地物在GIS中都是以一定的符号表示的,系统应该提供根据地物符号来进行查询的功能。符号查询是根据地物在系统中的符号表现形式来查询地物的信息,实质是通过用户指定某种符号,在符号库中查询其代表的地物类型,在属性库中查询该地物的属性信息或者图形信息。

十、查询结果的显示方式

空间数据查询不仅能给出查询到的数据,还应以最有效的方式将空间数据显示给用户。例如对于查询到的地理实体的属性数据,能以表格、统计图表的形式显示,或根据用户的要求来确定。

空间数据的最佳表示方式是地图,因而空间数据查询的结果最好以专题地图的形式表示出来。但目前把查询的结果制作成专题地图还需要一个比较复杂的过程。为了方便查询结果的显示,有学者在基于扩展的SQL查询语言中增加了图形表示语言,作为对查询结果显示的表示,有6种显示环境的参数可选定。

(1) 显示方式(the display mode)

有5种显示方式用于多次查询结果的运算:刷新、覆盖、清除、相交和强调。

(2) 图形表示(the graphical presentation)

用于选定符号、图案、色彩等。

(3) 绘图比例尺(the scale of the drawing)

确定地图显示的比例尺(内容和符号不随比例尺变化)。

(4) 显示窗口(the window to be shown)

确定屏幕上显示窗口的尺寸。

(5) 相关的空间要素(the spatial context)

显示相关的空间数据,使查询结果更容易理解。

(6) 查询内容的检查(the examination of the content)

检查多次查询后的结果。

通过选择这些环境参数可以把查询结果以用户选择的不同形式显示出来,但离把查询结果以丰富多彩的专题地图显示出来的目标还相差很远。

第四节　缓冲区分析

缓冲区分析(Buffer Analysis)是 GIS 中重要和基本的空间分析功能之一。缓冲区分析有着广泛的实际用途,例如在一个城市中,要对某个地区做一些改变,就需要通知该地区及其周边地区一定距离(如 500 m)范围内的所有单位或居民;在林业方面,要求距河流两岸一定范围内规定出禁止砍伐树木的地带,以防止水土流失;在地震带要按照断裂线的危险等级,绘出围绕每一断裂线的不同宽度的缓冲带,作为警戒线的标识;或在街区改造中,要统计沿某条街两侧 200 m 以内三层楼以下的建筑物分布情况等。这些都要应用缓冲区的空间操作方法。

一、缓冲区分析的基本概念

缓冲区(Buffer)是地理空间目标的一种影响范围或服务范围,它是对一组或一类地图要素(点、线或面)按设定的距离条件,围绕这组要素而形成具有一定范围的多边形实体,从而实现数据在二维空间扩展的信息分析方法。从数学的角度来看,缓冲区分析的思想是给定空间对象或对象集合,确定它们的邻域,邻域的大小由缓冲区的半径或缓冲区建立条件来决定,因此对于给定对象的缓冲区定义为:

$$B_i = \{x : d(x, O_i) \leqslant R\} \tag{5-13}$$

即对象的半径为 R 的缓冲区为距离小于 R 的全部点的集合。对于对象集合,其半径为 R 的缓冲区是其中单个空间目标的缓冲区的并集,即:

$$B = \bigcup_{i=1}^{n} B_i \tag{5-14}$$

缓冲区主要有点缓冲区、线缓冲区和面缓冲区三种类型,图 5-11 就是对点、线、面要素建立的缓冲区示意图。

图 5-11　点、线和面缓冲区示意图

缓冲区分析是根据分析对象的点、线、面实体,自动建立它们周围一定距离的带状区,用以识别这些实体对邻近对象的辐射范围或影响度,以便为某项分析或决策提供依据。

二、矢量数据缓冲区的生成

从理论上来讲,缓冲区的生成非常简单。点状地物缓冲区的建立是以点状地物为圆心,以缓冲区距离为半径绘圆。对于多个点状地物同时创建缓冲区有两种情况,即相交的缓冲区融合在一起和相交的缓冲区未融合在一起。图 5-12 为以某地区的 Market_place 点状地物创建的缓冲区。

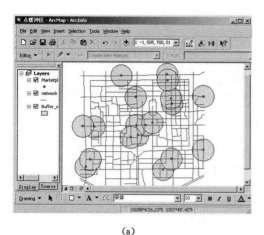 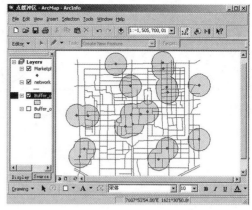

(a)　　　　　　　　　　　　　　　(b)

图 5-12　点状地物缓冲区的建立

（a）相交的缓冲区未融合在一起；（b）相交的缓冲区融合在一起

　　线状目标缓冲区的建立是以线状目标为参考轴线，离开轴线两侧沿法线方向平移一定距离，并在线端点处以光滑曲线（如半圆弧）连接，所得到的点组成的封闭区域即为线状目标的缓冲区。

　　面状目标缓冲区边界生成算法的基本思路与线状目标缓冲区生成算法基本相同，所不同的是，面状目标缓冲区生成算法是单线问题，即仅对非岛多边形的外侧或内侧形成缓冲区，而对于环状多边形的内外侧边界可以分别形成缓冲区。

　　对于线目标和面目标缓冲区的生成过程实质上是一个对线状目标和面状目标边界线上的坐标点逐点求得缓冲点的过程，其关键算法是缓冲区边界点的生成和多个缓冲区的合并。缓冲区边界点的生成算法有很多种，代表性的有角平分线法和凸角圆弧法。

　　三、栅格数据缓冲区的生成

　　缓冲区分析在 GIS 中用得较多，但对矢量数据的缓冲区操作比较复杂，而在栅格数据中可看作是对空间实体向外进行一定距离的扩展，因而算法比较简单。

　　四、特殊情况下的缓冲区生成问题

　　1. 缓冲区发生重叠时的处理

　　对于形状简单的对象，其缓冲区是一个简单的多边形，但对形状比较复杂的对象或多个对象的集合，所建立的缓冲区之间往往会出现重叠，缓冲区之间可能会彼此相交。缓冲区的重叠包括多个对象缓冲图形之间的重叠和同一对象缓冲图形的自重叠。在实际应用中通常根据应用需求决定是否要将相交区域进行融合。对于多个对象缓冲区图形之间的重叠，可以在作参考线的平行线时，考虑各种情况，自动打断彼此相交的弧段，通过拓扑分析的方法，自动识别落在某个缓冲区内部的那些线段或弧段，然后删除这些线段或弧段，得到处理后的连通缓冲区，如图 5-13 所示。对于同一对象缓冲区图形的自重叠，通过逐条线段求交。如果有交点，且交点在该两条线段上，则记录该交点。至于该线段的第二个端点是否要保留，则看其是进入重叠区还是从重叠区出来。对于进入重叠区的点予以删除，否则记录之，便得到包括岛状图形的缓冲区，如图 5-14 所示。

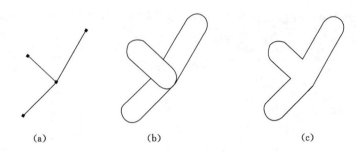

图 5-13　多个对象缓冲区图形之间的重叠处理

(a)输入图层；(b)未处理重叠区域的缓冲区操作；(c)重叠处理后的缓冲区

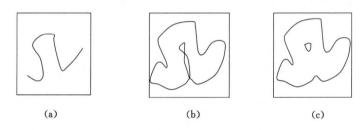

图 5-14　同一对象缓冲区图形的自相交处理

(a)输入图层；(b)未处理重叠区域的缓冲区操作；(c)重叠处理后的缓冲区

2. 同类要素缓冲距不同时的处理

例如，根据不同的道路等级绘制不同半径的道路缓冲区，则通过建立道路属性表，根据不同属性确定其不同的缓冲区宽度，若道路属性表如图 5-15(a)所示，则所建立的缓冲区如图5-15(c)所示。

3. 动态缓冲区生成问题

动态缓冲区生成是针对两类特殊情况提出的：一类是流域问题，另一类是污染问题。针对流域问题，除可以采用以上提到的同类要素缓冲距不同时的处理方法外，还可以基于线目标的缓冲区生成算法，采用分段处理的办法分别生成各流域分段的缓冲区，然后按某种规则将各分段缓冲区光滑连接；也可以基于点目标的缓冲区生成算法，采用逐点处理的办法分别生成沿线各点的缓冲圆，然后求出缓冲圆序列的两两外切线，所有外切线相连即形成流域问题的动态缓冲区。针对污染问题，黄杏元等(1997)根据物体对周围空间影响度变换的性质，通过引入一个影响度参数，给出了三种动态缓冲区分析模型。

(1) 物体对周围空间的影响度 F_i 随距离 d_i 呈线性衰减：

$$\begin{cases} F_i = f_0(1-r_i) \\ r_i = d_i/d_0 \\ 0 \leqslant r_i \leqslant 1 \end{cases} \tag{5-15}$$

(2) 物体对周围空间的影响度 F_i 随距离 d_i 呈二次函数衰减：

$$\begin{cases} F_i = f_0(1-r_i)^2 \\ r_i = d_i/d_0 \\ 0 \leqslant r_i \leqslant 1 \end{cases} \tag{5-16}$$

街道代码	街道级别	缓冲区宽度／m
1	2	500
2	3	300
3	2	500
4	1	800
5	1	800
6	1	800
7	4	100
8	2	500
9	2	500
10	3	200

(a)

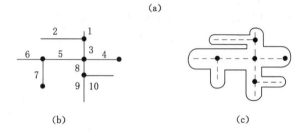

(b)　　　　　　　　(c)

图 5-15　道路等级及相应宽度缓冲区的建立

(a) 道路属性表;(b) 道路;(c) 生成缓冲区

（3）物体对周围空间的影响度 F_i 随距离 d_i 呈指数函数衰减:

$$\begin{cases} F_i = f_0^{(1-r_i)} \\ r_i = d_i/d_0 \\ 0 \leqslant r_i \leqslant 1 \end{cases} \tag{5-17}$$

其中,f_0 为综合影响指数;d_0 为最大影响距离;r_i 为距离比。

4. 复杂图形情况下的缓冲区与非缓冲区的标识处理

当原始图形比较复杂时,缓冲区分析后会产生许多封闭的多边形,如图 5-16 所示,在缓冲区内、外的多边形区域中,为了标识哪些区域在缓冲带范围内还是在缓冲带范围外,应在这些多边形中加入特征属性。如在生成的多边形属性表中增加区域标记 INSIDE 栏,INSIDE 栏中属性为 1 表示该多边形在缓冲区外,INSIDE 栏中属性为 100 表示该多边形在缓冲区内。

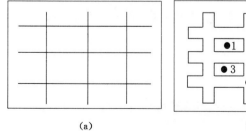
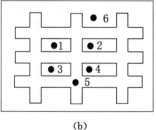

街道代码	INSIDE
1	1
2	1
3	1
4	1
5	100
6	1

(a)　　　　　　　　(b)　　　　　　　　(c)

图 5-16　缓冲区内外多边形的标识

(a) 原图形;(b) 缓冲区结果;(c) 缓冲区属性表

第五节 空间叠加分析

一、空间叠加分析的概念

空间叠加分析(Spatial Overlay Analysis)是指在统一空间参照系统条件下,将同一地区两个地理对象的图层进行叠加,以产生空间区域的多重属性特征,或建立地理对象之间的空间对应关系。前者一般用于搜索同时具有几种地理属性的分布区域,或对叠加后产生的多重属性进行新的分类,称为空间合成叠加;后者一般用于提取某个区域范围内某些专题内容的数量特征,称为空间统计叠加。从图 5-17 中可以看出,植被类型图和土壤类型图通过合成叠加可以得到某个具体区域种了什么样的植被以及这个区域的土壤是哪种类型。从图 5-18 中可以看出,行政图和土壤图进行统计叠加后可以得出某个地区有哪些类型的土壤和每种土壤类型占的面积。

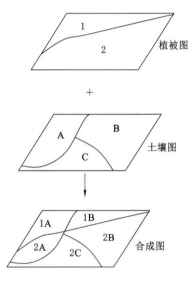

图 5-17 合成叠加

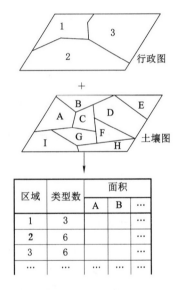

图 5-18 统计叠加

二、视觉信息叠加分析

视觉信息的叠加分析是一种直观的叠加分析方法,它是将不同图层的信息内容叠加显示在屏幕或结果图件上,从而产生多层复合信息,以便判断各个图层信息的相互关系,获得更为丰富的目标之间的空间关系。

视觉信息的叠加分析通常包括以下几类:

① 点状图、线状图和面状图之间的叠置。

② 面状图区域边界之间或一个面状图和其他专题图边界之间的重叠。

③ 遥感图与专题图的叠加。

④ 专题图和数字高程模型叠加显示立体专题图。

⑤ 遥感影像与数字高程模型叠置生成真三维地物景观。

⑥ 遥感影像数据与 GIS 数据的叠置。

⑦ 遥感影像与提取的影像特征(如道路)的叠置。

视觉信息叠加分析需要进行数据间的运算,不产生新的数据层面,只是将多层信息叠置,以利于直观上的观察与分析。

三、矢量数据叠加分析

1. 矢量数据叠加分析的内容

(1) 点与多边形的叠加

点与多边形的叠加是确定图中一个图层上的点落在另一图层的哪个多边形中,这样就可给相应的点增加新的属性内容。

如图 5-19 所示,一个图层表示水井的位置,另一个图层表示城市土地利用分区。两幅图叠加后就可以得出每个城市土地利用分区(如居住区)中有多少水井,也可以知道每个水井位于城市的哪个分区中。点与多边形叠加分析的算法能正确地判别所有的点在区域内、区域外或在区域边界上,可用射线法进行判断。

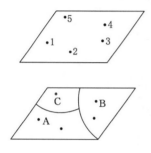

点号	属性1	属性2	多边形号	属性4
1			A	
2			A	
3			B	
4			B	
5			C	

图 5-19　点与多边形叠加分析

(2) 线与多边形的叠加

线与多边形的叠加是确定一个图层上的弧段落在另一个图层的哪个多边形内,以便为图层的每条弧段建立新的属性。

如图 5-20 所示,水系图与行政区划图叠加,可得到每个行政区域中有哪些河流,每条河流流经的长度等。线与多边形叠加的算法就是线的多边形裁剪。算法的具体实现可以参照相关的计算机图形学的书籍。

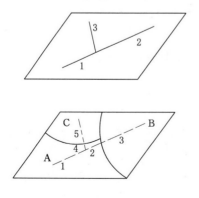

线号	原线号	多边形号
1	1	A
2	2	A
3	2	B
4	3	A
5	3	C

图 5-20　线与多边形的叠加分析

（3）多边形与多边形的叠加

多边形与多边形的叠加是指不同图层多边形要素之间的叠加，产生输出层的新多边形要素，用以解决地理变量的多准则分析、区域多重属性的模拟分析、地理特征的动态变化分析，以及图幅要素更新、相邻图幅拼接、区域信息提取等。

例如，土壤类型图层与城市土地利用分区图层叠加，可得出城市各功能分区的土壤类型的种类，并进而计算出某种功能区内各种土壤类型的面积。

通常所说的矢量数据的叠加分析都是指多边形与多边形的叠加分析，虽然数据存储量比较小，但运算过程比较复杂。设参与叠加的两个图层中被叠加的多边形为本底多边形，用来叠加的多边形称为上覆多边形，叠加后产生的具有多重属性的多边形称为新多边形，则多边形叠加算法过程如图 5-21 所示。多边形与多边形叠加算法的核心是多边形对多边形的裁剪，多边形裁剪比较复杂，因为多边形裁剪后仍然是多边形，而且可能是多个多边形。多边形裁剪的基本思路是一条边一条边地裁剪。

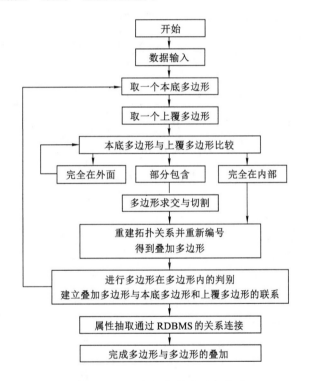

图 5-21　基于矢量数据的叠加分析

2. GIS 软件提供的多边形与多边形叠加分析的主要功能

多边形与多边形的叠加分析具有广泛的应用，它是空间叠加分析的主要类型，一般基础GIS 软件都提供该类型的叠加分析功能。以 ArcGIS 为例，提供的多边形与多边形叠加分析功能，包括以下六种：

① Union：是并的操作，输出图层为保留原来两个输入图层的所有多边形。如果是表示同一地区不同时期的地理形态的两个图层，通过 Union 操作后可以得到这个地区的两个时期的所有形态（图 5-22）。

② Intersect：交的操作，输出层为保留原来两个输入图层的公共多边形。上述两个图层叠加，通过 Intersect 操作后可得到这个地区两个时期共有的形态，即均未发生改变的形态（图 5-23）。

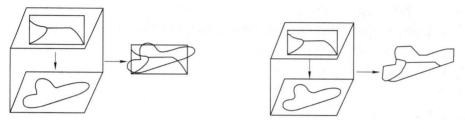

图 5-22　Union 叠加操作　　　　　　　　图 5-23　Intersect 叠加操作

③ Identity：识别操作，进行多边形叠加，输出层为保留以其中一输入层为控制边界之内的所有多边形。显然，这时两个图层叠加后，可以清晰地反映出该地区经过这两个时期动态变化的形态（图 5-24）。

④ Erase：擦除操作，进行叠加后，输出层为保留以其中一输入图层为控制边界之外的所有多边形。显然，这时表示在将更新的特征加入之前，需将控制边界之内的内容删除（图 5-25）。

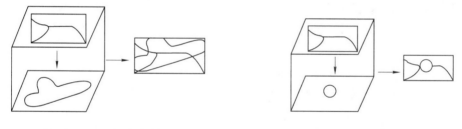

图 5-24　Identity 叠加操作　　　　　　　图 5-25　Erase 叠加操作

⑤ Update：更新操作，输出图层为一个经删除处理后的图层与一个新的特征图层进行合并后的结果（图 5-26）。

⑥ Clip：进行多边形叠加，输出层为按一个图层的边界对另一个图层的内容要素进行截取后的结果（图 5-27）。

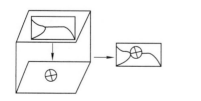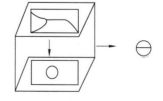

图 5-26　Update 叠加操作　　　　　　　图 5-27　Clip 叠加操作

四、栅格数据的叠加分析

1. 栅格数据叠加分析的概念

基于栅格数据的叠加分析可以通过像元之间的各种运算来实现。设 A、B、C 表示第

一、第二、第三各层上同一坐标处的属性值,f 函数表示各层上属性与用户需要之间的关系,U 为叠加后属性输出层的属性值,则:

$$U = f(A, B, C)$$

叠加操作的输出结果可能是:

① 各层属性数据的平均值(简单算术平均或加权平均等)。

② 各层属性数据的最大值或最小值。

③ 算术运算结果。

④ 逻辑条件组合。

2. 栅格数据叠加分析的基本原理

基于栅格数据的叠加分析算法,虽然数据存储量比较大,但是运算过程比较简单。

以两层为例,如图 5-28 所示,设参与叠加分析的两个图层的变量为 U 和 V,则对应于 U 和 V 的某行(箭头所指)的游程编码数据可以表示为:

$$U = (A_i, P_i), i = 1, m$$
$$V = (A_j, P_j), j = 1, n$$

式中 A_i、A_j——变量 U 和 V 某行各段游程的属性值;

P_i、P_j——变量 U 和 V 该行各段游程最后一列的列号;

m、n——该行游程的总数。

若图 5-28 的游程编码数据如表 5-1 所示,于是按照图 5-29 所示的算法,可以迅速实现变量 U 和 V 的叠加分析。按照图 5-29 的步骤,图 5-28 中两层数据叠加分析的结果如表 5-2 所示。

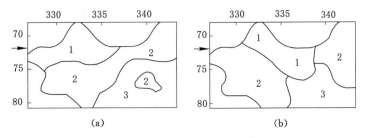

图 5-28　栅格数据叠加分析的原始变量

(a) 变量 U(坡度图);(b) 变量 V(土壤图)

(a):1——平坦;2——中等;3——陡峻;(b):1——岩石;2——砂土;3——黏土

表 5-1　　　　　　　　　　　　　　　游程编码数据

变量		游程编码数据		
U	A_i	0	P_i	329
		1		336
		2		345
V	A_j	0	P_j	329
		2		330
		1		338
		2		345

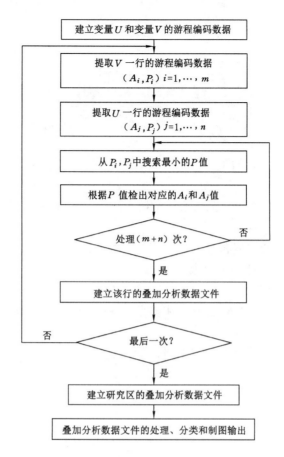

图 5-29 基于栅格数据的叠加分析

表 5-2 叠加分析结果

P	A_U	A_V	P	A_U	A_V
329	0	0	338	2	1
330	1	2	345	2	2
336	1	1	⋮	⋮	⋮

为了形成满足用户某种应用需求的结果,需要根据原始变量,按照某种指标,建立属性转换矩阵,然后根据该矩阵对数据文件进行属性的重新分类。表 5-3 是按照某种车辆通行影响因子所建立的属性转换矩阵。图 5-30 是根据该矩阵的分类结果输出的专题地图。

表 5-3 基于车辆通行能力的属性转换矩阵

变量U \ 变量V		土壤类型		
		1 岩石	2 砂土	3 黏土
坡度类型	1 平坦	容易	容易	容易
	2 中等	容易	困难	一般
	3 陡峻	一般	困难	困难

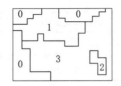

图 5-30　车辆通行能力分析图

0——界外区；1——容易；2——一般；3——困难

3. 栅格数据叠加分析的作用

（1）类型叠加

即通过叠加获取新的类型。如土壤图与植被图叠加，以分析土壤与植被的关系。

（2）数量统计

即计算某一区域内的类型和面积。如行政区划图和土壤类型图，可计算出某一行政区划中的土壤类型数，以及各种类型土壤的面积。

（3）动态分析

即通过对同一地区、相同属性、不同时间的栅格数据的叠加，分析由时间引起的变化。

（4）益本分析

即通过对属性和空间的分析，计算成本、价值等。

（5）几何提取

即通过与所需提取的范围的叠加运算，快速地进行范围内信息的提取。

第六节　网　络　分　析

空间网络分析（Spatial Network Analysis）是 GIS 空间分析的重要组成部分。网络是一个由点、线的二元关系构成的系统，通常用来描述某种资源或物质在空间上的运动。城市的道路交通网、供水网、排水管网、水系网都可以用网络来表示。

网络分析的用途很广泛，如出租车行车路线或紧急救援行动路线的最短路径选择；当估计排水系统在暴雨期间是否溢流及泛滥时，需要进行网络流量分析或负荷估计；城市消防站分布和医疗保健机构的配置等，也可以看成是利用网络和相关数据进行资源的最佳分配。这类问题在社会经济活动中不胜枚举，因此在 GIS 中此类问题的研究具有重要意义。

面向网络的数据通常用图的形式进行描述，任何一个能用二元关系描述的系统，都可以用图提供数学模型，因此网络图论是网络分析的重要理论基础。

一、图论的基本概念

图论中的"图"并不是通常意义下的几何图形或物体的形状图，而是一个以抽象的形式来表达确定的事物，以及事物之间是否具备某种特定关系的数学系统。

一个图 G 是指由一个非空集合 $V(G)=\{V_i\}$ 和 $V(G)$ 中元素的无序对的一个集合 $E(G)=\{e_k\}$ 所构成的二元组 $(V(G),E(G))$。$V(G)$ 中的元素 V_i 叫作顶点或结点；$E(G)$ 中的元素 e_k 叫作边或弧。$V=\{V_1,V_2,\cdots,V_n\}$，$E=\{(V_i,V_j);V_i,V_j\in V\}$。

设 $G=(V,E)$ 是一个有向图（图 5-31），若 $e_k=V_iV_j\in E$，则称顶点 V_i 和 V_j 是边 e_k 的

结点,且 V_i 是边 e_k 的起始结点, V_j 是边 e_k 的终止结点,并称 V_i 邻接于 V_j 或 V_j 邻接于 V_i ;反之,若移去 G 中各边的箭头,则构成无向图。图中两个端点重合的边称为环。两条边以端点相并连接,叫作并行边或重边。若不含并行边和环的图,称为简单图。在无向图中,首尾相接的一串边的集合称为路。例如当图 5-31 为无向图时,$\{e_1,e_5,e_7,e_8\}$ 就构成一条路。

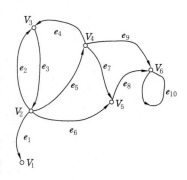

图 5-31　有向图 G

对于给定的图 G ,有时需要表示图中每条弧 e 的距离等属性而给其赋一个实数 $w(e)$,该 $w(e)$ 称为弧 e 的权。赋权的图,可记为 $G=(V,E,W)$ 。

描述一个图的最直观方法是用图形表示,但为了将图输入计算机中,图论中常常使用矩阵来记录图。一种最为简单的记录方式就是"连通矩阵",它记录了结点与结点之间的连接关系(图 5-32)。

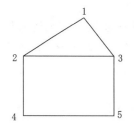
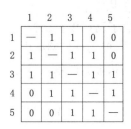

图 5-32　网络连通矩阵

在连通矩阵中,单元格数值为 1 表示两个结点直接相连,反之表示不直接相连,这样的连通矩阵可以用于进行连通性、可达性分析;如果把矩阵中每个单元格的数值从概念上扩展为结点之间的距离,不直接相连的结点间距离可以用无穷大表示,则利用该矩阵可以进行最短路径搜寻。

一个具有 V 个顶点、e 条边的无向图 G ,可由图 G 的顶点集 V 中每两点间的邻接关系及其距离唯一决定,其对应的矩阵:

$$W(G)=[W_{ij}] \tag{5-18}$$

是一个 $V\times V$ 阶方阵,叫作带权连通矩阵。式中,W_{ij} 为网络中的边 e_{ij} 的距离。

在矩阵 W 中:

当 i,j 间有边相连接时,$W_{ij}>0$;对于无向图,$W_{ij}=W_{ji}(i\neq j)$;

当 i,j 间无边相连接时,$W_{ij}=\infty$;

当 $i=j$ 时,$W_{ij}=0$ 。

对于图 5-33 所示的无向图 G ,它的带权矩阵 W 如式(5-19)所示。

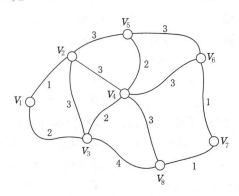

图 5-33　加权无向图 G

$$W = \begin{array}{c} \\ V_1 \\ V_2 \\ V_3 \\ V_4 \\ V_5 \\ V_6 \\ V_7 \\ V_8 \end{array} \begin{array}{cccccccc} V_1 & V_2 & V_3 & V_4 & V_5 & V_6 & V_7 & V_8 \\ \begin{bmatrix} 0 & 1 & 2 & \infty & \infty & \infty & \infty & \infty \\ 1 & 0 & 3 & 3 & 3 & \infty & \infty & \infty \\ 2 & 3 & 0 & 2 & \infty & \infty & \infty & 4 \\ \infty & 3 & 2 & 0 & 2 & 3 & \infty & 3 \\ \infty & 3 & \infty & 2 & 0 & 3 & \infty & \infty \\ \infty & \infty & \infty & 3 & 3 & 0 & 1 & \infty \\ \infty & \infty & \infty & \infty & \infty & 1 & 0 & 1 \\ \infty & \infty & 4 & 3 & \infty & \infty & 1 & 0 \end{bmatrix} \end{array} \qquad (5\text{-}19)$$

二、空间网络的基本要素

空间网络除具有一般网络的边和结点间抽象的拓扑特征外,还具有 GIS 空间数据的几何定位特征和地理属性特征。各类空间网络虽然形态各异,但是构成网络的基本要素主要包括以下几种:

(1) Link(连通路线或链)

网络的 Link 构成了网络模型的框架。Link 表示用于实现运输和交流的相互连接的线性实体。它可用于表示现实世界网络中运输网络的高速公路、铁路以及电网中的传输线和水文网络中的河流,其状态属性包括阻力和需求。

(2) Node(结点)

是指 Link 的起止点。Link 总是在 Node 处相交。Node 可以用来表示道路网络中道路交叉点、河流网中的河流交汇点。

(3) Stop(停靠点)

Stop 是指在某个流路上经过的位置。它代表现实世界中邮路系统中的邮件接收点或已知公路网中所经过的城市,其状态属性有资源需求,如产品数量。

(4) Center(中心)

Center 是指网络中一些离散位置,它们可提供资源。Center 代表现实世界中的资源分发中心、购物中心、学校、机场等。其状态属性包括资源容量,如总的资源量、阻力限额(如中心与链之间最大的距离或时间限制)。

(5) Turn(转弯)

Turn 代表了从一个 Link 到另一个 Link 的过渡。与其他的网络要素不同,Turn 在网络模型中并不用以模拟现实世界中的实体,而是代表 Link 与 Link 之间的过渡关系。状态有阻力,例如拐弯的时间和限制(如 8:00 到 18:00 不允许左转)。

(6) Barrier(障碍)

禁止网络中链上流动点。

空间网络要素的属性除了一般 GIS 所要求的名称、关联要素、方向、拓扑关系等空间属性之外,还有一些特殊的非空间属性,如:

① 阻强(Imdepance):指物流在网络中运移的阻力大小,如所花时间、费用等。阻强一般与弧的长度、弧的方向、弧的属性及节点类型等有关。转弯点的阻强描述物流方向在结点处发生改变的阻力大小,若有禁左控制,表示物流在该节点往左运动的阻力为无穷大或为负值。为了网络分析需要,一般要求不同类型的阻强要统一量纲。

② 资源需求量(Demand):指网络系统中具体的线路、弧段、结点所能收集的或可以提供给某一中心的资源量。如供水管网中水管的供水量,城市交通网络中沿某条街的流动人口,货运站的货量等。

③ 资源容量(Capacity):指网络中心为满足各弧段的要求所能提供或容纳的资源总量,也指从其他中心流向该中心或从该中心流向其他中心的资源总量。如水库的容量、货运总站的仓储能力等。

三、网络分析的基本方法

1. 路径分析

路径分析是 GIS 中最基本且非常重要的功能,其核心是最优路径的求解。在交通网络中,救护车需要了解从医院到病人家里走哪条路最快;在运输网络中,有时需要找出运输费用最小的路径;在通信网络中,要找出两点间进行信息传递具有最大可靠性的路径等。同时路径分析还有两个非常著名的应用,如边最优游历方案和点最优游历方案,即著名的中国邮递员问题和推销员问题。

路径分析中大量的最优化问题都可以转化为最短路径问题,因而人们讨论最多的就是最短路径的实现,其中最著名的最短路径搜索算法是 Dijkstra 在 1959 年提出的,被公认为最好的算法之一。下面以图 5-33 为例重点介绍 Dijkstra 算法。

为了求出最短路径,首先需要计算网络中任意两点间的距离(如果要计算最短路径,任意两点间的距离为实际距离;而要计算最佳路径,则可设置为起点到终点的时间或费用),并形成 $n \times n$ 阶距离矩阵或权阵,本例中所形成的权阵如式(5-19)所示。

Dijkstra 算法是一种对结点不断进行标号的算法。每次标号一个结点,标号的值即为从给定起点到该点的最短路径长度。在标定一个结点的同时,还对所有未标号结点给出了"暂时标号",即当时能够确定的相对最小值。设定 K 表示待确定最短路径的起点,L 表示终点,则最短路径搜索的步骤如下:

① 令起点 K 标号为零,其他结点标号为∞。

② 对未被定标的结点全部给出暂时标号,其值为:$\min[j$ 的旧标号,$(i$ 的旧标号$+W_{ij})]$,这里 i 是前一步刚被标定的结点,W_{ij} 是边 e_{ij} 的权,如果结点 i 和 j 不相邻接,$W_{ij}=\infty$。

③ 找出所有暂时标号的最小值,用它作为相应结点的固定标号。如果存在几个有同一最小标号值的结点,则可任取一个加以定标。

④ 重复进行②与③,直至指定的终点 L 被定标时为止。用此法可直接得到由起点 K 到其他结点的最短路径的长度,那就是该结点的定标数值。

对于图 5-33 中的加权无向图 G,从结点 V_1 到 V_7 的最短路径的标号过程如下:

	V_1	V_2	V_3	V_4	V_5	V_6	V_7	V_8
确定起点	0	(∞)	(∞)	(∞)	(∞)	(∞)	(∞)	(∞)
标定 V_1	0	(1)	(2)	(∞)	(∞)	(∞)	(∞)	(∞)
标定 V_2	0	1	(2)	(4)	(4)	(∞)	(∞)	(∞)
标定 V_3	0	1	2	(4)	(4)	(∞)	(∞)	(6)
标定 V_4	0	1	2	4	(4)	(7)	(∞)	(6)
标定 V_5	0	1	2	4	4	(7)	(∞)	(6)
标定 V_6	0	1	2	4	4	(7)	(7)	6
标定 V_7	0	1	2	4	4	(7)	7	6

其中,括号内的是暂时标号,没有括号的为定标。距离起点越近的顶点,越早得到固定标号。采用回溯的方法可以得到从起点 K 到其他结点的最短路径经由的结点。在搜索过程中要时时比较从起点到达本点的最短路径,并不断记录(修改)指针,以便回溯。例如给 V_3 定暂时标号时,通过比较知道直通 V_1 最近,则 V_3 的指针指向 V_1;给 V_8 定暂时标号时,可确定其指针应指向 V_3;而给 V_7 定暂时标号时,其指针应指向 V_8。因此,从结点 V_1 到 V_7 的最短路径长度为 7,经由的路径为 $V_1 \rightarrow V_3 \rightarrow V_8 \rightarrow V_7$。

在实际应用中,采用 Dijkstra 算法计算两点之间的最短路径和求从一点到其他所有点的最短路径所需要的时间是一样的,算法时间复杂度为 $O(n^2)$。

ArcGIS 中的 ArcGIS Network Analyst 模块是进行路径分析的扩展模块,它功能强大,能够完成行车时间分析、最短路径、最佳路径等路径分析功能。

图 5-34 为在 ArcGIS 下以时间为权值进行时间最短路径分析结果,图 5-35 为将某条路设置障碍后得到的距离最短路径分析结果。

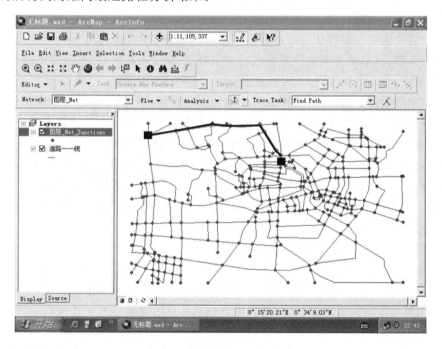

图 5-34 时间最短路径分析结果

2. 资源分配

资源分配用来模拟地理网络上资源的供应与需求关系,主要包括中心定位与资源分配两个方面。其中定位问题是指已知需求源的分布,要确定最合适的供应点布设位置;而分配问题是指已知供应点,要确定供应点的服务对象,或者说是确定需求源分别接受谁的服务。通常这是两个需要同时解决的问题,所以合称为定位与分配问题。

假设研究区域内有 n 个需求点和 p 个供应点,每个需求点的权重(需求量)为 w_i,t_{ij} 和 d_{ij} 分别为供应点 j 对需求点 i 提供的服务和两者之间的距离。如果供应点的服务能够覆盖到区域内的所有需求点,则:

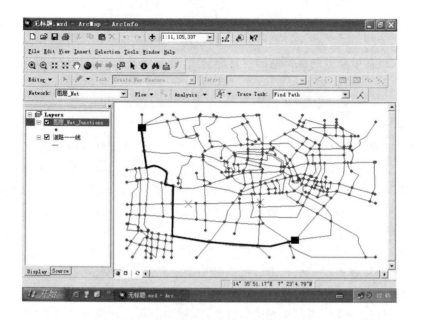

图 5-35　设置障碍后的距离最短路径结果

$$\sum_{j=1}^{p} t_{ij} = w_i \quad (i=1,\cdots,n) \tag{5-20}$$

若规定每个需求点只分配给离其最近的一个供应点,则有:

$$\begin{cases} t_{ij} = w_i & d_{ij} = \min(d_{ij}) \text{ 时} \\ t_{ij} = 0 & \text{其他情况} \end{cases} \tag{5-21}$$

网络的整体目标方程必满足:

$$\sum_{i=1}^{n} \sum_{j=1}^{p} c_{ij} = \min$$

其中,c_{ij} 可以有以下几种基本理解(图 5-36):

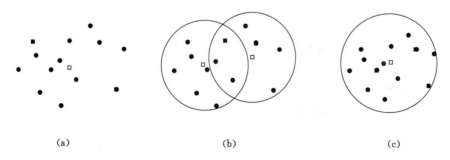

| (a) | (b) | (c) |

图 5-36　p 中心模型的几种基本形式

(a) 总距离最小;(b) 均在某一理想服务半径内;(c) 服务范围尽可能大

① 当要求所有需求点到供应点的距离最小时:

$$c_{ij} = w_i d_{ij} \tag{5-22}$$

② 当要求所有需求点均在某一理想服务半径 s 之内时:

$$c_{ij} = \begin{cases} w_i d_{ij} & d_{ij} \leqslant s \\ +\infty & d_{ij} > s \end{cases} \tag{5-23}$$

③ 当要求所有供应点的服务范围尽可能大,即新增需求点的代价最低时:

$$c_{ij} = \begin{cases} 0 & d_{ij} \leqslant s \\ w_i & d_{ij} > s \end{cases} \tag{5-24}$$

3. 连通分析

人们常常需要知道从某一结点或网线出发能够到达的全部结点或网线,这一类问题称为连通分量求解。另一连通分析问题是最少费用连通方案的求解,即在耗费最小的情况下使得全部结点相互连通。连通分析对应图的生成树求解,通常采用深度优先遍历或广度优先遍历生成相应的树,最少费用求解过程则是生成最优生成树的过程,一般采用 Prim 算法或 Kruskal 算法。

4. 流分析

所谓流,就是将资源由一个地点运送到另一个地点。流分析的问题主要是按照某种最优化标准(时间最少、费用最低、路程最短或运送量最大等)设计运送方案。为了实施流分析,就要根据最优化标准的不同扩充网络模型,要把中心分为收货中心和发货中心,分别代表资源运送的起始点和目标点。这时发货中心的容量就代表待运送资源量,收货中心的容量代表它所需要的资源量。网线的相关数据也要扩充,如果最优化标准是运送量最大,就要设定网线的传输能力;如果目标是使费用最低,则要为网线设定传输费用(在该网线上运送一个单位的资源所需的费用)。

5. 选址

选址功能涉及在某一指定区域内选择服务性设施的位置,例如市郊商店区、消防站、工厂、飞机场、仓库等的最佳位置的确定。在网络分析中,选址问题一般限定设施必须位于某个结点或位于某条网线上,或者限定在若干候选地点中选择位置。选址问题种类繁多,实现方法和技巧也多种多样,不同的 GIS 在这方面各有特色。造成这种多样性的原因主要在于对"最佳位置"的解释(即用什么标准来衡量一个位置的优劣),以及要定位的是一个设施还是多个设施。

第七节　数字地面模型分析

一、DTM 的概念与作用

数字地面模型(Digital Terrain Model,DTM)是描述地球表面多种信息空间分布的有序数值阵列,是定义在某一区域 D 上的 m 维向量有限序列:$\{V_i, i = 1, 2, 3, \cdots, n\}$。其中向量 $V_i = \{V_{i1}, V_{i2}, V_{i3}, \cdots, V_{im}\}$ 的分量为地形 $X_i, Y_i, Z_i((X_i, Y_i) \in D)$ 上的资源、环境、人口分布、地价、土地利用等地面特征信息的定量或定性描述。这些非地形特征信息与地形信息结合在一起,构成数字地面模型。当 V_i 代表地形特征时,就是 DEM(Digital Elevation Model),即数字高程模型,所以 DEM 是 DTM 的一个子集。事实上,DEM 是 DTM 中最基本的部分,它是对地形地貌的一种离散的数字表达。

在本章中,如未特殊说明,所阐述的 DTM 即为 DEM。

一般而言,DTM 的应用主要归纳为:

① 作为国家地理信息基础数据:它是国家空间数据基础设施的框架数据,是 4D 即 DTM、DOM(数字正射影像)、DLG(数字线划图)、DRG(数字栅格图)产品之一。

② 土木工程、景观建筑、矿山工程的规划与设计。

③ 流水线分析、可视性分析。

④ 景观设计与城市规划。

⑤ 为军事目的而进行的地表三维显示。

⑥ 交通路线的规划与大坝的选址。

⑦ 不同地表的统计分析与比较。

⑧ 生成坡度图、坡向图、剖面图等,辅助地貌分析,估计侵蚀与径流等。

⑨ 作为背景叠加各种专题信息,如土壤、土地利用及植被覆盖数据等,以进行显示与分析。

⑩ 辅助影像解译、遥感分类。

⑪ 将 DTM 概念扩充到表示与地表相关的各种属性,如人口、交通、旅行时间等。

⑫ 与 GIS 联合进行空间分析。

⑬ 虚拟现实。

从 DTM 能派生以下产品:

① 平面等高线图。

② 立体等高线图。

③ 等坡度图。

④ 晕渲图。

⑤ 透视图。

⑥ 横、纵断面图。

⑦ 三维立体透视图。

⑧ 三维立体彩色图。

⑨ 景观图。

二、DTM 数据的采集方法

现在获取 DTM 数据的方式主要有野外实地采集、数字化、摄影与遥感、利用现有数字线划图。

1. 数字化采集

就是以地形图为数据源,用手扶跟踪数字化仪或扫描数字化仪采集 DTM 数据。如果用手扶跟踪数字化仪采集,采集方式有:沿主要等高线采集平面曲率极值点,并选择高程注记点和线性加密点作补充;逐条等高线的方式连续采集样点,并采集所有高程注记点作补充,这种方式适用于等高线较稀疏的平坦地区;沿计曲线和坡折线采集曲率极值点,并补采峰—鞍线和水边线的支撑点,分别以等高线、峰—鞍链和边界带高程属性的弧段格式存储。

用扫描数字化仪采集 DTM 数据速度最快,尤其是对分版等高线图扫描自动跟踪矢量化,借助少量人工干预,就可自动地记录每条等高线并依据等高线之间的高程递增或递减关系自动地赋予高程值。但对离散高程注记点,仍需采用人工交互屏幕采集方式采集高程。

2. 以数字线划图为数据源

数字线划图,是地形图的一种矢量表现形式,例如 DWG 格式地形图,图中数据按照地形要素分层存放,如控制点、等高线、水系、道路、植被等,数据容易提取与应用。因此数字线划图是建立数字地面模型的理想数据源。

3. 野外实地采集

用电子速测仪(全站仪)等测绘设备得到离散目标点的 x、y、z 三维坐标,存储于电子手簿或袖珍计算机上,成为建立 DTM 的原始数据。这种方法一般用于建立小范围大比例尺(比例尺大于 1∶5 000)区域的 DTM,对高程的精度要求较高。另外,气压测高法获取的地面稀疏点集的高程数据,也可以用来建立对高程精度要求不高的 DTM。

4. 以航空或航天遥感图像为数据源

这种方法是由航空或航天遥感立体像对,用摄影测量的方法建立空间地形立体模型,量取密集数字高程数据,建立 DTM,其流程如图 5-37 所示。采集数据的摄影测量仪器包括各种解析的和数字的摄影测量与遥感仪器。摄影测量采样法还可以进一步分成:

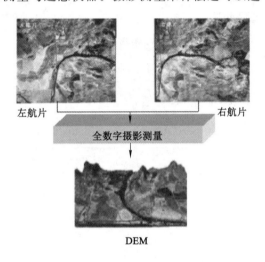

图 5-37　立体相对提取 DTM 原理

① 选择采样法:在采样之前或采样过程中选择所需采集高程数据的样点(地形特征点,如断崖、沟谷、脊等)。

② 适应性采样法:采样过程中发现某些地面没有包含必要信息时,取消某些样点,以减少冗余数据(如平坦地面)。

③ 先进采样法:采样和分析同时进行,数据分析支配采样过程。先进采样法在产生高程矩阵时能按地表起伏变化的复杂性进行客观、自动地采样。实际上它是连续的不同密度的采样过程,首先按粗略格网采样,然后在变化较复杂的地区进行精细格网(采样密度增加一倍)采样。由计算机对前两次采样获得的数据点进行分析后,再决定是否需要继续作高一级密度的采样。

计算机的分析过程是:在前一次采样数据中选择相邻的 9 个点作窗口,计算沿行或列方向邻接点之间的一阶和二阶差分。由于差分中包含了地面曲率信息,因此可按曲率信息选取阈值。如果曲率超过阈值时,则必须进行另一级格网密度的采样。

5. 其他数据源

其他专题实地采样数据,一般是以离散点形式提供的,如环境污染监测站、矿床钻孔等,它们的平面坐标由测量方法确定,而第三维属性使用专业检测、测量方法确定,由此得到以离散点形式表达的x、y、z,其中z为某专题属性,由此可以使用与DEM同样的方法构建专题DTM。

三、DTM的表达模型

数字地面模型按照数据的表现形式主要分为以下几种:离散点数字地面模型、数学分块曲面模型、等高线模型、不规则三角网模型(也称三角网DTM)、规则格网模型(简称GRID,也称格网DTM)以及混合结构DTM。

1. 离散点数字地面模型

离散点数字地面模型是将连续地表形态离散成在某一区域D上以X_i、Y_i、Z_i三维坐标形式存储的高程点$Z_i((X_i、Y_i)\in D)$的集合,其中$(X_i,Y_i)\in D$是平面坐标,Z_i是(X_i,Y_i)对应的高程。离散点数字地面模型是数字地面模型中最简单的形式。由于它所建立的地形表面缺乏连续性,很难表现地面上任意一点的高程。

2. 数学分块曲面模型

这种方法把地面分成若干个块,每块用一种数学函数(如傅立叶级数、多次多项式、随机布朗运动函数等)以连续的三维函数高平滑度地表示复杂曲面,并使函数曲面通过离散采样点。这种近似数学函数表示的DTM不太适合于制图,但广泛应用于复杂表面模拟的机助设计系统。

3. 等高线模型

等高线模型表示高程,高程值的集合是已知的,每一条等高线对应一个已知的高程值,这样一系列等高线就和它们的高程值一起构成了一种数字地面模型,如图5-38所示。

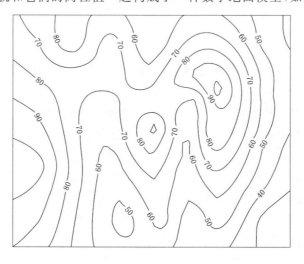

图5-38　等高线DTM

等高线通常被存储成一个有序的坐标点对序列,可以认为是一条带有高程值属性的简单多边形或多边形弧段。等高线模型只表达了区域的部分高程值,对于等高线外的其他点的高程可以根据该点两侧距离最近的两条等高线内插求得。

4. 规则格网模型

规则格网是用规则排列的正方形或矩形网格来表示地形表面(图5-39)。GRID通常采用矩阵的形式进行存储,存储的是点的高程值,而点的平面坐标可直接由原点坐标、格网间距及相应矩阵的行列号经过简单计算获得。因此 GRID 数据结构简单,数据存储量小,还可压缩存储,适合于大规模使用和管理。由于格网间距一定,对于复杂的地形地貌,很难确定合适的网格尺寸逼真表示,因此,在平坦地形区域会产生大量的冗余数据,但对于地形起伏变化明显的区域,又不能准确表示地形特征。

91	96	86	102	89	96	91	85	88	88
90	95	96	99	86	95	92	90	87	86
89	92	65	68	68	88	90	91	84	69
88	66	56	65	68	42	52	68	88	52
65	66	74	75	70	86	88	89	95	55
89	88	87	85	84	89	90	89	68	54
68	69	86	89	88	82	92	92	67	75
77	76	79	85	75	89	88	78	72	68
85	89	88	88	68	79	78	82	68	66
88	90	79	81	82	95	95	65	66	45

图 5-39　格网 DTM

5. 不规则三角网(TIN)模型

不规则三角网是通过从不规则分布的数据点生成的连续三角面片来逼近地形。TIN模型能以不同层次的分辨率来描述地形表面,因此,当地表粗糙或变化剧烈时,TIN 能包含大量的数据点,特别是当地形包含有大量特征(如断裂线、构造线)时,TIN 模型能更好地顾及这些特征,从而能更精确、合理地表达地表特征;而在地表相对单一、地势相对平坦地区,在同样大小的区域 TIN 则只需最少的数据点,生成很少的三角形。

TIN 主要由离散点连接构网来生成,当已有规则格网 DTM 或等值线模型时,可以从这些模型中按一定的规则筛选抽取一定数量的离散点后再连接构网。

由离散点构建 TIN 的方法很多,不同方法的构网结果可能完全不同。但是从理论上说,三角网的建立应满足最佳三角形条件,即尽可能保证每个三角形是锐角三角形或三边长度近似相等,以避免出现过大的钝角或过小的锐角。最常用的三角网构网方法是 Delaunay 三角剖分法。Delaunay 三角网具有这样的特性:它满足最小角最大化的最佳三角形条件;任意三个离散点构成的 Delaunay 三角形的外接圆中不包括其他离散点。同时,由于 Delaunay 网与 Voronoi 多边形具有对偶性,一旦离散点集的平面坐标固定不变,所连接的三角网具有唯一性,不随其始点的不同而变化。

如图 5-40 所示,设有离散点 $P_i(i=1,2,\cdots,n)$,从 P_i 中任取出一个点作为起始点(例如 P_1),从 P_i 中找出 P_1 附近的另一个离散点 P_2,两点的连线作为基边,然后在这附近找第三点。在找第三点的过程中要逐点比较,一般取第三点到前两点的距离平方和最小的离散点作为候选点,以这三点作一外接圆,然后判断周围是否有落入该外接圆的点,如果有,则该三角形不是 Delaunay 三角形,如△126;用周围的其他离散点作为候选点,重新作外接圆,重新判断周围是否有离散点落入该外接圆内。一直找到没有其他离散点落入外接圆内,该三角形就是 Delaunay 三角形,如△123。以该三角形的任意一条边作为基边,用同样的方法形成其他三角形。一直到所有的离散点都被连接到 Delaunay 三角网中为止,并按 TIN 的数据结构记录连接的结果。如果在构网过程中还要考虑特征线(如陡坎、悬崖等),特征线必须作为三角形的边,使得连接的三角形不跨越特征线。

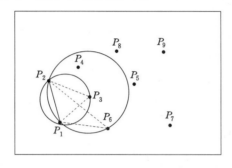

图 5-40　Delaunay 三角网的构建判别

6. 混合型数字地面模型

混合型数字地面模型是利用上述几种模型各自的优点,将它们结合使用生成 DTM 的方法。例如,对于格网来说,可将其分解为三角网,以形成线性的连续表面,或对不规则格网进行内插处理,生成格网。图 5-41 为混合型 DTM 的一个实例。

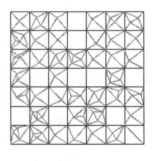

图 5-41　混合型 DTM

四、DTM 的空间内插方法

在实际应用中,DTM 模型之间可以通过一定的算法相互转换。如由不规则点集生成 TIN,格网 DTM 转成 TIN,等高线转成格网 DTM,TIN 转成格网 DTM 等。在 DTM 模型进行相互转换的过程中,一个非常重要的算法就是空间内插。

空间数据内插可以作如下描述:设已知一组空间数据,它们可以是离散点的形式,也可以是分区数据的形式,现在要从这组数据中找到一个函数关系式,使该关系式最好地逼近这些已知的空间数据,并能根据该函数关系式推求出任意点或任意分区的值。这种通过已知点或分区的数据,推求任意点或分区数据的方法称为空间数据的内插。

进行空间数据内插的方法多种多样,可以从内插时使用已知采样点的范围分为两大类:整体拟合和局部拟合;也可以从内插的具体内容分为两大类:点的内插和区域的内插。

1. 整体拟合算法

整体拟合算法是指内插模型基于研究区域内的所有采样点的特征观测值建立的,如趋势面分析、傅立叶级数等。整体拟合的特点是不能提供内插区域的局部特征,所以整体拟合通常用于大范围且周期变化的情况,内插结果一般具有粗略性特点。

整体拟合算法中最常用的是趋势面法。所谓趋势面法,是通过选择一个二元函数来逼近采样数据的整体变化趋势。该二元函数的一般形式为：

$$z = f(x, y) = \sum_{i=0}^{m} \sum_{j=0}^{m-i} a_{ij} x^i y^j \quad (m \geqslant 2) \tag{5-25}$$

对于 a_{ij} 的求解可以采用观测值与拟合值之差的平方和最小的原则进行，即：

$$\sum_{i=1}^{n} (z(x_i, y_i) - f(x_i, y_i))^2 = \min \tag{5-26}$$

式中，$z(x_i, y_i)$ 为 (x_i, y_i) 点处的采样值；n 为总的采样数。

常用的趋势面分析函数有以下一些类型：

① 空间趋势平面模型：

$$z = a_0 + a_1 x + a_2 y \tag{5-27}$$

② 简单二次曲面模型：

$$z = a_0 + a_1 x + a_2 y^2 \tag{5-28}$$

或

$$z = a_0 + a_1 x^2 + a_2 y \tag{5-29}$$

③ 复杂二次曲面模型：

$$z = a_0 + a_1 x + a_2 y + a_3 xy + a_4 x^2 + a_5 y^2 \tag{5-30}$$

整体趋势面拟合除应用整体空间的独立点内插外，另一个最有成效的应用之一是揭示区域中不同于总趋势的最大偏离部分。因此，在利用某种局部内插方法以前，可以利用整体趋势面拟合技术从数据中去掉一些宏观特征。

2. 局部拟合算法

局部拟合法，是指仅用邻近于未知点的少数已知采样点的特征值来估算该未知点的特征值，如样条函数法、移动平均法等。局部拟合的特点是可以提供内插区域的局部特征，且不受其他区域的内插影响，所以局部内插结果一般具有精确性的特点。

（1）加权平均内插法

加权平均法是最简单的单点移面内插方法，它是搜索区域内的高程数据点，并求得加权平均值作为待定点的高程值。一般情况下，所考虑的权仅是距离的单调下降函数。为了提高插值精度，还应考虑数据点的分布方向，权衡搜索圆内所有点的方向和距离的分布情况赋权。搜索圆内数据点一般为 4 个，最多 10 个，这由调节搜索圆半径 r 的方法确定。

$$\begin{cases} D_{xi} = x_p - x_i, D_{yi} = y_p - y_i \\ R_i^2 = D_{xi}^2 + D_{yi}^2 \\ w_{xi} = D_{xi}/R_i, w_{yi} = D_{yi}/R_i \\ S_x = \sum_{i=1}^{n} w_{xi}, S_y = \sum_{i=1}^{n} w_{yi}, S_k = \sum_{i=1}^{n} 1/R_i \\ w_{Ti} = [S_R - w_{xi}(S_x - w_{xi}) - w_{yi}(S_y - w_{yi})]/R_i \\ Z_p = \sum_{i=1}^{n} w_{Ti} \times z_i \bigg/ \sum_{i=1}^{n} w_{Ti} \end{cases} \tag{5-31}$$

式中　x_p, y_p——待定点的平面直角坐标；

z_p——待定点高程；

x_i, y_i, z_i—— 搜索圆内数据点 i 的三维坐标，$i = 1, 2, \cdots n$，且 $4 < n < 10$；

w_{Ti}——各离散数据点的权。

（2）移动内插法

移动内插法是一种典型的逐点内插法。其实质是：首先以内插点为中心，按某一半径 R 作圆，然后选定某一多项式内插函数，用落在该圆内的采样点的特征观测值来拟合该范围的特征值曲面，进而求得待插点的特征值，如图 5-42 所示。多项式内插函数的典型代表为二次多项式：

$$f(x,y) = b_0 + b_1 x + b_2 y + b_3 x^2 + b_4 xy + b_5 y^2$$
(5-32)

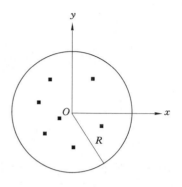

图 5-42　移动内插法取样

（3）样条函数法

所谓样条函数，即三次多项式。样条函数法的实质为采用三次多项式对采样曲线进行分段修匀。每次的分段拟合仅利用少数采样点的观测值，并要求保持各分段的连接处连续，即光滑可导。样条函数的一般形式为：

$$f(x,y) = \sum_{r=0}^{3} \sum_{s=0}^{3} b_{rs} x^r y^s$$
(5-33)

样条函数拟合必须满足观测值与拟合值之差的平方和最小：

$$\sum_{i=1}^{n} W_i^2 [z(x_i,y_i) - f(x_i,y_i)]^2 = \min$$
(5-34)

式中，W_i 为拟合权，与 (x_i,y_i) 点处拟合误差的方差成反比；$z(x_i,y_i)$ 为 (x_i,y_i) 点处的采样值；n 为总采样数。

要求解样条函数中的各个系数，需要 9 个以上的采样点，通过多重回归技术完成，从而确定给予样条函数的拟合曲线方程。再输入任意内插点 (x_u,y_v)，就可以解算出内插点的特征值。

（4）线性内插法

当采样点的特征观测值在一个平面上变化时，可以进行线性内插。典型应用是不规则三角高程的内插。认为在一个三角形内，所有点的高程均位于此三角平面上。因此可以在该三角形内按直线比例进行线性内插，即可得到内插点的高程值。其内插函数即为三角形的平面方程：

$$f(x,y) = Ax + By + c$$
(5-35)

（5）双线性内插法

分块内插区中，当采样点的特征值在 x,y 方向分别按线性规律变化时，需要按双线性插值法估算内插点的特征值。双线性插值函数为：

$$f(x,y) = Ax + By + Cxy + D$$
(5-36)

需要 4 个已知采样点来确定上式中的 4 个系数。4 个已知采样点的选择，有以下要求（图 5-43）：

① 环绕内插点，尽量以内插点为中心，均匀分布。

② 离内插点距离最近。

五、DTM 的应用

DTM 的应用十分广泛，如各种线路的选线和各种工程的面积、体积、坡度计算，以及任

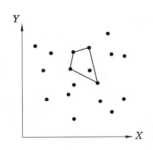

图 5-43　双线性内插的采样点选择

意两点间的通视判断和任一断面图的绘制；在测绘中常被用于绘制等高线、坡度坡向图、立体透视图等。这里主要介绍其在地形分析与地图制图方面的应用。

（一）DTM 的地形分析

尽管 DTM 的应用十分广泛，但地形分析是其基本应用，其他应用都可由此推演、扩展。地形分析的内容有三维几何参数计算、地形因子提取、地表类型分类、通视性分析、地形剖面图的绘制、地形三维可视化等。DTM 的两种主要数据（模型规则格网和 TIN）都能实现以上分析，但是由于 TIN 表示的地表形态在空间上是三角平面片，而格网模型所表示的是曲面（虽然在格网模型中，每个矩阵元素代表与格网单元相适应的地表单元的平均或其中心的高度，但为了便于空间分析，可以将这些高程看作是格网角点的高程，即将相邻的 4 个格网单元的中心所包围的小区域作为分析对象），使得对格网 DTM 的分析比对 TIN 的分析要复杂得多（图 5-44）。在此仅以规则格网 DTM 为例讨论三维地形分析，其算法思想也基本适用于 TIN。

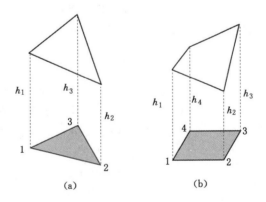

图 5-44　TIN 与格网模型的差异

（a）TIN 表示的三角平面；（b）格网模型表示的曲面

1. 地形因子的自动提取

为了进行地形因子的自动提取，首先要计算各地表单元的法矢量。

如图 5-45 所示，根据空间矢量的分析原理，可建立 DTM 每一网格点的标准矢量：

$$\boldsymbol{p}_{ij} = \{(i-1)\Delta x + x_0, (j-1)\Delta y + y_0, z_{ij}\} \quad i = 1, 2, \cdots, n; j = 1, 2, \cdots, n \quad (5\text{-}37)$$

式中　Δx——x 轴方向的增量；

　　　　Δy——y 轴方向的增量；

x_0,y_0——原点坐标值；

$z_{i,j}$——网格点高程值。

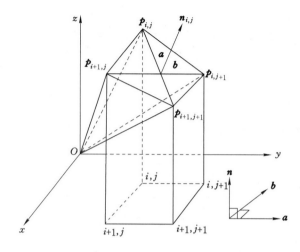

图 5-45　空间标准矢量

对于每个由相邻四个网格点确定的地表微分单元,其基本矢量 a、b 计算公式如下:

$$a_{i,j}=p_{i+1,j+1}-p_{i,j}=\{\Delta x,\Delta y,z_{i+1,j+1}-z_{i,j}\}$$
$$b_{i,j}=p_{i,j+1}-p_{i+1,j}=\{-\Delta x,\Delta y,z_{i,j+1}-z_{i+1,j}\}$$

$$(5-38)$$

基本矢量 a、b 完全确定了微分单元在空间的特征。由 a、b 可得地表单元法矢量:

$$n_{i,j}=a\times b=\begin{vmatrix} i & j & k \\ x_a & y_a & z_a \\ x_b & y_b & z_b \end{vmatrix}=\begin{vmatrix} y_a & z_a \\ y_b & z_b \end{vmatrix}i+\begin{vmatrix} z_a & x_a \\ z_b & x_b \end{vmatrix}j+\begin{vmatrix} x_a & y_a \\ x_b & y_b \end{vmatrix}k$$

$$=(y_az_b-y_bz_a)i+(x_bz_a-z_bx_a)j+(x_ay_b-x_by_a)k \qquad (5-39)$$

将法矢量由矢量表示法转换为坐标表示法,有:

$$n_{ij}=\{\Delta y(z_{i,j+1}+z_{i,j}-z_{i+1,j+1}-z_{i+1,j}),\Delta x(z_{i,j+1}+z_{i+1,j+1}-z_{i+1,j}-z_{i,j}),2\Delta x\Delta y\}$$
$$i=1,2,\cdots,m-1;j=1,2,\cdots,n-1$$

$$(5-40)$$

根据法矢量,便可进行地表单元各种地形因子的自动计算和提取。这里将其应用到坡度 φ 与坡向 θ 的计算当中。

(1) 坡度和坡向分析

坡度的定义是水平面与局部地面夹角的正切值;坡向是变化比率最大值的方向。坡度和坡向两个因素基本上能满足地形分析的要求。通常坡度用百分比来量度,坡向按从南方向起算的角度量测。坡度和坡向的计算通常是在 DTM 的数据矩阵中采用开窗连续移动搜索各个地表单元以完成整幅图的计算工作。输出值不仅可以是数字形式,而且还可以派生出坡度分布图和坡向图。现以某一个地表单元为例,说明坡度、坡向的分析原理。

对于按平面上等间距采样或内插所建立的数字地面模型,可写成以下形式:

$$\mathrm{DEM}=\{z_{i,j}\},i=1,2,\cdots,m;j=1,2,\cdots,n \qquad (5-41)$$

其中,$z_{i,j}$ 为栅格结点 (i,j) 上的地面高程。

① 坡度计算

如图 5-46 所示，地表单元坡度就是其法矢量 $n_{i,j}$ 与 z 轴之夹角，则有：

$$\cos \varphi = \frac{z \cdot n_{i,j}}{|z| \cdot |n_{i,j}|} \tag{5-42}$$

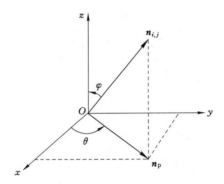

图 5-46　坡度与坡向图

设：

$$n_{i,j} = \{x_1, y_1, z_1\}$$
$$z = \{x_2, y_2, z_2\} = \{0, 0, 1\}$$

则：

$$n_{i,j} \cdot z = x_1 x_2 + y_1 y_2 + z_1 z_2 = z_1$$
$$|n_{i,j}| = \sqrt{x_1^2 + y_1^2 + z_1^2}$$
$$|z| = \sqrt{x_2^2 + y_2^2 + z_2^2} = 1$$

代入式(5-42)，则有：

$$\cos \varphi = \frac{z_1}{\sqrt{x_1^2 + y_1^2 + z_1^2}} =$$

$$\frac{2\Delta x \cdot \Delta y}{\{[\Delta y(z_{i,j+1} + z_{i,j} - z_{i+1,j+1} - z_{i+1,j})]^2 + [\Delta x(z_{i,j+1} + z_{i+1,j+1} - z_{i+1,j} - z_{i,j})]^2 + [2\Delta x\Delta y]^2\}^{\frac{1}{2}}} \tag{5-43}$$

解之可得坡度：

$$\varphi = \arccos\{2\Delta x \cdot \Delta y/\{[\Delta y(z_{i,j+1} + z_{i,j} - z_{i+1,j+1} - z_{i+1,j})]^2 +$$
$$[\Delta x(z_{i,j+1} + z_{i+1,j+1} - z_{i+1,j} - z_{i,j})]^2 + [2\Delta x\Delta y]^2\}^{\frac{1}{2}}\} \tag{5-44}$$

当需要时，也可将坡度化为百分比表示。

② 坡向分析

在图 5-46 中，x 轴的方向为南，因此地表单元的坡向 θ 即为其法矢量 $n_{i,j}$ 在 xOy 平面上的投影 n 与 x 轴的夹角：

$$\theta = \arctan\left(\frac{y_{n_{i,j}}}{x_{n_{i,j}}}\right) = \arctan(\Delta x \cdot A(j)/\Delta y \cdot B(j)) \tag{5-45}$$

式中，$A(j) - z_{(1,j+1)} + z_{(2,j+1)} + z_{(1,j)} | z_{(2,j)}$；$B(j) = z_{(2,j)} + z_{(2,j+1)} + z_{(1,j)} + z_{(1,j+1)}$。$z$ 的下标变量如图 5-47 所示。

另外,求出的坡向角 θ 有与 x 轴正向和与 x 轴负向夹角之分,这就要看坡向变量 $A(j)$ 和 $B(j)$ 的符号。在图 5-48 中,可根据 θ 角及 $A(j)$ 和 $B(j)$ 的符号来确定地表单元的坡向,如表 5-4 所示。在实际应用中,一般将坡向合并为平缓坡、阳坡、半阳坡和阴坡,并分别用代码 1、2、3、4 表示。

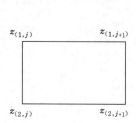

图 5-47　坡向变量示意图

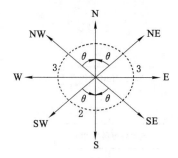

图 5-48　坡向的综合

表 5-4 坡向综合表

A	B	θ	坡向	坡向合并	代码
≈ 0	≈ 0		平缓坡	平缓坡	1
≈ 0	<0	0	S		
>0	<0	$[-\pi/2, 0]$	SW	阳坡	2
<0	<0	$[0, \pi/2]$	SE		
>0	≈ 0	$3/2\pi$	W		
<0	≈ 0	$\pi/2$	E	半阳坡	3
≈ 0	>0	π	N		
>0	>0	$[\pi, 3/2\pi]$	NW	阴坡	4
<0	$>$	$[\pi/2, \pi]$	NE		

（2）地表粗糙度计算

地表粗糙度是反映地表的起伏变化和侵蚀程度的指标,一般定义为地表单元的曲面面积与其在水平面上的投影面积之比。但根据这种定义,对光滑而倾角不同的斜面所求出的粗糙度不适宜。实际应用中,用对格网点空间对角线 L_1 和 L_2 的高差 D 来表示地表粗糙度,如图 5-49 所示。D 越大,说明单元的四个定点的起伏变化越大。其计算公式为:

$$
\begin{aligned}
R_{ij} = D &= \left| \frac{z_{(i+1),(j+1)} + z_{i,j}}{2} - \frac{z_{i,(j+1)} + z_{(i+1),j}}{2} \right| \\
&= \frac{1}{2} \left| z_{(i+1),(j+1)} + z_{i,j} - z_{(i+1),j} - z_{(i+1),j} \right|
\end{aligned}
$$

$$(5\text{-}46)$$

（3）地表曲率计算

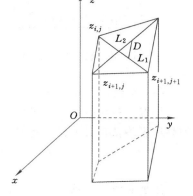

图 5-49　地表粗糙度计算

① 地面剖面曲率计算

地面的剖面曲率(Profile Curvature)其实质是指地面坡度的变化率,可以通过计算地面坡度的坡度而求得(图 5-50、图 5-51)。

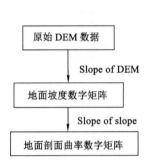

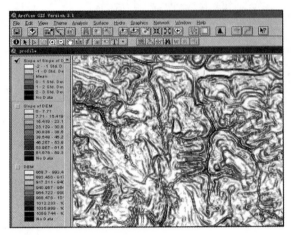

图 5-50　地面剖面曲率计算　　　　　　　　图 5-51　地面剖面曲率图

② 地面平面曲率计算

地面的平面曲率(Plan Curvature)是指地面坡度的变化率,可以通过计算地面坡向的坡度而求得(图 5-52、图 5-53)。

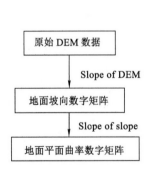

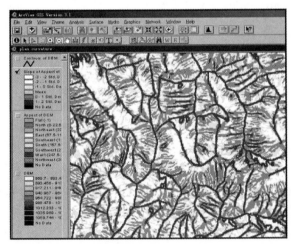

图 5-52　地面平面曲率计算　　　　　　　　图 5-53　地面平面曲率图

（4）高程及变异分析

高程分析包括平面高程和相对高程的计算。通常以地表单元网格点 $p_k(k=1,2,3,4)$ 的高程平均值定义为该单元的平均高程:

$$\bar{z} = \frac{1}{4}\sum_{k=1}^{4} z(p_k) \tag{5-47}$$

以地表单元网格定点 $p_k(k=1,2,3,4)$ 的高程与研究区域或某一流域内最低点高程 $z_{\min}$ 之差的平均值定义为该单元的相对高程:

$$D_k = \frac{1}{4} \sum_{k=1}^{4} z(p_k) - z_{\min} \tag{5-48}$$

高程变异是反映地表单元格网各顶点高程变化的指标,它以格网单元顶点的标准差与平均高程的比值来表示:

$$V = s / \bar{z} \tag{5-49}$$

其中,标准差 $s = \left[\frac{1}{4} \sum_{k=1}^{4} (z(p_k) - \bar{z})^2 \right]^{\frac{1}{2}}$

(5)谷脊特征分析

谷和脊是地表形态结构中的重要部分。谷是地势相对最低点的集合,脊是地势相对最高点的集合。在格网 DTM 中,可按照下列判别式直接判定谷点和脊点:

① 当 $(z_{i,(j-1)} - z_{i,j})(z_{i,(j+1)} - z_{i,j}) > 0$ 时:

若 $z_{i,(j+1)} > z_{i,j}$,则 $v_R(i,j) = -1$;

若 $z_{i,(j+1)} < z_{i,j}$,则 $v_R(i,j) = 1$。

② 当 $(z_{(i-1),j} - z_{i,j})(z_{(i+1),j} - z_{i,j}) > 0$ 时:

若 $z_{(i+1),j} > z_{i,j}$,则 $v_R(i,j) = -1$;

若 $z_{i,(j+1)} < z_{i,j}$,则 $v_R(i,j) = 1$。

③ 在其他情况下,$v_R = (i,j) = 0$。

其中,$v_R(i,j) = -1$ 表示谷点;$v_R(i,j) = 1$ 表示脊点;$v_R(i,j) = 0$ 表示其他点。

这种判定只能提供概略的结果。当需对谷脊特征作较精确分析时,应由曲面拟合方程建立地表单元的曲面方程,然后通过确定曲面上各种插值点的极小值和极大值,当插值点在两个相互垂直的方向上分别为极大值或极小值时,则可确定出谷点或脊点。

2. 地表形态的自动分类

地形的自动分类首先需要根据区域的地形特点,拟定分类决策表(表 5-5),然后按照自动提取地形类型信息的过程(图 5-54),便可以获得区域的地形类型分类系统(例如岗丘、丘陵等),并输出地形类型图。

表 5-5　　　　　　　　　　　　　　分类决策表

	平地	岗丘	丘陵	低山	中山
绝对高度/m			<400	400~800	>800
相对高度/m		<100	100~200	>200	>200
坡度/(°)	<3				

图 5-54　自动提取地形类型信息流程

3. 剖面分析

DTM 表示了一个区域地形的整体变化情况,在实际应用中经常需要知道从地面上一个点到另一个点沿途的地形变化情况,如通视性、地貌轮廓、坡度特征、绝对与相对高程等,这就需要绘制地形剖面图。

如图 5-55 所示,设 $z_{i,j}$ 为格网点(i,j)上的高程,根据$\{z_{i,j}\}$数据来绘制剖面,只要知道剖面线在 DTM 矩阵中的起点位置(i_1,j_1)和终点位置(i_2,j_2),就可唯一地确定这条剖面线与 DTM 网格交点的平面位置及其高程。

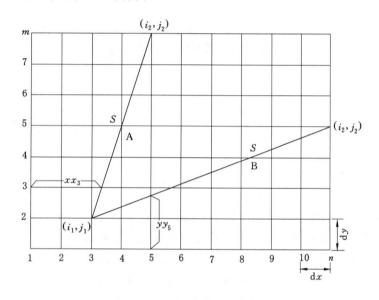

图 5-55 剖面线交点的内插

令 $\Delta x = j_2 - j_1$,$\Delta y = i_2 - i_1$,显然,当 $\Delta x \neq 0$ 且 $|\Delta y / \Delta x| - 1 > 0$ 时,应求剖面线(图5-55中 A 线)与 DTM 格网横轴的交点,它们在格网 DTM 坐标系中的平面直角坐标和高程分别为:

$$\begin{cases} yy_k = i_1 + (k-1) \times ISG_2 \\ xx_k = j_1 + |(yy_k - i_1) \times \Delta x / \Delta y| \times ISG_1 \\ zz_k = (xx_k - IA)(z_{IK,IB} - z_{IK,IC}) + z_{IK,IC} \end{cases} \tag{5-50}$$

式中 $IK = \mathrm{INT}(yy_k)$;

$IA = \mathrm{INT}(xx_k)$;

$IB = (IA+1) \times ISG_1$;

$IC = IB - ISG_1$;

INT 为取整函数;

$k = i_1, i_1+1, \cdots, |i_2 - i_1|$;

ISG_1、ISG_2 为正负号的取值标志,具体取值由 Δx、Δy 的符号来决定,见表 5-6。

同理,当 $\Delta x \neq 0$,且 $|\Delta y / \Delta x| - 1 < 0$ 时,应求剖面线与网格纵轴的交点(图 5-55 中 B线),此时:

表 5-6		ISG_1 和 ISG_2 值的确定		
Δx	>0	>0	<0	<0
Δy	>0	<0	>0	<0
ISG_1	1	1	-1	-1
ISG_2	1	-1	1	-1

$$\begin{cases} xx_k = j_1 + (k-1) \times ISG_1 \\ yy_k = i_1 + | (xx_k - j_1) \times \Delta y / \Delta x | \times ISG_2 \\ zz_k = (yy_k - IA)(z_{IB,IK} - z_{IC,IK}) + z_{IC,IK} \end{cases} \tag{5-51}$$

其中，IK，IA 含义与式(5-50)相同；$IB = (IA+1) \times ISG_2$；$IC = IB - ISG_2$；$k = j_1, j_1 + 1,$ $\cdots, |j_2 - j_1|$。

当 $\Delta x = 0$ 或 $\Delta y = 0$ 时，剖面线方向与 DTM 网格纵、横轴方向一致，此时剖面线上各点的高程可直接读出。

在计算出剖面线上各点的高程 zz_k 和剖面线相邻两点的实际距离 S 之后，就可以根据选定的垂直比例尺 m_y 和水平比例尺 m_x 自动绘出所需要的地形剖面图，如图 5-56 所示。

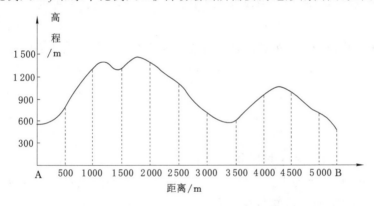

图 5-56 沿某一方向 AB 绘出的典型剖面图

4. 基于 DTM 的可视性分析

可视性分析的基本内容如下：

(1) 可视性分析的基本因子

可视性分析也称通视分析，实质属于对地形进行最优化处理的范畴，比如设置雷达站、电视台的发射站、道路选择、航海导航等，在军事上如布设阵地(如炮兵阵地、电子对抗阵地)、设置观察哨所、铺架通信线路等。

可视性分析的基本因子有两个：一个是两点之间的通视性(Intervisibility)，另一个是可视域(Viewshed)，即对于给定的观察点所覆盖的区域。

一种比较常见的判断两点之间可视性的算法如下：

① 确定过观察点和目标点所在的线段与 XY 平面垂直的平面 S。

② 求出地形模型中与 S 相交的所有边。

③ 判断相交的边是否位于观察点和目标点所在的线段之上，如果有一条边在其上，则

观察点和目标点不可视。

另一种算法是所谓的"射线追踪法"。这种算法的基本思想是对于给定的观察点 V 和某个观察方向,从观察点 V 开始沿着观察方向计算地形模型中与射线相交的第一个面元,如果这个面元存在,则不再计算。显然这种方法既可用于判断两点相互间是否可视,又可以用于限定区域的水平可视计算。

以上两种算法对于规则格网模型和 TIN 模型的可视分析都适用。

对于线状目标和面状目标,则需要确定通视部分和不通视部分的边界。

计算可视域的算法对于规则格网 DEM 和基于 TIN 的地形模型则有所区别。基于规则格网 DEM 的可视域算法在 GIS 分析中应用较广。在规则格网 DEM 中,可视域经常是以离散的形式表示,即将每个格网点表示为可视或不可视,这就是所谓的"可视矩阵"。

计算基于规则格网 DEM 的可视域,一种简单的方法就是沿着视线的方向,从视点开始到目标格网点,计算与视线相交的格网单元(边或面),判断相交的格网单元是否可视,从而确定视点与目标视点之间是否可视。显然这种方法存在大量的冗余计算,因而有人提出了一种基于"线扫描"的算法。总的来说,由于规则格网 DEM 的格网点一般都比较多,相应的时间消耗比较大。针对规则格网 DEM 的特点,比较好的处理方法是采用并行处理。

基于 TIN 地形模型的可视域计算一般通过计算地形中单个三角形面元可视的部分来实现。实际上,基于 TIN 地形模型的可视域计算与三维场景中的隐藏面消去问题相似,可以将隐藏面消去算法加以改进,用于基于 TIN 地形模型的可视域计算。各种改进的算法基本都是围绕提高可视分析的速度展开的。

(2)可视性分析的基本用途

可视性分析最基本的用途可以分为三种:

① 可视查询:可视查询主要是指对于给定的地形环境中的目标对象(或区域),确定从某个观察点观察,该目标对象是可视还是某一部分可视。可视查询中,与某个目标点相关的可视只需要确定该点是否可视即可。对于非点的目标对象,如线状、面状对象,则需要确定对象的某一部分可视或不可视。由此,也可以将可视查询分为点状目标可视查询、线状目标可视查询和面状目标可视查询等(图 5-57)。

② 地形可视结构计算(即可视域的计算):地形可视结构计算主要是针对环境自身而言,计算对于给定的观察点,地形环境中通视的区域及不通视的区域。地形环境中基本的可视结构就是可视域,它是构成地形模型的点中相对于某个观察点所有通视的点的集合。利用这些可视点,即可以将地形表面可视的区域表示出来,从而为可视查询提供丰富的信息(图 5-58,图 5-59)。

③ 水平可视计算:水平可视计算是指对于地形环境给定的边界范围,确定围绕观察点所有射线方向上距离观察点最远的可视点。水平可视计算是地形可视结构计算的一种特殊形式,但它在一些特殊领域中有着广泛的应用,而且需要的存储空间很小。

(二)制作立体透视图

从数字地面模型绘制透视立体图是 DTM 的一个极其重要的应用。立体透视图能更好

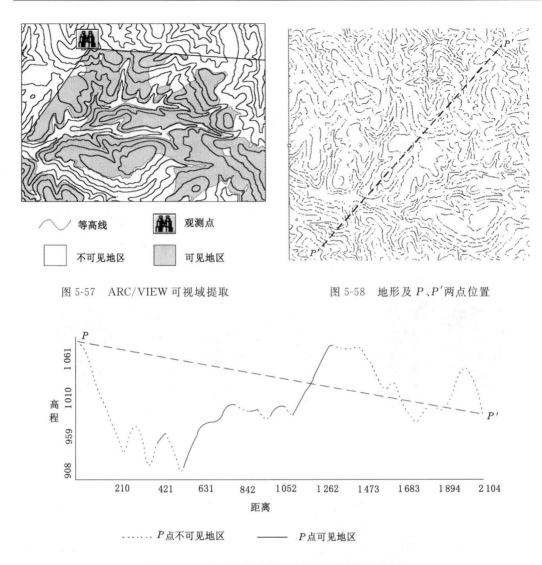

图 5-57　ARC/VIEW 可视域提取　　　　图 5-58　地形及 P、P' 两点位置

图 5-59　P 点可视范围及 P、P' 两点通视情况示意图

地反映地形的立体形态，非常直观，与采用等高线表示地形形态相比有其自身独特的优点，更接近人们的直观视觉。随着计算机图形处理工作的增强以及屏幕显示系统的发展，使立体图形的制作具有更大的灵活性，人们可以根据不同的需要，对于同一个地形形态作各种不同的立体显示。例如局部放大，改变高程值 Z 的放大倍率以夸大立体形态；改变视点的位置以便从不同的角度进行观察，甚至可以使立体图形转动，使人们更好地研究地形的空间形态。

　　从一个空间的三维立体数字地面模型到一个平面的二维透视图，其本质就是一个透视变换。将"视点"看作"摄影中心"，可以直接应用共线方程从物点 (X,Y,Z) 计算"像点"坐标 (X,Y)。透视图中的另一个问题是"消隐"的问题，即处理前景挡后景的问题。

　　调整视点、视角等各个参数值，就可从不同方位、不同距离绘制形态各不相同的透视图。计算机速度充分高时，就可实时地产生动画 DTM 透视图。制作立体透视图的基本流程如

图 5-60 所示。

    计算机自动绘制透视立体图的理论基础是透视原理(图 5-61)，由 TIN 构建的三维模型及 DTM 与正射影像图叠合的地面三维模型分别如图 5-62 及图 5-63 所示。

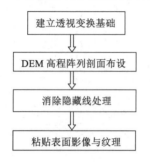

图 5-60　制作立体透视图的基本流程

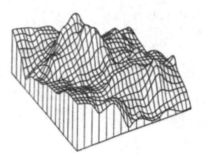

图 5-61　透视变换原理示意图

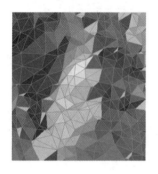

图 5-62　由 TIN 构建的三维模型

图 5-63　DTM 与正射影像图叠合的地面三维模型

第八节　空间分析建模

    以上重点介绍了空间统计分析、空间查询、缓冲区分析、叠加分析、网络分析及数字地面模型分析等 GIS 中基本的空间分析功能。这些基本的空间分析都可以看作是简单的空间分析模型，但更一般的理解是空间分析和空间分析建模是两个层次上的问题。空间分析为复杂的空间模型的建立提供基本的分析工具，空间分析建模是对空间分析的应用和发展，是在实践经验积累的基础上发展起来的，以空间分析的基本方法和算法模型为基础，用以解决一些需要专家知识才能解决的问题。因此，有必要建立面向具体专业的空间分析模型，本节重点介绍空间分析模型的概念、分类、建立过程及方法。

一、空间分析模型的概念及特点

    空间分析模型是指用于 GIS 空间分析的数学模型，是在 GIS 空间数据基础上建立起来的模型，是对现实世界科学体系问题域抽象的空间概念模型。

    也可以这样来理解空间分析模型的概念和意义：

    ① 空间分析模型是联系 GIS 应用系统与专业领域的纽带，必须以广泛、深入的专业研究为基础。

    ② 空间分析模型是综合利用 GIS 中大量数据的工具，数据的综合分析和应用主要通过

模型来实现。

③ 空间分析模型是分析型和辅助决策型 GIS 区别于管理型 GIS 的一个重要特征，是解决空间分析和辅助决策问题的核心。

④ 空间分析模型是 GIS 应用系统向更高技术水平发展的基础。

空间分析模型和广义的模型概念既有区别又有联系，表现在：

① 空间定位是空间分析模型特有的性质，构成空间分析模型的空间目标（点、弧段、网络、面域、复杂地物等）的多样性决定了空间分析模型建立的复杂性。

② 空间关系也是空间分析模型的一个重要特征，空间层次关系、相邻关系以及空间目标的拓扑关系也决定了空间分析模型建立的特殊性。

③ 包含坐标、高程、属性以及时序特征的空间数据极其庞大，大量的空间数据通常用图形的方式来表示。因此，由空间数据构成的空间分析模型也具有了可视化图形特征。

④ 空间分析模型不是一个独立的模型实体，它和广义模型中抽象模型的定义是交叉的。GIS 要求完全精确地表达地理环境间复杂的空间关系，因而常使用数学模型。此外，仿真模型和符号模型也在 GIS 中得到了很好的应用。

二、空间分析模型的种类

常用的空间分析模型有以下几种：

1. 空间分布分析模型

空间分布是从整体、全局的角度来描述空间变量和空间物体的特性。空间分布分析用于研究地理对象的空间分布特征，主要包括：

① 空间分布参数的描述，如分布密度和均值、分布中心、离散度等。

② 空间分布检验，以确定分布类型。

③ 空间聚类分析，反映分布的多中心特征并确定这些中心。

④ 趋势面分析，反映现象的空间分布趋势。

⑤ 空间聚合与分解，反映空间对比与趋势。

2. 空间关系分析模型

用于研究基于地理对象的位置和属性特征的空间物体之间的关系，包括距离、方向、连通和拓扑四种空间关系。其中，拓扑关系是研究得较多的关系；距离是内容最丰富的一种关系；连通用于描述基于视线的空间物体之间的通视性；方向反映物体的方位。

3. 空间相关分析模型

用于研究对象位置和属性集成下的关系，尤其是对象群（类）之间的关系。在这方面，目前研究得最多的是空间统计学范畴的问题。统计上的空间相关、叠加分析就是考虑对象之间相关关系的分析。

GIS 数据库中存储的各种自然和人文地理要素（现象）的数据并不是孤立的，它们相互影响、相互制约，彼此之间存在着一定的联系。相关分析模型就是用来分析研究各种地理要素数据之间相互关系的一种手段，通常可以分为参数相关和非参数相关两种。参数相关又可分为简单（两要素）线性相关和多要素间的相关模型；非参数相关可以分为顺序（等级）相关和二元分类相关。

4. 预测、评价与决策模型

用于研究地理对象的动态发展，根据过去和现在推断未来，根据已知推测未知，运用科学知识和手段来估计地理对象的未来发展趋势,并作出判断与评价,形成决策方案,用以指导行动,以获得尽可能好的实践效果。

GIS空间数据库的数据除了反映各种自然和人文要素(现象)的空间分布特征和相互关系外,还能反映地理要素的动态发展规律,并用于预测分析。这种预测分析是建立在现象间因果关系的基础之上的,即某些现象作为原因,另一种现象作为结果,原因与结果的关系可以用确定的函数来描述,函数中的参数能说明这种因果关系的本质。预测模型常用于判断结果随原因变化的方向和程度,用于推断随时间发生变化的大小。

三、空间分析建模过程与实现方法

1. 空间分析模型建立过程

空间分析建模是指运用GIS空间分析方法建立数学模型的过程。模型建立的过程如下:

① 明确问题:分析问题的实际背景,弄清建立模型的目的,掌握所分析的对象的各种信息,即明确实际问题的实质所在,不仅要明确所要解决的问题是什么,要达到什么样的目标,还要明确实际问题的具体解决途径和所需要的数据。

② 分解问题:找出与实际问题有关的因素,通过假设把所研究的问题进行分解、简化,明确模型中需要考虑的因素以及它们在过程中的作用,并准备相关的数据集。

③ 组建模型:运用数学知识和GIS空间分析工具来描述问题中的变量间的关系。

④ 检验模型结果:运行所得到的模型,解释模型的结果或把运行结果与实际观测进行对比。如果模型结果的解释与实际状况符合或结果与实际观测基本一致,这表明模型符合实际。如果模型的结果很难与实际相符或与实际很难一致,则表明模型与实际不相符,说明在建模过程中,可能忽略了某些重要的因素,缺乏关键的数据,这时必须加强对实际问题的调研,重新开始建模过程。

⑤ 应用分析结果:在对模型的结果满意的前提下,可以运用模型进行分析。

2. 空间分析模型实现方法

目前,实现GIS空间分析模型的途径主要有以下5种:① 基于GIS软件平台提供的二次开发语言实现空间分析模型;② 基于GIS外部松散耦合式的空间分析模型实现;③ 基于混合型的空间分析模型实现;④ 基于插件技术的空间分析模型实现;⑤ 基于面向目标的图形语言实现。

(1) 基于GIS环境内二次开发语言的空间分析模型实现

目前通用的GIS软件都提供进行二次开发的工具,如ArcGIS的AE、超图的SuperMap Objects。二次开发工具的一个主要问题是它对于普通用户而言过于困难,而GIS成功应用于专门领域的关键在于支持建立该领域特有的空间分析模型。GIS软件应当提供支持面向用户的空间分析模型的定义、生成和检验的环境,支持与用户交互式的分析、建模和决策。

(2) 基于GIS外部松散耦合式的空间分析模型实现

除GIS外,借助其他软件环境(比如SAS,SPSS,GLIM等)或计算机编程语言如VC++、VB或Delphi等来实现空间分析模型,这些模型与GIS之间采取数据通信的方式联系。

(3) 基于混合型的空间分析模型实现

这种方法也有两种情况:第一种是纯属上述两种方法的混合,其宗旨是尽可能地利用

GIS 所提供的功能,最大限度地减少用户自行开发的压力;第二种就是利用面向对象和构件技术(COM),在 GIS 商家提供的 GIS 控件的基础上,应用计算机编程语言开发应用模型软件。

(4) 基于插件(Plug-in)技术的空间分析模型实现

利用已有的程序开发环境来制作插件,使用这种方法的 GIS 软件必须在程序主体中建立多个自定义接口,使插件能够自由访问程序中的各种资源。这种插件的优势在于自由度极大,可以无限发挥插件开发者的创意,形成各种各样的 GIS 空间分析模型。

(5) 基于面向目标的图形语言实现

面向目标的图形模型语言开发工具提供了一个面向目标的图形化的空间分析建模语言,使用户能够设计高级的空间模型功能,所有这些设计都是在图形的方式(如图标)而非编程语言方式下进行的,建模过程中的对象和空间分析操作均以图标形式展示给用户,用户亦可自定义图标。用户在对图标的定义、选择和操作中完成模型的定义和检验。用户完全可以摆脱编程语言的难学和复杂性问题,省去了很多中间过程。

本 章 小 结

空间分析是 GIS 的核心,也是评价一个 GIS 功能的主要指标之一。本章首先给出了 GIS 空间分析的基本概念,在此基础上,论述了 GIS 中常用的空间分析功能及其算法。主要内容包括空间统计分析;基于空间数据的位置、属性、相互关系的简单或复杂查询;缓冲区分析;基于矢量和栅格数据结构的空间叠置运算和分析;空间网络结构、主要的网络分析模型及其实现方法;数字地面模型(DTM)的概念、数据表达方式、空间内插模型和三维地形分析的方法。最后,简要介绍了空间分析模型的概念及空间分析模型建立的过程。

本章思考题

1. 什么是 GIS 的空间分析? 常用的空间分析功能有哪些?

2. 在一种 GIS 软件中实践空间统计分析的有关功能,编程实现趋势面分析。

3. 什么是缓冲区分析? 特殊情况下缓冲区分析需要考虑哪些方面?

4. 什么是空间叠置分析? 比较基于矢量数据模型和基于栅格数据模型的空间叠置分析的优缺点。

5. 矢量数据模型中,多边形与多边形的叠置分析如何实现?

6. 空间查询的方式有哪些? 请在有关 GIS 软件中实践之。

7. 网络的基本概念及要素是什么? 编程实现 Dijkstra 算法。

8. 什么是数字地面模型? 它有哪些应用? 请在有关 GIS 软件中实践之。

9. 编程实现将离散点数据连接成 TIN 的模型。

10. 为什么要对空间数据进行内插和拟合? 内插和拟合的方法有哪些? 试对它们进行比较。

第六章　空间信息的可视化与自动制图

第一节　空间信息可视化

一、空间信息可视化概述

可视化(Visualization)是人脑印象构造过程的一种仿真,用以支持用户的判断和理解,其目的是便于人们理解现象、发现规律和传播知识。可视化的本意是使事物被视觉所感知。它将符号或数据转换为直观的几何图形,便于研究人员观察其模拟和计算过程。可视化包括了图像综合,这就是说,可视化是用来解释输入到计算机中的图像数据,并从复杂的多维数据中生成图像的一种工具。

1. 科学计算可视化

可视化的研究热潮起源于科学计算可视化,科学计算可视化是研究如何将科学计算过程及计算结果的数据转换成图形或图像信息,并可进行交互式分析。1986 年美国自然科学基金会首先提出科学计算可视化,并将其定义为"可视化是一种计算方法,它将符号转化成几何图形,便于研究人员观察其模拟和计算过程,可视化包括了图像理解与图像综合,这就是说,可视化是一种工具,用来解译输入到计算机中的图像数据和从复杂的多维数据中生成图像。它主要研究人和计算机怎样协调一致地感受、使用和传输视觉信息。"

科学计算可视化将一些抽象的理论、规律、过程和结果形象化地用图形、图像直观地显示出来,使其更生动、易理解,从而大大提高了科学计算和分析的水平。同时通过交互式分析,便于实现计算过程的引导和控制。

科学计算可视化应用领域十分宽广,既涉及自然科学,也涉及各类工程计算,如分子模型构造的显示、天气云团的流动、地下水分布的预测等。

2. 空间信息可视化

科学计算可视化提出之后,地学专家对可视化在地学中的地位和作用进行了许多研究,提出了地图可视化、地理可视化、GIS 可视化、地学多维图解、地理信息的多维可视化、虚拟地理环境等等。

空间信息可视化是指利用地图学、计算机图形图像技术,将复杂的科学现象和自然景观及一些抽象概念图形化的过程。更具体地说,是利用地图学、计算机图形图像技术,将地学信息输入、处理、查询、分析数据,采用图形、图像并结合图表、文字、报表等可视化形式,实现交互处理和显示的理论、技术和方法。

空间数据的特点决定了可视化是 GIS 必须要解决的理论和技术问题。由于可视化能迅速、形象地表示空间信息,在 GIS 发展的过程中,从一开始就十分重视利用计算机技术实现空间数据的图形显示和分析问题。

空间信息可视化是科学计算可视化在地学领域中的应用和体现。空间信息可视化和科学计算可视化关系密切,所用技术和方法有共同之处,但也有不同之处。两者的主要不同是空间信息可视化过程更强调数字化和符号化的概念,而且空间信息可视化描述的是地理空间内的事物,可视化过程实际上是对地理空间信息的提取和综合。

空间信息可视化要关注的问题是显示的交互性、信息载体的多维性、信息表达的动态性。交互性意味着要通过交互方式使用户进入事件的发展之中,并最终得到可视化结果;信息载体的多维性,意味着空间信息的可视化需要用多媒体表达方式;信息表达的动态性,意味着空间信息的可视化要描述空间信息的动态变化,亦即空间信息的可视化需要多媒体技术、三维动态显示技术、虚拟现实等的支持。

为提高空间信息可视化的实用性,在空间信息可视化研究中一直十分注意在地形图上显示地物要素,研究点、线、面要素在三维景观上的叠加算法。

3. 空间信息可视化的特点

空间信息可视化的常规形式是指二维平面上数据的可视化,但随着多媒体技术、三维动画技术、虚拟现实等新技术的出现,空间信息可视化内容日益丰富多彩。其特点为:

(1)可视化过程的交互性

指空间信息可视化技术要为用户提供使用、操纵、控制系统的功能。表现在界面的交互性、信息查询的交互性、可视化过程控制的交互性等。

(2)信息表达的动态性

指空间信息可视化表达要涉及空间信息的动态变化。

(3)信息表达载体的多维性

指空间信息可视化表达涉及多种信息载体,因此多媒体信息集成是空间信息可视化的特点。

二、空间信息可视化的常用形式

在复杂信息交互中,视觉信息有特殊的优点,尤其是对多维信息的表示。空间信息可视化的常规形式是指二维平面数据的可视化,其中平面地图是最主要、最古老的形式。

1. 地图

地图是空间实体的符号化模型,是空间信息可视化的最主要方式。

根据地理实体的空间形态,常用的地图种类有点状符号图、线状符号图、面状符号图、等值线图、三维立体图、晕渲图等。点状符号图在点状实体或面状实体的中心以制图符号表示实体质量特征;线状符号图采用线状符号表示线状实体的特征;面状符号图在面状区域内用填充模式表示区域的类别及数量差异;等值线图将曲面上等值的点以线划连接起来表示曲面的形态;三维立体图采用透视变换产生透视投影使读者对地物产生深度感并表示三维曲面的起伏;晕渲图以地物对光线的反射所产生的明暗使读者对三维表面产生起伏感,从而达到表示立体形态的目的。

GIS 支持多种方式的地图输出,例如使用打印机输出地图的硬拷贝,绘图仪输出地图,将地图数据文件转换为其他数据格式的文件输出、保存或者在互联网上发布等。

由于地图在 GIS 中特殊的地位和作用,在 GIS 发展的历程中,早期的 GIS 产品常带有地图制图的色彩。实际上,地图既是 GIS 的输入数据源,又是 GIS 的主要输出形式。站在 GIS 的角度看,地图制图是 GIS 的主要功能之一。计算机地图制图的发展孕育了 GIS 的诞生,而 GIS 的发展又推动着计算机地图制图的迅速提高和进一步发展。两者之间相互联系,相互促进。

可视化技术对现代地图学理论和技术方法的发展起了重要的作用。地图可视化包括数据获取、建立模型和制作各种不同的地图,这几个阶段的主要内容和相互关系如图 6-1 所示。

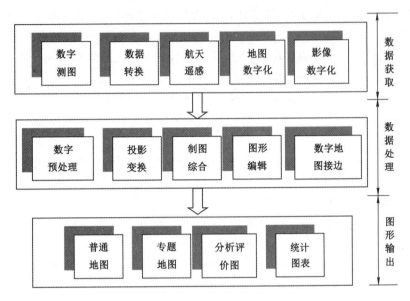

图 6-1 机助制图的基本过程

2. 图像

图像是另一种空间实体表示模型,它不采用符号化的方法,而是采用人的直观视觉变量(如灰度、颜色、模式)表示各空间位置实体的质量特征。它一般将空间范围划分为规则的单元(如正方形),然后再根据几何规则所确定的图像的平面相应位置用直观视觉变量表示该单元的特征。

3. 统计图表

统计图表主要用来表示属性数据。统计图常用的形式有柱状图、扇形图、直方图、折线图和散点图等。统计表格将数据直接表示在表格中,使读者可直接看到具体数值。

4. 数字数据

随着数字图像处理系统、GIS、制图系统以及各种分析模拟系统和决策支持系统的广泛应用,数字产品成为广泛采用的一种产品形式。它便于信息做进一步的分析和输出,使得多种系统的功能得到综合。数字产品的制作是将系统内的数据转换成一定格式存储在磁盘、磁带、光盘上,并可通过网络进行传输。

随着信息科学和计算机技术的发展,图形处理设备迅速发展和更新,计算机处理地图将成为社会生活中不可缺少的技术手段,计算机地图制图、电子地图和 WebGIS 迅速发展,将使空间信息常规可视化技术走进人们的生活,服务于全社会。

三、空间信息的三维可视化

空间信息的二维可视化主要研究二维图形的显示算法,如画线、符号库和符号化、颜色设计、图形输出等。以地形分析为核心的空间信息的 2.5 维可视化,用二维坐标系数据表示三维数据,即将三维数据经投影到二维屏幕上显示。2.5 维图形可视化的实质是研究三维到二维数据的坐标变换、隐藏线(面)消除、光照模型。2.5 维图形无法表示三维物体的体特征。

从本质上说,空间信息是一种三维信息,20 世纪 90 年代以来,三维物体的体特征可视化研究成了热点,三维及多维空间信息可视化研究深受关注。在 CIS 中,三维可视化研究最多,用得最多的是三维数字地形模型。在技术层面上,主要研究三维(多维)数据模型和数据结构、三维空间 DBMS、图形图像的实时动态处理等。

在三维仿真和三维图形的基础上,出现三维仿真地图,仿真空间地物的形状、光照、纹理,并在三维图形上实现三维测量和分析。

此外,基于多媒体技术的可视化,也是空间信息可视化中的重要内容。用图、文、声、像技术综合地表示空间信息是多媒体的特点。各种多媒体信息能形象、真实地表示空间信息的特征。

四、虚拟现实和虚拟地理环境

1. 虚拟现实

虚拟现实(Virtual Reality,VR)是空间信息可视化的新方式,是对现实或虚幻现实的仿真模拟,通过人与计算机进行交互操作,产生和现实世界相同的反馈信息,使人们得到置身于真实世界中的感觉。

虚拟现实是一门涉及众多学科的新技术,它集先进的计算机技术、传感与测量技术、仿真技术、微电子技术于一体。在计算机技术中,它同计算机图形学、人工智能、网络技术、人机接口技术及计算机仿真技术息息相关。正是这些相关技术的发展,带动了虚拟现实技术的快速发展,使其成为空间信息可视化的一种全新的方式。

虚拟现实以视觉为主,结合听觉、触觉、嗅觉、味觉来感知环境,它具有三个最突出的特征,即交互性(Interactivity)、想象性(Imagination)和沉浸感(Immersion),称"3I"特征。这也是 VR 与多媒体技术、科学计算可视化等相邻技术的区别。

交互性指参与者用专门设备,能实现对模拟环境的考察与操作,例如用户可用手直接抓取模拟环境中的物体,且有接触感和重量感,被抓起的物体也应随着手的移动而移动。

想象性是 VR 与设计者并行操作,为发挥它们的创造性而设计的,这极大地依赖于人类的想象力。

沉浸感即投入感,其目的是力图使用户在计算机所创建的三维虚拟环境中处于一种全身心投入的感觉状态,有身临其境的感觉。

2. 虚拟地理环境

虚拟现实技术、网络环境和地学结合产生了虚拟地理环境。在虚拟地理环境中,可按个人的知识、意愿、假定设计分析模型,进行交互,在网络环境下产生身临其境的感觉。虚拟地理环境是新一代地理学语言。

在虚拟地理环境中,利用地学分析模型可以实现虚拟模拟,使人们如同进入真实的地理环境之中,并在其中与之交互,从而可加速相关理论的发展。

目前,可视化技术成为信息化时代人类分析和驾驭信息的有力工具。在可视化技术的基础上,发展了仿真技术(Simulation,Imitation)和虚拟技术,应该说"虚拟现实"是仿真技术的一种特殊形式。

第二节　空间实体的符号化

地图所反映的是地学领域的事物和现象,它的空间尺度相对于人类的一般活动是宏观的。地图虽然反映的是环境空间中地学实体的集合,但它本身是观念的产物,是对客观的一种模拟,即模型。它既非数学模型,也非物理模型,而是对环境空间中地学客体集合的时、空、质、数等客观特征全面抽象后的图形符号模型。地图采用了彩色图形符号,具有形象、生动的特点。也可以说,地图是图形符号的空间集合,图形符号是地图的语言。

符号化有两个含义:在地图设计工作中,地图数据的符号化是指利用符号将连续的数据进行分类分级、概括化、抽象化的过程。而在数字地图转换为模拟地图过程中,地图数据的符号化指的是将已处理好的矢量地图数据恢复成连续图形,并附之以不同符号表示的过程。这里所讲的符号化是指后者。

符号化的原则是按实际形状确定地图符号的基本形状,以符号的颜色或者形状区分事物的性质。例如用点、线、面符号表示呈点、线、面分布特征的交通要素,点表示建筑或者特定地点,线表示公路和铁路,面用来表示地区。

一、地图的符号和色彩

地图符号(Symbol)是在地图上表达空间对象的图形记号,常称它为地图的语言。地图符号通过尺寸、形状和颜色来表示事物空间的位置、形状、质量和数量特征。地图符号丰富了地图的内容,增加了地图的可读性。

在地图中,单个符号可以表示某个事物的空间位置、大小、质量、数量特征。

1. 地图符号的分类

地图符号按其功能可分为定位符号和说明符号;按结构可分为矢量符号和栅格符号;按形态可分为点状符号、线状符号和面状符号。

(1) 点状符号

用来表达小面积事物(如控制点、居民点和独立地物等)所采用的符号。通常用符号的形状和颜色表示事物的性质,用符号的大小表示事物的等级或数量特征,但点状符号的大小和形状与地图比例尺无关,又称为非比例尺符号(图6-2)。

(2) 线状符号

当地图符号所指代的概念可抽象为几何上的线时,称为线状符号。如河流、道路、航线等,其长度能按比例尺表示,而宽度一般不能按比例尺表示,需要进行适当的夸大。因而,线状符号的形状和颜色表示事物的质量特征,其宽度往往反映事物的等级或数量。这类符号能表示事物的分布位置、延伸形态和长度,但不能表示其宽度,线状符号又称为半比例符号(图6-3)。

(3) 面状符号

当地图符号所表示的概念可抽象为几何上的面时,称为面状符号。面状符号能按地图比例尺表示出事物分布范围,它用轮廓线(实线、虚线或点线)表示事物的分布范围,其形状与事物的平面图形相似,轮廓线内加绘颜色或说明符号以表示事物的性质和数量,并可从图上量测其长度、宽度和面积,所以又称为比例符号。图6-4为面状符号的例子。

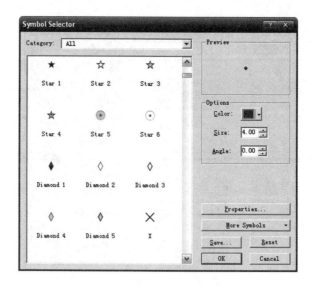

图 6-2　ArcGIS 中的点状符号

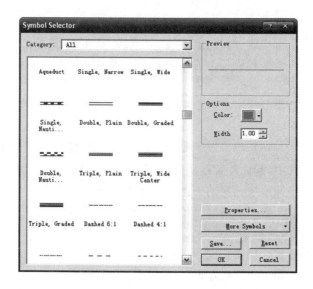

图 6-3　ArcGIS 中的线状符号

2. 地图符号的图元

地图符号由点状符号、线状符号和面状符号组成,而各种地图符号又分别由各自的图元(基本图素)组成。

地图符号的图元指组成地图符号的基本要素。各种图元都具有各自的绘图参数(符号代码、绘图句柄和笔的颜色等)和操作方法(绘制、编辑和删除等)。

(1)点状符号的图元

点状符号的图元分为点、线段、折线、样条曲线、圆弧、三角形、矩形、多边形等。按照面向对象的方法,组成点状符号的图元分成点类、线段类、折线类、样条曲线类、圆弧类、圆类、三角形类、矩形类、多边形类、子图类和位图类等。

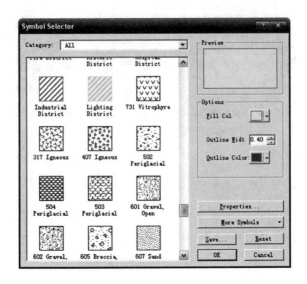

图 6-4　ArcGIS 中的面状符号

（2）线状符号的图元

线符号的基本线型由实线、虚线、点虚线、双虚线、双实线、连续点符号、齿线符号、带状晕线等组成。这些基本线型看成是组成线符号的一系列线状符号图元组成。

（3）面状符号的图元

面状符号的实质是指面状区域内填充的图案，通常包括各种阴影线填充图案、点符号填充图案和位图填充图案。

阴影线填充图案主要包括阴影线的倾角、线宽、起始位置(x,y)、偏移量(d_x,d_y)、实部长、虚部长、线色等。其中，起始位置是阴线族起点坐标系中的坐标值；偏移量(d_x,d_y)是下一条阴线起点在阴线坐标系中相对前一条阴线起点的坐标增量值。

点符号填充图案主要包括点符号行偏移、列偏移、行间距、列间距、缩放系数、旋转角、点符号、旋转角形式（固定、随机）、存点形式（品字形、井字形）等。

位图填充图案主要包括位图长度、位图宽度、行间距、列间距、缩放系数、旋转角、填充形式（品字形、井字形）、位图。图 6-5 为面状符号图元的例子。

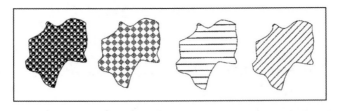

图 6-5　面状符号的图元

3. 地图的色彩

色彩是地图语言的重要内容。地图上使用色彩便于各要素的分类和分级表示，以更好地反映制图对象的质量与数量的变化，最终增强地图的感受力、表现力和科学性。色彩模型有多种，在 GIS 中常用 RGB 和 HLS 色彩模型，两种模型之间可以相互转换。

(1) RGB 色彩模型

即红、绿、蓝三基色模型。该模型中各种色彩的光谱由红、绿、蓝三种颜色组成。RGB 色彩模型常用在彩色显示器、彩色摄像机及遥感图像的多光谱图像数据处理中。

(2) HLS 色彩模型

该模型中色调 H(Hue)、亮度 L(Light)、饱和度 S(Saturation)反映了色彩的 3 个属性。色调又称色相,是指色彩的类别,在地图上用不同色调来表示不同类别的对象,如用蓝色表示水系,绿色表示植被,棕色表示地貌。亮度又称明度,是指色彩本身的明暗程度,在地图上用不同的亮度来表现对象的数量差异,如用蓝色的深浅表示海水的深度变化。饱和度也称纯度,指色彩接近标准色的纯净度,色彩的纯度越高,色彩就越鲜艳。通常对面积小、数量少的对象用纯度较高的色彩,以求明显突出;对大面积区使其纯度偏弱,以免过分明显而刺眼。

由于色彩能给人以不同的感觉,包括色彩的敏感度、色彩的冷暖感、色彩的兴奋与沉静感、色彩的远近感等。色彩使地图内容表达得更科学、更完美。

在设计地图时,通常面状符号常具有背景之意义,宜使用饱和度较小的色彩;点状符号和线状符号(包括注记)则常使用饱和度大的色彩,使其构成较强烈的刺激,而易为人们所感知。在这个原则基础上,再结合色相、亮度和饱和度的变化,表现各种对象的质、量和分布范围等。对于不同的专题数据类型或不同内容的专题地图,有很多规则在地图设计时必须遵守,这些规则是从多角度考虑的结果,地形图就是一个非常典型的例子。

二、地图符号库和汉字库

地图符号库是地图符号的有序集合,在 GIS 中都装有地图符号库。地图符号库将地图符号以数据库的形式存到计算机中,以实现数据库管理功能,为符号信息的存储和查询提供条件。地图符号库按结构可分为矢量符号库或栅格符号库;按类型可分为点符号库、线符号库和面符号库。每种符号库中的符号有统一结构,要便于扩充和修改,以满足不同专业的不同需要。

1. 地图符号库的设计

地图符号库中存储的是地图符号的图形信息和颜色信息,每个符号由一个信息块组成。符号信息块表示的图形、颜色和符号的含义应符合国家基本比例尺地图符号库的要求。

地图符号信息块的构成有两种方法:

(1) 直接信息块法

信息块中直接存储图形的矢量数据(如图形的特征点坐标数据)或栅格数据(分解的点阵数据)。直接信息块法绘制符号较规范,但符号信息占用空间较大。

(2) 间接信息块法

信息块中存储图形的几何参数,如图形的长、宽、间隔、半径、夹角等。通过计算机程序调用上述参数得到所要的图形符号,这样使信息块占用空间较小,但符号绘制不够规范。

2. 矢量符号库及其应用

矢量符号库按矢量数据结构组织符号信息,其中最基本的绘图元素是有向线段。矢量符号库常分为点状符号、线状符号和面状符号。

使用矢量点状符号时,符号化软件读取空间数据库,并经过预处理模块处理后得到分类特征码数据及点符号空间定位数据,其过程主要包括中心化、旋转、缩放和绘制等。

使用矢量线状符号时,将线状符号图元沿线状要素的中轴串接,其中 X 轴与中轴重合,在线状地物的转弯处,图元同样弯曲。

使用矢量面状符号时,将填充的图符按要求的方向和行距间隔逐行填充。

3. 栅格符号库及其应用

栅格符号库按栅格数据结构组织符号信息,其基本绘图元素是栅格点。栅格符号库中符号制作相对比较简单,它同样分点状符号、线状符号和面状符号。

使用栅格点符号时,由平移产生,对有向的点符号,经旋转和平移变换输出。

使用栅格线符号时,由于线状符号走向变化,不能对信息块做整个操作,而是将栅格阵元从左到右逐列取出,并按线的走向做旋转和平移变换输出。

使用栅格面符号时,先将区域内全部栅格点填实,然后同栅格符号进行逻辑与,从而得到所要求的填充图案。

4. 地图的汉字库

地图的汉字库为地图提供不同字体、不同字形、不同尺寸、不同颜色、不同排列方式的汉字。地图的汉字库功能和使用同点状字符很相似。传统的汉字库有矢量字库和栅格字库,目前 GIS 中都采用 True Type 汉字库,这是一种特殊的矢量汉字库,也称轮廓字库。

① 栅格汉字库(点阵汉字库):描述字的点越多,字的存储量越大,显示清晰度越高。目前点阵汉字已从 64 点阵发展到 128 点阵。

② 矢量汉字库:矢量汉字因为它有较光滑的外形、较小的存储量、便于缩放而受欢迎。但是在地图上放大过大时,会出现折线效果。

③ TrueType 轮廓汉字库:TrueType 字库的字型是一组用数学方法描述的,由直线和曲线描绘的字符图形。由它组成的高质量中西文轮廓汉字库最适合地图使用,它可以提供高质量的放大和旋转字,能跨平台工作。

三、地图标注

地图上说明图面要素的名称、质量与数量特征的文字或数字,统称为地图注记(Cartographic Annotation)。在地图上只有将表示要素和现象的图形符号与说明这些要素的名称、质量、数量特征的文字和数字符号结合起来,形成一个有机整体,即地图的符号系统,这样才能使地图更加有效地进行信息传输。

1. 地图注记的内容

地图上的注记分为名称注记、说明注记和数字注记三种。名称注记用于说明各种事物的专有名称,如山脉名称,江、河、湖、海名称,居民地名称,地区、国家、大洲、大陆、岛屿名称等。名称注记最重要,在地图上数量最大,而且随着地图比例尺的缩小,单位面积上的名称注记数目(注记密度)往往会增大。说明注记用于说明各种事物种类、性质或特征,用以补充图形符号的不足,常用简注形式表示。数字注记用于说明事物的数量特征,如地形高程、比高、路宽、水深、流速、承载压力等。同时,借助不同字体、字号、颜色的注记也能够进一步标明事物的性质、种类及数量差异。因此,地图注记在地图图面上与图形符号构成一种相辅相成的整体。

2. GIS 中的地图注记方法

地图注记的形成过程就是地图的标注(Label)。传统的地图注记工作量很大,为了减少地图注记的工作量和时间,必须寻求地图注记的自动化方法。目前,GIS 都提供地图自动注记功能,同时通过人工调整以进一步优化。20 世纪 80 年代以来,专家系统、神经网络等智能化方法逐渐渗入到自动化地图制图领域,并促使计算机地图制图技术的飞跃发展,国外也有了智能化实用地图注记配置软件系统。

如果需要标注的图形较少,或需要标注的内容没有包含在数据层的属性表中,或需要对部分图形要素进行特别说明,适合应用交互式标注来放置地图注记。

如果标注的内容包含在属性表中,且需要标注的内容布满整个图层,甚至分布在若干数据层,就可以应用自动标注方式来放置地图注记。

地图上注记数量较多,它们可以位于地图中的任一部分,而注记的排列和配置是否恰当会影响读图的效果。汉字注记通常有水平字列、垂直字列、雁形字列(注记的字向指向北方或图廓上方)和屈曲字列(注记的字向与注记文字中心线垂直或平行)等等。

注记配置的基本原则是不应该使注记压盖图上其他图形符号部分。注记应与其所说明的事物关系明确。对于点状地物,应以点状符号为中心,在其上下左右四个方向中的任一适当位置配置注记,注记呈水平方向排列;对于线状事物,注记沿线状符号延伸方向从左向右或从上向下排列,字的间隔均匀一致,特别长的线状地物,名称注记可重复出现;对于面状事物,注记一般置于面状符号之内,沿面状符号最大延伸方向配置,字的间隔均匀一致。图6-6表示了点、线、面注记的不同配置方式。

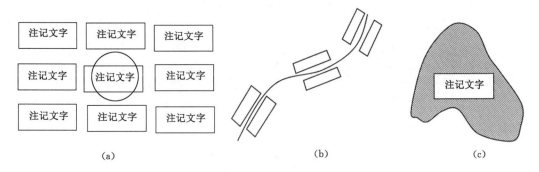

图 6-6　不同类型实体的注记配置形式
(a) 点实体注记的配置;(b) 线实体注记的配置;(c) 面实体注记的配置

为了自动地确定实体注记的位置,要进行空间关系的判断,一个实现自动注记的系统应具有以下功能:

① 确定地图上的要素以及相应的注记文字。

② 对空间数据进行搜索和显示。

③ 产生试验性的注记点。

④ 选择较好的注记位置。

⑤ 从要素属性表中提取待注记属性域。

⑥ 在注记位置上按设置的字体、字号和颜色注记。

由于注记只是对地物的描述,因此在地图上注记不能遮盖地物,注记之间也不能相互重叠,所以还需要进行注记是否重叠的判断。在进行注记时,由于图面负载量的原因,不可能对所有的实体都进行标注,还要进行判断和选择,选取那些相对重要的实体,这可通过在实体属性表中增加重要性域来实现。

空间数据完全实现注记的自动化尚存在不少困难,目前可行的方法是:采用自动注记方法先对所有实体注记,再根据需要对注记进行编辑,编辑功能包括修改注记的字体、字号、颜色,修改注记内容,移动注记的点位,改变注记的方向,删除或复制注记等。

四、空间实体的符号化过程

地图是空间实体的符号化模型,是 GIS 产品的主要表现形式。地图的数字化是将特定的地理空间实体按数据模型抽象为空间数据,并存入空间数据库的过程。

符号化是空间数据数字化的逆过程,指将空间数据库内空间数据转变为地图输出时,对空间数据配置符号的过程。

GIS 实现地图输出时,首先要确定输出范围及该范围内的空间实体,并从空间数据库中获取表示空间实体的几何坐标数据和相应的属性数据;然后根据属性数据中表示的地物类型,到符号库中获取符号描述信息,建立空间实体和符号间的关系。如在专题图制作中,地物属性值为气象站时,选择表示气象站的符号;最后由 GIS 中符号化模块,根据空间实体的几何位置信息和符号描述信息对空间实体实现符号化,并输出符号化的地图。

据绘图方式的不同符号化分为矢量符号化和栅格符号化。空间实体符号化的典型过程如图 6-7 所示。

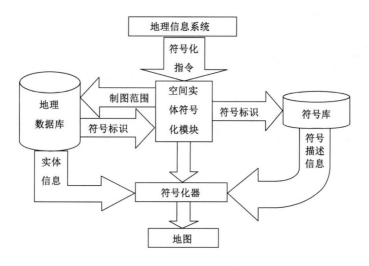

图 6-7　空间实体的符号化过程(据龚健雅,2001)

五、地形要素的制图表示

在普通地图制图中,对地形要素进行可视化表达的方式是等高线。当空间数据库中存储了制图区域的规则格网 DTM 或 TIN 时,必须根据这两种 DTM 产生等高线要素,再与其他要素叠合后,生成全要素地图。

无论是在规则格网 DTM 还是在 TIN 中生成等高线,其步骤都基本相同:

① 确定等高距的大小(由用户指定)。

② 在 DTM 中,搜索区域内最大高程和最小高程,并由此确定待生成等高线的条数 n。

③ 从第一条等高线开始,计算等高线与网格边或三角形边交点的坐标值。

④ 找出等高线起始点并确定判别条件,以追踪等高线的全部等值点。

⑤ 连接各等值点,并形成等高线坐标序列文件,记录等高线的高程。

⑥ 对等高线坐标序列进行曲线光滑。

⑦ 返回③,进行其他等高线的生成,直到 n 条等高线全部生成完毕。

⑧ 显示所有等高线,并对计曲线加粗显示,对等高线进行高程的自动注记。

虽然两种DTM生成等高线的步骤基本相同,但各步骤中的计算和判别方法却不同,具体算法可参阅有关数字地面模型的著作。

六、地图整饰

所谓地图整饰,就是地图表现形式、表示方法和地图图型的总称,是地图生产过程的一个重要环节,包括地图色彩与地图符号设计、线划和注记的刻绘、地形的立体表示、图面配置与图外装饰设计、地图集的图幅编排和装帧。整饰的目的为:根据地图性质和用途,正确选择表示方法和表现形式,恰当处理图上各种表示方法的相互关系,以充分表现地图主题及制图对象的特点,达到地图形式同内容的统一;以地图感受论为基础,充分应用艺术法则,保证地图清晰易读,层次分明,富有美感,实现地图科学性与艺术性的结合;符合地图制版印刷的要求和技术条件,有利于降低地图生产成本。

根据GIS空间数据进行普通地图制图时,可以对全区域多层要素进行一次性符号化,然后再制作分幅地图;也可以先按照分幅原则从空间数据库中提取分幅数据(使用裁剪算法)再完成符号化和注记。但后一种方法对DTM数据分割后,所生成的等高线易产生不同图幅的接边问题,因此,一般是对全区生成等高线后再分割。

在完成地图符号化与注记生成之后,还需要继续完成图面的修饰工作,包括图名、图号、比例尺、图幅结合表等图廓外注记以及坐标格网绘制与注记等。

七、影像地图制作

影像地图是一种以遥感影像和一定的地图符号来表示制图对象地理空间分布和环境状况的地图。在影像地图中,图面要素主要由影像构成,辅助以一定的地图符号来表现和说明制图对象。与普通地图相比,影像地图具有丰富的地面信息,内容层次分明,图面直观、清晰易读,充分表现出影像与地图的双重优势,还能满足对普通地图的基本要求,如量测、分析等。

对于具有向量和栅格双重数据结构的GIS空间数据库而言,遥感图像处理也是其基本功能之一。因此,影像地图的制作就十分简单,其过程如图6-8所示。

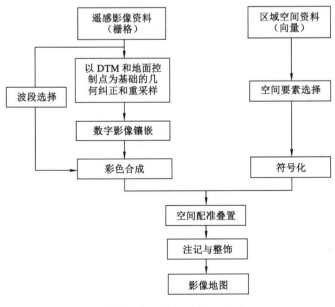

图6-8 影像地图的绘制过程

在影像地图的编制过程中,有几个问题需要特别注意:

(1)遥感影像的选择和处理

遥感影像的选择和处理是提高影像地图质量的关键,应选择恰当的时相和波段的遥感影像,影像的几何分辨率应与成图比例尺相适应。为了增加影像的可读性,需要对选定的遥感影像进行增强和去噪处理。

(2)遥感影像的几何纠正

遥感影像几何纠正的目的是对影像数据进行地理编码并消除地形起伏造成的几何误差,以提高遥感影像与向量空间数据叠置复合的精度。因此,几何纠正应利用区域的格网DTM,采用共线方程法进行,即利用纠正控制点的三维坐标(其中 Z 坐标从 DTM 中查找)来对遥感影像进行纠正。

(3)遥感影像的镶嵌

当制图区域范围很大,一景遥感影像不能覆盖全部区域时,就需要把覆盖整个制图区域的多幅具有重叠子区的遥感影像镶嵌为完整区域的图像。镶嵌时以最中间一幅影像为基础,两两拼接并保持拼接图像的灰度平衡。

(4)空间要素的选取

在影像地图中,不能把空间数据库中存储的多层要素都叠置到影像上,而应从中选取那些在遥感影像上无法表示的要素,如等高线、重要点状地物、线状地物以及某些现象等。再对这些选取的要素进行符号化处理,以便于与影像图复合。

(5)影像地图的图面配置

在将遥感影像图与空间向量制图要素复合后,就基本形成了影像地图,但是图面的可读性可能较差,尤其是当遥感影像是多波段彩色合成图像,其色彩层次丰富,将向量地图要素叠置上去后,易被遮盖,无法阅读使用。此时,需要对影像进行淡化处理,减小影像的对比度,增加它的整体亮度,再将向量地图要素与之叠置。在完成影像与向量空间要素叠置后,还需要进行图面整饰,包括图廓线、坐标控制格网、标题、图例、比例尺、指北线、图内地名等的绘制和注记。

第三节　专题地图制图

专题地图是表示特定专题信息的地图,它着重反映自然和社会经济现象中某一方面的特征。在 GIS 中,专题信息就是相应的属性信息,因此,专题图是属性信息图形化、符号化表示的结果,它强调某一特定要素或概念,反映自然、社会、经济分布特性。

一、专题地图的基本类型

专题地图种类很多,但基本上都是由地理基础信息和专题信息组成。地理基础信息组成专题地图的骨架,它确定了表示专题内容的地理位置,说明专题内容与地理环境的关系。专题信息确定了专题地图中专题要素,专题地图就是根据不同专题要素形成不同专题图。

专题地图的主题内容和服务对象很广,同专业关系密切,因此常按学科对它进行分类。

从学科看,专题地图分自然地图和社会经济地图两大类型。自然地图主要表示自然要素的分布特征,如地势图、地质图、地貌图、地球物理图、气候—气象图、海洋图、陆地水文图、土壤图、植被图、景观图、环境保护图等;后者包括行政区划图、人口图、城市图、经济图、历史地图、文化地图、旅游地图、生活设施图等。对其中任一类型的专题图又可按学科的分支再划分,例如土壤图可再划分为土壤类型图、土壤肥力图、土壤厚度图等。

按地图内容的概括程度可分成解析型(或分析型)、组合型(或合成型)和综合型(或复合型)。其中,解析型地图只反映单要素的位置和分布,对专题现象不概括或很少概括,并以各自的具体指标来显示某一方面的性质和特性,如人口密度等级图、污染源图、绿地分布图等;组合型地图表示的不是各种现象的个体特征,而是将几种不相同但相互联系的指标进行组合和概括,以显示现象总的特征,如气候区划图、环境质量评价图等;综合型地图是在同一幅图上,分别独立地显示几种要素,而这些要素具有各自的概括程度和相应的表示方法,如综合经济图。

按照对信息的描述方式可分为定性地图、定量地图以及定性与定量结合地图。定性地图反映现象在定性属性上的差别,如各种类型图、区划图、分布图等;定量地图反映现象在区域内数量的差异,如各种统计地图、等值线图等;定性与定量结合地图既反映地理要素定性方面的属性又反映其定量属性,如综合经济地图,既表示农业区划类型,又表示工业中心的等级。

二、专题要素的表示方法

专题地图除采用与普通地图中对空间要素进行可视化表达的符号化方法外,还需要有专门反映各种要素性质、数量、空间分布和时间变化的符号,这些符号主要表示空间对象的非空间属性特征。

自然和社会经济现象,在空间上被抽象为点、线、面形式,对他们的性质、数量、空间分布和时间变化属性在进行专题表达时,应采用一些基本的制图表示方法。

1. 定点符号法

使用定点符号表示制图对象的分布,主要用在对有精确定位的点状地物的描绘。专题地图上采用的点状符号按其形状可以划分为文字符号、几何符号、特征符号和艺术符号。符号大小和分级,可采用按连续绝对增长的比例或阶梯增长的比例等原则。经常使用符号内的不同颜色和线划反映制图对象的内部结构,例如采用圆形符号表示工业分布中心,可用圆的大小表示工业中心规模,圆内划分不同比例部分反映各工业部门的组成。气象观测数据可采用玫瑰花图来表示多种指标,如用圆符号定位于观测点,用不同方向的齿长表示风向的频率等。

使用符号编制专题地图的主要问题是选择和设计科学的符号系统,制定符号分级原则。一般要求符号系统的设计反映制图对象的内在联系,适应于人们的视觉习惯。符号图形不仅要简单明了,而且能反映和传输制图对象较多的信息量。用符号法编制的地图可以表示地物数量和质量特征,并有精确的定位,是制图中常用的表示方法。

2. 线状符号法

线状符号法用于表示呈线状或带状延伸的专题要素。线状符号包括不同颜色和形状的线划、箭头、条带等。地物的质量特征可以用线状符号的形状和颜色加以区分,而数量特征则用符号大小表示。在专题图上经常使用线状符号的宽度来反映数量指针,例如在交通运输图上,用可变宽度的平行双线表示运输量,双线带内用各种晕线或颜色划分货物品种。

在专题图上,有时线状符号不仅表示现象的本身分布,而且反映这种现象运动的轨迹,如台风运动途径、鱼类洄游路线等。在表示制图对象运动方向时可以包括较大的区域面积,例如用箭头符号表示洋流。这种情况下,又称动线法。可以用运动线的粗细反映现象分布的强度,长短反映重复出现的次数。线状符号同样可以反映制图对象的动态变化,用不同颜色或形状代表不同时期发生的现象。使用线状符号编制地图的主要问题是选择和处理制图对象的各种数量指针,设计合适的、有表达力的图形结构。

3. 等值线法

等值线法是用来表示连续分布并逐渐变化的制图现象的数量特征。在制图上等值线被认为是具有相等数量指针的点的连接,但在实地上并没有这种标志。地图上等值线的意义并不是它的本身,而是作为一种表达整个制图区域特征的方法,反映制图对象的变化差异。等值线法具有较强的表现力,尤其是在地图采用不同灰阶和分层设色的情况下,更能明显地反映出现象在制图区域内的分布规律,如地形高低、气候要素的强弱变化等。一般地说,用等值线表示制图对象反映绝对值,有时也表示数量的相对值。在小比例尺地图上采用等值线法表示非连续分布的现象(如人口分布)时,必须使用相对值,相对值是指单位面积内数量的多少,如人口密度、开垦程度(即耕地面积同全区面积的比值)。实质上,使用相对值是把间断分布的现象加以平均化,视为连续分布来看待。

使用相对值表示的不是制图现象本身,而是它在制图区域内的相对特性。显然,对非连续现象如果不使用相对值而用绝对值,必然导致表示现象的歪曲,这是应该注意的。

等值线法与符号法一样,属于精确的制图方法,它可以细致地描绘现象的分布。但是等值线的精度是由测量精度决定的,实测数据是生成等值线的依据。在专题制图中,等值线往往建立在区域单元平均值的基础上,此时不是在观测点直接量测,而是采用区域单位中心的数据。在这种情况下,等值线只是概略地反映制图现象的主要趋势。等值线图主要反映某一时间制图现象的分布,同样也可以表示动态变化,例如用等变化线反映人口增长率等发展趋势,或者编制不同时期的等值线图进行对比。

编制等值线图的重要问题是确定等值线间距的大小。选取等值线间距有各种原则,例如等间距原则和非等间距原则,要求对应于制图现象的特征值,反映区域变化的特点。等值线间距愈小,愈能精确描绘制图对象的分布,但是等值线过密会使地图图面难以阅读。等值线的生成一般是根据实地量测数据进行空间内插,得到区域某种要素的格网 DTM 后,按 DTM 绘制等高线方法绘制。

4. 质底法

为了反映制图区域连续分布现象的质量特征,通常把性质有差异的不同类型对象在地图上用不同颜色加以区分,这种表示方法称质底法(又称定质区域法)。质底法反映整个制图地区的质量差异,需按确定的原则划分各种类型或进行区划。质底法除了使用各种颜色外,还经常采用面状符号、晕线等表示手段。但其本质问题是图例类型的划分和界线的确定。类型界线可以是精确的或概略的。精确的界线是对应于实地分布,例如在地质图、土壤图、植被图上类型界线都是通过实地调查或遥感图像分类确定的。概略的界线往往是在实地难于获取精确界线,或者不要求精确地反映分布位置的情况下使用,例如动物地理分布图、小比例尺经济或自然区划图等。图例分类系统和质量特征的说明是一个复杂的问题,有的采用单一分类指针,有的采用多指针分类方法,这同专业要求和区域研究程度密切相关。

5. 范围法

对于集中分布在一定面积上,而在其他制图地区不经常出现的自然和社会经济现象,则使用范围法(也称区域法)表示。范围法是用颜色、线条、闭合的界线以及符号、文字等表示手段来反映制图现象分布的范围。按制图对象分布特征,范围法可以划分绝对分布和相对分布两种。绝对分布表示现象只在绘出的界线内出现,其他地区不会发生。相对分布表示该现象不仅在某地区集中分布,其他区域也会出现。范围界线可能是精确的,也可能是概略的。图上范围界线精确表示的,必须根据实测调查数据。对于难于精确反映分布范围的现象,往往在图上不绘出界线,而使用非比例尺符号来表示分布中心,例如在农业图上经常用个体符号表示作物种植的地区。范围法主要是表示制图现象定性特征,但是也可以反映其数量指针,如用不同深浅的颜色和不同密度的晕线反映分布强度变化,用个体符号的大小表示不同等级的分布面积,用范围界线的变化反映动态发展。

6. 点值法

这种方法是用形状和大小都相同的圆点(每个点代表一个单位值)来表示制图现象的区域分布和数量特征,点数的多少对应于该现象在表示范围内的数量规模,点密集的地方表示制图现象集中,有较高的发展程度;点群稀疏的地区则说明发展程度不高。图上表示的单一点不能看成是独立的符号,它不表达这种现象的分布位置,只能从总体的点集来反映分布规律。每个点代表的数量叫点权或称点数值,点数值的选择对编制点值图有重要意义。一般要求点数值尽可能小一些,以增加点群中的点数,增强地图的表达力。但是这却带来技术上的困难,要花费较多时间。对于数量差异很大的现象,点数值选择的原则是在最密集的地方不允许点和点互相重叠,最多只能联结成片(此种情况将不能进行点数统计)。在出版的专题图上,一般可采用直径 0.2~0.5 mm 的点。显然,点的面积愈大,点数就愈少,点数值也就愈大。对于差异特别大的现象,难于确定统一的点数值,可采用两种点数值,分别反映该现象在集中和稀少地区的分布特征。

编制点值图一般使用统计数据,根据行政单元的统计数据计算各行政单元点的数量。但是要注意的是,确定点位有两种原则:一种是不考虑制图对象分布特征,均匀地把点绘在行政单元界线内;另一种是考虑制图现象有实际分布范围,只在分布范围内绘点。后者称为精确的点值法,例如作物分布只能出现在耕地范围内,因此在森林、沙漠、高山等地区应排除点的出现。一张点值图上可以反映多种现象,但这些现象必须不是分布在同一地区。采用点值同样可以反映制图对象的动态变化,如用不同颜色的点表示不同时期的现象分布。点值法多用于编制小比例尺经济图,对差异较大、分布不均匀的现象能获得较好的制图效果。

7. 统计图表法

统计图表法是根据制图区域内各区划单位或典型地点的统计数据来制作地图,可以分为图形统计图法、分级统计图法和定位统计图表法。

图形统计图法是用柱状图或其他图形符号表示各区域单元的统计数据,它直接采用绝对值指针,通过图形符号大小对比反映区域差异。图形统计图的编制主要是设计和选择符号图形,使之能正确地反映各区域单元统计数量差异,力求对比明显。在图形设计时,要依据制图对象统计数据的大小差异,确定采用线状、面状或立体的图形符号。为了表示多种统计指针,用符号内部结构区分制图对象不同组成部分。例如经济图上经常使用圆形符号表示各统计单元的工业总产值,圆内划分成不同比例表示各工业部门所占的比重。图形统计图法反映制图对象的动态变化时,可用同一符号大小对比说明不同时期的增长和下降趋势。

分级统计图法是用颜色深浅或符号疏密表示制图现象的统计差异,它反映制图现象的分布强弱,必须使用相对值指针。分级统计图的编制是比较复杂的,主要问题是对统计数据加工处理和科学分级,常规分级是用手工实验,在 GIS 中可编制程序自动实现。分级统计图的色彩设计也是一个重要问题,表示同一现象的分布,原则上最好使用同一色调,但要求不同级别的色差易于区分,同时又保持其连续性,使其色彩深浅变化反映出制图对象的强弱差异。

定位统计图表法是将固定地点的统计数据,用图表形式绘在地图的相应地点,以表示该地某种现象的变化。常用的图表有柱状图表、曲线图表、玫瑰花图表等。

对于上述专题地图的表示方法,在实际应用中,既可以根据专题制图对象的分布方式进行选择(表 6-1),也可以按它们的分布特点进行选择(表 6-2)。总之,在进行专题要素表达时,应做到既保证图面简洁,又能使要素内容清晰明了。

表 6-1　　　　　　　　　　按照专题制图对象的分布方式选择符号

分布形式	表示分布范围	表示类别	表示数量	表示动态
点	定位符号	符号形式: 　几何符号 　文字符号 　象形符号 符号颜色	符号大小 　(用深浅不同的颜色表示主次) 数字注记	定点扩展法 定位图表法
线	线状符号	线的形式 线的颜色	线条粗细、长短,附加不同数目的小短线	动线法
面	面状符号(范围法)	质底法	点值法 分级统计图法 图形统计图法 等值线法 分层设色法	表示扩展的范围法 扩展图形的图形统计法

表 6-2　　　　　　　　　　按照专题制图对象的分布特点选择符号

分布特点	状况	表示方法
固定一点	一定瞬间的状态移动	符号法,运动线法
	空间变化	符号法,定位图表法
固定一线	一定瞬间的状态移动	线状符号法,线状符号和运动符号法结合
	空间变化	线状符号法重叠
固定面积	一定瞬间的状态移动	质底法,等值线法,定位图表法,范围法,范围法和等值线法结合,运动符号法
	空间变化	等值线法,定位图表和符号法结合
散布	一定瞬间的状态移动	点值法,质底法,区划法,图表统计图法,范围法与运动符号结合
	空间变化	点值法结合区划法,图表统计图法
连续分布	一定瞬间的状态移动	质底法,等值线法,定位图表法
	空间变化	等值线法,定位图表法

三、GIS 中专题要素的符号化

在 GIS 中,专题要素的符号化过程比较容易,它实际上是对空间对象的属性数据使用符号进行可视化表达。空间对象的属性数据通常有两种类型:一种是用字符表示的定性描述数据,如名称、类别、功能等;另一种是用数值表示的定量数据,如面积、产值、人口数等。

在 GIS 中,对定性数据通常采用质底法、范围法或面状充填法(颜色或不同阴影线);对定量数据通常采用分级统计图法、点值法、点符号法、线符号法等。

在专题要素符号化过程中,用户首先要选择目标图层及其属性字段,然后再选择符号的表现方式。例如,选择字符型字段且使用质底法表示,那么系统会根据空间对象的特性在对象内部自动充填相应的颜色或面状符号或不同晕线。这一过程与普通地图点、线、面的符号化基本类似。对于数值型字段,在制作专题图时,需要对属性值进行处理,如将属性值分成若干级,每级对应一定范围;或将属性值转化为符号的大小,再进行制图。一般 GIS 还提供符号、颜色、晕线等的选择、修改功能,以使图面美观、易读。

有些 GIS 软件允许对同一图层生成不同表现形式的多个专题图,且可以根据属性表生成独立的统计图表,这些方式为数据的可视化提供了方便。

四、GIS 专题地图的实现

专题地图上表现的内容繁多,可能有主图、附图、统计图表、图片、文字说明等。在制作专题地图时,不仅要考虑地图的实用性,还要考虑它的艺术美观性,这就需要通过图面排版布局工作来完成。图面排版布局包括专题图、表的布局,图名、比例尺、图例、文字说明、指北线的注记,图廓整饰等。基于 Windows 操作系统的许多 GIS 软件如 ArcGIS、SuperMap 等利用 Windows 的对象链接与嵌入技术(Object Linking and Embedding,OLE)为 GIS 产品的输出提供了版面视图(Layout)功能。版面视图相当于一张空白的图纸,它的幅面大小取决于 Windows 操作系统所配置的输出设备。版面视图中可插入各种制图对象,如地图、图像、报表、指北针等,并可链接已符号化的空间对象和分析图表。版面视图上的内容随着 GIS 显示结果的变化而自动更新。

在完成各种对象的拼版、布局和整饰后,就可由输出设备输出,如图 6-9 所示。GIS 的拼版功能不仅可以用于专题地图输出,也可用于普通地图、影像地图及地形三维仿真图的输出。

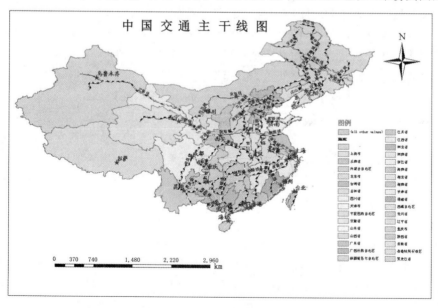

图 6-9　GIS 输出的专题地图

第四节　空间数据的多尺度特征与自动综合

一、空间数据的多尺度特征

尺度(Scale)是指在研究某一物体或现象时所采用的空间或时间单位,同时又可指某一现象或过程在空间和时间上所涉及的范围和发生的频率。前者是从研究者的角度来定义尺度,而后者则是根据所研究的过程或现象的特征来定义尺度。

尺度也是与地理信息相关的最基本的和难以理解的概念之一。在地理信息科学中,尺度既用来指研究范围的大小(如地理范围),也用于指详细程度(如地理分辨率的层次、大小),还用于表明时间的长短以及频率(时间尺度)。此外,在景观生态学中,还有所谓组织尺度(Organizational Scale),它是指在由生态学组织层次(如个体、种群、群落、生态系统、景观等)组成的等级系统中的相对位置(如种群尺度、景观尺度等)。

1. 描述地理现象的尺度构成

地理空间系统是由各种不同级别子系统组成的复杂巨系统,各种规模的系统都有尺度概念。不同尺度上所表达的信息密度有很大的差异。一般地,尺度变大信息密度变小,但不是均匀变化。对于描述地理现象和过程的空间数据的广义尺度,可以细分为空间尺度、时间尺度和语义尺度。

(1) 空间尺度

空间数据以其表达的空间范围大小和地理系统中各部分规模的大小分为不同的层次,即不同尺度。这种特征表明,根据数据内容表达的规律性、相关性及其自身规则,可由相同的数据源形成并再现不同尺度规律的数据,即派生具有内在一致性的多个尺度的数据集。

(2) 时间尺度

时间尺度指数据表示的时间周期及数据形成周期有不同的长短。从一定意义上讲,时间尺度与空间尺度有一定联系,即较大空间尺度对应较长的时间周期,如全球范围内的气候变化周期可能是几十或几百年,而城市地籍可能以年为变化周期。正是因为地理特征和过程有一定的自然节律性,才导致空间数据具有时间多尺度。孤立的数据时间尺度研究意义不大,只有结合空间尺度研究,才能表达地理特征和过程的内在规律。

根据时间周期的长短,空间数据的时间尺度可分为季节尺度数据、年尺度数据、时段尺度数据、人类历史尺度数据和地质历史尺度数据。不同尺度的空间数据在处理上应区别对待,如地质历史尺度大区域的数据在处理上可以作为常量使用。因为地理过程的连续性,在数据中可以用细小时刻的瞬时状态表示时段的平均状况(李军等,1999)。可见空间数据的多尺度处理方法也是尺度依赖的。

(3) 语义尺度

语义尺度描述地理实体语义变化的强弱幅度以及属性内容的层次性。在数据库中它反映了某类空间目标的抽象程度,表明了该数据库所能表达的语义类层次中最低的类级别。强弱幅度可以用单位时间内属性特征变化的值来表示。语义的层次性是指属性描述中的类别和等级。语义尺度与时空尺度有密切的关系。一般情况下,大的时空尺度有较高的属性概括层次即语义尺度,而小的时空尺度则往往具有较低的语义尺度。地理实体之间的语义关系可以通过对象的属性来标识。

2. 数据尺度及其与地图比例尺的关系

尺度在空间数据中表现为空间范围上的可变性、时间上的可扩展性和属性内容的可归并、可抽象综合性。大尺度数据在空间上表现为它描述的是整个地球表面或其次级区域,占有较大的空间范围,在时间上表现为它所描述的时间域较长,在属性上则表现为反映过程和现象的整体、抽象、轮廓趋势不同;小尺度数据则是仅描述局部区域,某个瞬间空间现象的详细、具体的内容。中等尺度则为一种过渡尺度。不同尺度各有优缺点,多尺度特征在数据形成、表达等环节有着不同的含义。

数据模型是对地理现象的抽象表达,它的多尺度性在空间上是指对各种实体形态的抽象程度,尺度越大抽象程度越高;在时间尺度上表现为对时间的依赖性,时间尺度越大,表现为对时间的依赖性越弱。大尺度意味着表达属性的级别较高。对于空间数据,尺度则表现为分辨率或精度,大尺度数据意味着空间和时间分辨率和属性精度较低,而中小尺度则是抽象水平和分辨率较高。

空间数据与地图有关,但两者有本质差别:地图解决如何将特定区域范围内的空间现象抽象表达在特定大小的地图介质上,其目标是地图内容的可视化表达;而空间数据则是根据用户需要对空间现象的抽象描述,与介质无关。然而由于地图和空间数据形成认知过程的一致性,使得数据的尺度与地图的比例尺密切相关。

一般地,数据尺度的大小与区域大小和数据使用要求有关。同样,地图比例尺大小与区域及地图的用途有直接关系。也就是说,地图比例尺与空间数据的基本关系是:数据尺度与相应地图比例尺呈反比变化。

3. GIS 中空间数据的多尺度表达与自动综合

由上述可知,"尺度"是与地理现象相关的最基本的但也是较难理解和容易混淆的概念之一,它有多种含义,这里一般是指信息被观察、表示、分析和传输的详细程度。由于不可能观察地理世界的所有细节,因此尺度必定是所有地理信息的重要特性。加之多种地理现象和过程的尺度行为并非按比例线性或均匀变化,因此需要研究地理实体的空间形态和过程随尺度变化的规律。这是建立多尺度空间数据处理模型和表示方法的基础。

许多 GIS 在实际应用中不仅需要多种详细程度的数据支持,而且需要把这些多尺度表示的信息动态地联接起来。因此多尺度的面向对象的 GIS 开发正成为一个研究热点,其重点是 GIS 中制图综合工具的开发。设计 MGIS(Multi-Detailed GIS 或 Multi-Scale GIS)时,需要用到面向对象的方法,并被认为是 GIS 中制图综合工具开发的最佳方法。

实质上,大多数具有制图功能的空间数据库都对应于一定的比例尺,主导数据库的主要功能是可以进行多比例尺的表示,这些比例尺一般都小于主导比例尺。也就是说,它不是建立和维护多个比例尺的数据库来对应不同的制图输出,而是直接将主导数据库中的数据转换成较小的比例尺来表示,这是一种更为有效的方式。从主导数据库中抽取重要的和相关的空间信息以预定的比例尺将其可视化表示在缩小了的地图空间上,这个过程就是自动综合。它能降低数据采集、存储、检查和更新的整体费用,提高建成数据库的潜在价值。

由于地理信息的自动综合仍然是困扰地图学及 GIS 界实现空间数据自动处理与合理可视化的国际性难题,当前 GIS 数据库为了满足人们浏览空间数据集的不同需求,不得不存储多种比例尺、不同详细程度的空间数据,即同一空间实体的多种表示共存于同一数据库中(多重表示),因此会产生大量数据冗余及与其相关的一系列弊端,更重要的是在进行跨比例尺综合分析时会产生严重的数据矛盾。多重表示的 GIS 数据更新,不仅耗资巨大,而且难以保证同一实体的多重表示之间的一致性,需要寻求合适的空间数据多尺度处理与表示方法,使之在从一种较大比例尺或较详细的空间数据集派生出较小比例尺,或较概略的多种比例尺空间数据集时,通过多尺度操作,能够从一种表示完备地过渡到另一种表示。所谓完备性就是要求派生过程能保持相应尺度的空间精度和空间特征,保证空间关系不发生变化,维护空间目标语义的一致性。

4. 从多尺度表示到不依比例尺的 GIS

数据库综合与制图综合使得数据库满足多用途需要成为可能,但问题的关键是一个主导的空间数据库能否产生多比例尺的地图?不依比例尺(有时也称无比例尺或自由比例尺)的空间数据库能否存在?这个与自动综合关系甚为密切的问题一直是人们长久以来期望解决的。因为比例尺只有在图形输出时才有意义,图形的详细程度则依输出时的分辨率和人的感知能力而定。

只要自动综合的问题不解决,现有的 GIS 仍将独立地存储不同比例尺的空间数据。换句话说,相同地理现象的多尺度描述将在同一数据库中共存,这种数据库是目前计算机辅助制图系统的共同点。然而,人们希望有更先进的系统来取代这种方式。GIS 和自动制图系统的最终目标将是利用基于知识的方法和综合算法生成不依比例尺的 GIS。与存储不同比例尺地图的多尺度数据相反(不管是手工综合生成还是自动综合生成),无比例尺数据库只需存储满足需要的大比例尺地图数据(主导地图数据)。显然,可将测量过程获取的数据看作是不依比例尺,因为比例尺的概念意味着数据曾经进行过综合变换,这些变换是为了分析或显示的目的而进行的,其表示空间比原始的测量空间要大。

在不依比例尺数据库中,使用大比例尺的主导地图数据库,就能根据需要通过综合的方法实时产生不同比例尺的地图数据。例如,在不依比例尺的 GIS 中,如果一个要素如机场被选上后,在大比例尺图上可显示其详细情况如机场跑道、建筑物、加油站等;当用户缩小窗口后,即机场综合后将依用户选择的任意比例尺显示出来;进一步缩小窗口后,机场的表示会更加概略,甚至只能用符号来表示机场。这不仅是不依比例尺 GIS 的最高目标,也是数字地球技术要实现的目标。

不依比例尺的 GIS 有三个主要优点:避免数据的重复存储;能灵活输出依比例尺的地图产品;能保证各种比例尺地图产品的完整性和连贯性,数据更新比较方便。未来的地图数据库应是无缝的、无比例尺的。采用基于要素的或面向对象的数据模型是迈向此目标的重要步骤。为了支持单数据源的多尺度表示,基于要素的数据结构与自动综合操作数、决策规则等都是必不可少的。如果为综合目的而设计的数据库是基于要素的,那么面向对象的程序设计方法是最理想的解决方法。在面向对象的环境中,过程是与对象相连接的,对象实现的方法直接与获得的信息相一致。利用这样的方法,要素在各种不同比例尺地图上的表示紧密相连,它们可以继承相同的特征,任何一种表示的更新将会在数据库中任意地图比例尺中同时实现。为使之更有效地进行,需要研究同一对象不同表示的匹配方法,但这个过程的实现并不容易。

用基于要素的方法表示主导数据库的不同景观尺度,已在 SmallWorld GIS 中实现。这是少数的具有不依比例尺特征的数据库,它的两个主要特点是:不同要素的可视变换比较方便(如要素可在显示比例尺的范围内可见或不可见);要素表示类型的变换也比较方便(如城市可在 1∶100 万图上表示为一个点,而在 1∶50 000 图上用轮廓线表示)。在这个 GIS 软件中,如果选择依比例尺,那么任何时候比例尺都是变化的,屏幕上的要素用显示比例尺的定义类型绘出。

采用面向对象数据模型的优点是表示的综合系统具备复杂的综合功能及其联系。不合适的数据模型只能妨碍综合工具的发展。采用主导数据库的方法,除了需要考虑自动综合算法外,还要考虑其他诸多问题,最好是建立无缝数据库。无缝数据库具有查询、显示、恢复以及数据空间扩展的功能,使得能从大比例尺空间数据库中不受限制地得到所需尺度的数据。用户可以任选某一个点为中心来创建一幅地图,不必受传统的地图分幅的限制。

但是在目前的技术条件下,建立不依比例尺的空间数据库仍无法完全实现。目前的可能途径是根据主导数据库,通过自动综合(而非手工综合后经数据采集)的手段,得到满足不同尺度需要的新数据库,预先存储起来,供不同尺度信息输出时使用。这样虽然重复存储,占用了不少的存储空间,而且数据更新时各不同尺度的数据库都需同时更新,但只要自动综合的工具使用方便,速度快,质量满足应用需要,仍不失为当前条件下 GIS 数据多尺度表达的一种手段。

二、空间数据的自动综合方法

空间数据的自动综合对于地图产品生产的自动化水平和提高空间数据的服务能力具有重要作用。近年来各国制图学者对空间数据的自动综合问题进行了大量研究,尤其是随着 Internet 技术的兴起,对海量、快速、高精度的地理空间数据的需求急剧增加,迫切需要 GIS 环境下的空间数据的自动综合,使自动综合研究进入了一个新的发展阶段。

自动制图综合虽然不是新的研究主题,但它仍然不断有新的研究内容,自 20 世纪 60 年代中期这个问题首次提出后,研究活动虽不断深入,但其进程并不顺利,制图产品仍然是半自动的甚至手工生产。尽管自动综合在分形、人工神经元网络、认知学、传输模型、专家系统等方面进行了大量的研究,但我们目前所具有的仍只是综合的一些算法。许多综合操作如图形化简、分类分级、删除、合并等算法目前已在商业化的软件中出现,甚至一些复杂的操作像位移等也在 ArcInfo 等软件中出现并能部分地解决一些问题。但是,这些 GIS 软件中没有一个能够完全胜任制图学意义下的综合。因此,有效的综合比图形编辑及统计计算等具有更强大的功能。这就是说,缺乏完整的综合工具仍然是 GIS 发展中的障碍。

人类最早尝试用计算机来解决制图综合问题可追溯到 20 世纪 60 年代中期。最早的理论工作是由 Tobler(1966)开始的,他提出了一些计算机制图综合处理的基本原则。在此之后,Douglas 与 Peucker(1973)、Long(1969)等提出了一些卓有成效的算法,使计算机制图综合的问题得以正式展开。Douglas-Peucker 算法已被公认为是线状要素化简的一种经典算法,至今仍被沿用。80 年代中期开始,一些学者,如 McMaster(1987)、Meyer(1986)、Nickerson 和 Freeman(1986)等,都在制图综合领域提出了很多理论和方法,促进了制图综合研究的进一步开展。

80 年代以前的研究有两点不足:一是基本上集中在中小比例尺地图的范围,而中小比例尺地图主要由线状和点状要素组成,对于大比例尺地图中面状要素(复杂建筑物轮廓)很少涉及;二是研究方法基本局限在某一种计算机算法处理某种要素上,这些算法明显不可能解决具有连带关系即空间关系的制图综合同题。

80 年代后期至 90 年代,这两方面有了很大进展,比较有代表的有 Vicars 与 Robinson (1989)以及 Muller(1991),他们一方面涉及了大比例尺地图的综合,另一方面开始考虑采用知识库与专家系统的技术来解决问题。

总的来说,自动地图综合在其 30 余年的发展历程中,用于自动综合的方法主要有:面向信息的综合方法、面向滤波的综合方法、启发式综合方法、专家系统综合方法、神经元网络综合方法、分形综合方法、数学形态学综合方法、小波分析综合方法等。

1. 基于模型的自动综合方法

利用数学模型进行地图要素的综合,是典型的符合计算机制图需要的思路,其优点是描述问题清楚,也便于计算机实现。自动制图综合数学方法的研究和应用,一直受到人们的关注。

基于模型的自动综合方法的研究多种多样,而且随着基础研究和相关学科的不断发展,新的理论和方法也不断在自动综合领域得以应用,早期的研究成果主要有:用于确定地物选取数量的方根选取规律模型、回归模型等;用于结构选取的模糊综合评判模型、图论模型等。近几年来的最新研究成果有:分形理论及分维方法,主要用于开方根规律公式的分形扩展及其在地物选取方面的应用,以及等高线的自动综合等(王桥,1996);神经元网络方法,主要用于海图上水深注记的选取、岸线和等深线的自动综合,以及自动综合中知识的获取(田震,1997);小波分析方法,利用小波分辨率分析,主要用于线状目标的自动综合(吴凡,1999);数学形态学滤波方法,合理选择结构元素,主要用于面状地物的合并及位移等(李志林等,1996)。

目前已经建立的地图综合模型由于受统计样本的限制,还很不完善,地域环境的普遍适用性较差,因此自动地图综合的模型化问题,仍需要继续深入研究。

2. 自动综合算法的研究

自动地图综合过程中的许多问题是无法用数学模型来描述的,这时用某种算法来描述可以收到显著的效果。因为它是针对某类地图综合问题的有限的机械的判定或计算过程,只需用有限的指令描述,计算机便能按指令执行有限的计算过程,最后达到解决某类综合问题的目的。

综合算法是自动综合的基石。所有开发出的矢量模式的算法,重点强调的是线划的综合。这里有两个方面的原因:一是地图上的要素在矢量图上 80% 以上是线划;二是线划要素的自动综合相对于其他要素的综合来说要简单些。

(1) 线划要素化简算法

线划要素化简的算法很多,且各有特点,其中 Douglas-Peucker 算法是应用最广泛的一种。该算法是一种全局化简算法,效果较好,许多 GIS 及制图系统中(如 ARCGIS,LASER-SCAN,GIMMS,MAPICS 等)都把此算法作为一种线划化简的标准算法。此算法自 40 多年前提出后,许多研究者都对其做了进一步的改进,且许多新开发出来的算法都与此算法加以比较,以分析线划化简效果的好坏。

线划要素的化简算法中,特征点的保留是其重点,它包括几何特征点和地理含义的特征点。ZhilinLi 在分析了大量线划要素特征点的探测方法后,把它们归纳为三类:拐角探测法、多边形拟合法和混合方法。特征点在计算几何、计算机视觉中有广泛应用,在 GIS 数据压缩方面也起很重要的作用。

线要素在化简过程中的自相交问题(如 Douglas-Peucker 算法)也有许多学者进行研究,如 ZhilinLi 和 Openshaw(1992)提出的基于客观综合的自然规律的线划要素化简方法；M.Visvalingam 和 J.D.Whyatl(1993)提出的基于最小面积的重复式点删除方法；Saalfeld(1999)提出的基于逻辑一致性的 Douglas-Peucker 化简算法；郭庆胜(1998)提出的渐进式化简算法等。

(2) 位移算法

位移算法的研究尽管非常复杂,但它仍是自动综合研究的重点。要素的位移并不是孤立进行的,要素间空间关系的正确表达非常重要。Monmonier(1989)提出了一种叫作"内插综合"的位移方法,利用大比例尺数字地图数据和小比例尺数字地图数据来指导中间比例尺地图上要素的位移。但这种方法只能处理成对的意义对应的要素,而且为了解决两要素之间或多要素之间的冲突,需要考虑大量的相邻要素,位移的传播是在位移之初就应该考虑到的。

Mackaness 提出了一种考虑位移传播的新算法,这种算法将线划看作是一系列有序的点,通过点的位移移动线的位置。这种算法的缺点是它只控制位移半径且常常会引起变形。

AnneRuas 开发了一种比较优秀的位移系统,这个系统中把综合的其他算法与位移算法作为一个整体来考虑。为了确定哪些物体被压盖或哪些物体彼此靠得太近,此位移系统采用 Delaunay 三角形联接某一物体和其他与之相邻的物体,构成地理要素间空间关系的新网络,不仅能够计算"关系的接近度",而且还可以用来计算位移量。该系统可进行不同要素类型的位移,如铁路、建筑物等。尽管该位移方法还不能解决所有的要素冲突问题,但它仍是目前所开发出的较好的位移算法。

(3) 等高线综合算法

地貌的综合目前有两种方式:基于 DEM 的综合和基于等高线的综合。

基于 DEM 的综合主要采用滤波的方法。GescheSchmid-Mcgibbon(1995)提出,以地图生产和 DEM 的多尺度表达为目的进行 DEM 综合,选择的综合参数必须具备自适应的三个条件:坡度、纹理特征和粗糙程度。由于建立 DEM 时,等高线是一个主要数据源,为了建立高精度的 DEM,很多学者提出了不同的算法。

基于等高线的地貌综合是目前以矢量为主的 GIS 中重点考虑的问题。基于等高线的综合是最灵活的方法,也是唯一能明确进行结构认知的方法,这种综合方法与手工综合的原理相类似,使用地形结构线来指导地貌的综合。有关这方面的研究很多,都试图以成组等高线综合的方法反映地形特征,达到对等高线进行自动综合的目的。

(4) 网络型要素综合算法

地图是客观世界的一个结构化抽象而不是线划的简单堆积,因此,有很多问题可以用图论来描述其几何拓扑关系,如用图论的方法进行街道网的综合(K.Beard,1993)、道路网综合(William Mackaness,Robert C. Thomson,1995)、水系的综合(William A. Mackaness,1993)。此外,毋河海(1995)、艾自兴(1995)和 Rusak Mazur 等(1990)提出了先结构化、再选取和化简的自动化水系综合方法；Wanning Pen(1996)提出了用动态决策树的方法来选取街道线在拓扑数据结构支持下的人工智能方法,主要用于街区的合并。

基于算法的地图综合方法目前使用效果较好,具有许多优点。但是,地图综合中的不少问题往往是一个多变量交织的反复权衡的过程,因此,算法设计的科学性与合理性十分重要,它涉及人的经验。不过,地图综合问题的算法化,是实现自动地图综合的一种重要途径,应做深入研究,并逐步完善与优化。

3. 基于知识的自动综合系统研究

基于知识的方法常常与算法一样经常被提起。在自动综合的发展历史中,基于算法的方法和基于知识的方法(如专家系统)都能用来解决综合的问题。基于算法的方法缺少灵活性(只能针对某一具体任务),对物体的定义不十分完善;基于知识的方法的困难则在于综合知识的规范化、知识的获取和知识的表示。

综合过程的复杂性在于基于知识的概念、技术和方法研究的复杂性。综合程序的调试都是要通过合理的计算得到合适的结论,程序只有具备一定的推理机制才能做出选择。因此,为使综合系统具有推理能力,人们开始了基于知识的技术研究。

研究基于知识的系统并不意味着现有的综合算法都应该丢弃,相反,它们仍是综合系统框架中相当有用的一部分。许多基于知识的综合系统中使用了许多这样的算法,因为算法本身就是一种过程性知识。

基于知识的自动综合系统主要有:

(1) 基于地图数据库的自动编图系统

它是我国学者王家耀研制的系统。该系统采用按要素分系统、模块化的方法和基于模型、算法和规则(知识)的自动综合方法,对每个要素实施选取、化简、概括、反馈修改(编辑系统),然后用栅格方法检查各要素间图形的重叠,用矢量的方法计算位移方向和位移大小,实施位移及反馈修改。

(2) 德国汉挪威大学开发的 CHANGE

CHANGE 的重点是将德国的基本比例尺地图进行比例尺的综合变换(如从 1∶1 000 ～1∶5 000,从 1∶5 000～1∶25 000)。该系统使用集成的方法,大约使用了 5% 的知识。系统中有部分内容是为建筑物的综合而设计的,主要是根据建筑物的最小尺寸或化简与合并算法的最小距离等参数而进行的。另外还对交通和河流设计了综合模型,通过设置最小尺寸或宽度进行综合。

目前,CHANGE 的开发重点是将其纳入到 GIS 中去,下一步的改进主要是减少用户的干预量。当然在目前的状况下,为了保证综合的质量以及复杂环境中物体冲突的位移等,CHANGE 中也采用了交互的方法。有试验表明,使用 CHANGE 进行综合约有 50% 的人工干预量。

(3) STRATEGE 和 MAGE

STRATEGE(Ruas,Plazanet,1997)和 MAGE(Bundyetal,1995)都是基于知识的技术与算法相结合的成功系统,利用了面向对象的数据模型。这两个系统的共同之处就是同时考虑了地图上的所有要素以及它们之间的联系,而不像以前那样对每个要素进行孤立的综合。为了能达到这个目标,两个系统中都需确定邻近关系,探测空间冲突。尽管他们使用的方法明显不同,但两个系统中都使用了 Delaunay 三角形来联系不同的要素层,因而隐含了物体的空间关系。

就总体而言,上述的综合系统都很成功,但它们都有一定的适用范围;或只将重点放在某些特殊的比例尺变换上,或是具有详细的数据集,或是具有特殊的综合算子,它们都具有相当大的人机交互量。正是由于这些原因,它们的使用受到了一定程度的限制。上述所有的综合系统都是为了某一研究目的而开发的,因此,目前 GIS 的商业市场尽管非常活跃,但仍极少具有自动综合的功能。显然,缺乏完全基于知识的综合系统功能是现有 GIS 的共同弊病。

由于在实际应用中,很少有人注重综合的执行过程,亦即综合过程中缺乏过程性知识,加之缺乏综合的统一理论,这些都是利用知识的方法进行自动综合的障碍。

4. 自动综合的人机协同方法

(1) 人在自动综合中的作用

人处理地图制图综合问题是人与地图的交互过程。一般情况下,只要人一看到待处理的地图,就知道怎么做了。可这个在极短时间内完成的过程却包含了人的知识、经验、美学素质等。实际上,多数情况下人的直觉在这个过程中起了决定作用,而正是这个直觉,却是计算机最头疼的问题。因此,目前状况下自动综合系统中缺少了人的决策与干预还是不行的。

在自动综合中,人的干预到底占多大的比重,一直是个有争议的问题。在过去的很长一段时间内,研究者们一直致力于全自动综合(批处理综合)的研究,但就目前看来,这个过程缺少人工的干预(交互综合)还是无法实现的。由于综合的复杂性,现有的基于知识的系统也都不是全自动过程,人在系统中或多或少起到了这样的或那样的作用。目前最大的困难是怎样确定自动综合与人工干预的界限。

在自动综合过程中,人的作用主要体现在以下三个方面:一是当计算机解决不了问题时(实质上是不能模型化、算法化、规则化时),干脆由人来代替机器做;二是当计算机解决不了问题时,由人提供启发式知识,启发计算机继续做;三是计算机解决不了问题时,由人做出综合决策,但执行还是靠计算机。

Weibel 和 Buttenfield(1988)最早指出,自动综合应依据可能的问题求解方式在人与计算机之间达到一种平衡,计算机用来完成易于解决的问题,但需要人的知识来决策与控制。他们提出了一种区别于"人工智能"的方法叫"智能增强法",认为增强智能的策略将可利用现有的制图软件作为获取知识的"工作集"来解决自动综合问题。

Weibel 和 Beard(1991)进一步发展了"智能增强法"。他们认为:"为了克服单纯算法的弱点,要将知识加入到综合系统中去,其次是改善知识工程的策略使获取的知识结构化。"自动综合过程中人类知识的总结是自动综合成功与失败的关键,用户与机器的交互有助于综合的进行。在综合系统尚未学会所有人类经验前,这是一种较好的方法。

(2) 人机协同式自动综合

由上述可知,自动综合已受到计算机技术本身发展的制约,现阶段实现全自动化的地图综合是不可能的;另外,GIS 技术的飞速发展对此要求又是那样的急迫,那么解决的方案只能从另一个角度来考虑。

数字地图制图综合的人机协同系统将是当前唯一可选之路。所谓人机协同系统是指将与抽象思维有关的数值计算和逻辑推理问题由计算机来完成,将迄今为止一切成熟的综合处理技术计算机化,而对于综合过程中的形象思维,如哪个物体需要综合、特殊参数的设置等问题,交由人来决策或完成,以人机交互的形式共同完成整个地图综合的工作。在这样的系统中,计算机将能最大限度地完成所能完成的工作,而人则是在关键部分控制整个工作,最终能保证以较高的效率来完成这项工作。

因此,自动综合的解决方案中要提供批处理综合和人机交互综合两种方式,这两种方式如何合理利用是现阶段自动综合成败的关键。

批处理综合是在最低层次上进行的,可以用各种独立的算法分别进行,或者将各个独立的批处理方法"捆绑"成一个"总体"的批处理算法集,用来对地图上各种制图对象及其组合进行综合。问题的关键是自动综合中能否达到100%的批处理综合?就目前的研究水平看,至少今后相当长时间内是不现实的;将来如果能够研制出更深层次的数据结构(语义与拓扑)来代替目前的表面数据结构(形式与尺寸),而且系统中具备了充分的智能启发式功能,全自动综合才有可能实现,而且即使到那时,智能式交互也还是存在的。

换个角度来看,不论全自动综合能否实现,用户的交互总是需要的。原因有三:

第一,用户的类型各种各样,有些经验丰富,有些则对综合一无所知,因此要根据不同用户的需要,允许用户在地图用途、地图类型和比例尺等方面进行交互控制。

第二,在复杂的综合系统中,不仅要允许用户生产传统用途的地图或几种预先设定的地图产品,还应该允许用户对原始的数据集进行各种改造和利用。

第三,地图设计与综合中所包含的主观因素亦应能够依用户喜好的不同而改变。

因此,用户与计算机的交互在任何情况下都是需要的,用户可以在不同的比例尺和不同的结果之间进行选择;另外,灵活友好的用户界面也是高效、实用的综合系统处理用户广泛需求所必需的。这些都是关键性的问题,但实现起来非常困难。

交互要有良好的人机界面,要能支持用户做出正确的决策,并提供交互的手段。成功的交互方法,不仅代替了制图员的手工作业,而且能使用户做出高水平的综合决策。从某种程度上讲,交互方法也可以看作是一个决策支持系统。

交互综合可以在综合前或综合后使用。交互综合在综合前使用时,主要用来分析地图数据,确定综合算子的应用情况,建立或存储批处理综合中的综合算子或参数,明确不需综合的要素或区域,在需综合的区域内使用综合算子。交互综合在综合后使用时,主要用来检验综合效果,解决综合效果较差的区域内的综合问题,建立附加的批处理综合过程。

三、地图的无级缩放

无级缩放在地图显示中指的就是:比例尺越小,信息量越少,越大则越多。理想做法是全球制作一种与实际地表等大比例的地图,随比例尺的缩小按自动综合原理实施地图要素删减和形状概括。由于地图全自动综合理论的不成熟和计算机的有限能力,通用的办法就是通过不同比例尺地图的自动切换,来实现显示内容的详简变化。即当地图缩放时,首先计算显示窗口中海图的显示比例尺,当其落入某一制图比例尺区段时,就相应调用该比例尺的图。

因纸质地图图幅和表达能力限制,不得不对地物、地貌元素的疏密程度、图式符号、文字注记制定行业标准,地图比例尺也就应运而生。随着 GIS 数据源的日益丰富,地图表现形式日益多样化,尤其是电子地图日益成为主流,涌现出大量非标准符号、无比例尺的地图。再加上计算机图形图像处理技术的发展,正在颠覆着传统的地图制图理论与技术,地图概括与综合理论也面临新的挑战。

第五节　电子地图

一、电子地图的概念

电子地图是以地图数据库为基础,通过一定的硬件和软件在电子屏幕上显示的可视化地图,是数字地图在屏幕上的符号化表示。数字地图是电子地图的基础,是存储方式;电子地图是地图数据的可视化产品,是数字地图的可视化,是表示方式。电子地图既是 GIS 的主要数据源,又是 GIS 输出表达的主要方式。

电子地图业已融入人们的日常生活,如各类导航地图(高德、凯立德等)、商业地图(腾讯、百度、Google Earth 和 Google Maps 等)、开源众包地图(OSM)等等。在地图表达上,三维电子地图、虚拟现实地图、多媒体地图发展迅猛,制图范围也由室外延伸至室内。

二、电子地图的性质与特点

与传统的模拟地图比,电子地图的语言是数据和数据结构,模拟地图的语言是图解符号;电子地图信息的识别和传输依赖计算机,模拟地图信息的识别和传输基于人的视觉生理特征和文化素质;电子地图对信息的加工综合基于计算机技术特点,模拟地图的制图综合基于人的视觉感受特点。电子地图的特点如下:

(1)超媒体集成

电子地图以地图为主体结构,将图像、图表、文字、声音、视频、动画作为主体的补充融入地图中,丰富了地图的信息表达方式。

(2)交互性

在系统操作界面下,用户可以进行信息的交互查询以及基本的地图操作,如放大、缩小、漫游、检索等。

(3)动态性

可以采用视觉的(闪烁、颜色渐变、动态符号等)及听觉的(声音、音乐等)多种手段动态地表达空间现象。

(4)无缝拼接

电子地图能一次性加载一个地区的所有地物要素,不需要进行分幅加载,地图数据也没有图幅限制,所以是无缝的,利用漫游和平移可以阅读整个地区的大地图。

(5)多尺度显示

由计算机按预先设计好的模式,动态地调整好地图负载,按用户需要,缩放显示感兴趣区域的要素。

(6)多维化显示

电子地图可以直接表达、生成三维地形地貌,并对地图进行漫游显示与操作。运用计算机动画技术,可以按一定的视角和路线观察三维图像,动态观察地图要素的三维概貌与演变过程。

(7)现势性

电子地图是瞬时地图,当要素的空间位置、属性特征改变时,地图表达可立即更新。

(8)共享性

电子地图更容易复制、传播和共享。

三、电子地图的设计

电子地图极大地丰富了地图的表达形式,但电子地图源自传统地图,在设计与编绘方面既要遵循一些共同的原则,又要充分考虑自身的特点。设计的基本原则是内容科学、界面直观、图面美观、使用方便。应重点从界面、图层显示、符号设计和色彩设计等多方面考虑。

(1) 界面设计

界面是电子地图的外表,一个专业、友好、美观、操作方便的界面对电子地图非常重要。

(2) 图层设计

电子地图的显示区域较小,需要对显示内容进行分层显示,动态选择、加载显示内容。可以随着比例尺的放大、缩小自动显示和关闭某些图层。

(3) 符号设计

地图符号对电子地图表达具有决定性作用,通常要遵循精确、综合、清晰和形象的原则,要体现逻辑性和协调性,既要考虑传统习惯,又要接纳新事物。符号的尺寸要根据视距和屏幕分辨率来设计,一般不随着地图比例尺的变化而改变大小。要合理利用敏感符号和敏感注记,以减少图面负载。闪烁的符号易于吸引注意力,特别重要的符号可直接使用闪烁符号。

(4) 色彩设计

色彩是人眼的直接感受,电子地图更能体现色彩效果,电子地图的色彩设计主要是色彩的整体协调性。当地图内容为浅淡为主时,界面的设色应用较暗的颜色,以突出地图显示区;反之,界面的设色则用浅淡的颜色。点状符号和线状符号必须以较强烈的色彩表示,使它们与面状符号或背景色有清晰的对比。注记色彩应与符号色彩有一定的联系,可以用同一色相和类似色,尽量避免对比色。在深色背景下注记的设色可浅亮些,而在浅色背景下注记的设色要深一些。

本 章 小 结

空间数据的制图和可视化表达是 GIS 数据输出的唯一途径,也是 GIS 必须具备的基本功能之一。空间数据的可视化表达方式取决于数据源和应用目的,一般要求 GIS 能输出符合专业规范的可视化地图产品。因此,对空间数据进行符号化表示是一项涉及专业知识、美学原理等综合知识的技术。本章着重讨论了利用 GIS 的制图输出功能编制普通地图、专题地图和影像地图的过程和实现方法;介绍了空间数据的多尺度特征和实现空间数据的自动制图综合原理和方法。电子地图是 GIS 的主要表现形式,本章对电子地图的概念、特点、设计也进行了介绍。

本 章 思 考 题

1. 什么是空间数据可视化? 空间数据可视化与仿真技术和虚拟现实技术的关系如何?

2. 什么是地图符号? 地图上有哪些地图符号? 其特点是什么?

3. 在 GIS 中,空间要素的可视化是如何实现的?

4. 什么是空间数据的多尺度特征？尺度特征与比例尺的关系有哪些？不依比例尺的GIS 空间数据库的思想是什么？

5. 空间数据的自动综合方法有哪些？在 GIS 中如何实现？

6. 简述空间实体的符号化过程。

7. 影像地图制作要注意哪些问题？

8. 专题图有哪些类型？GIS 中专题要素的符号如何实现？

9. 简述电子地图的概念与特点。

第七章 GIS 工程与应用

第一节 GIS 工程建设概述

一、GIS 工程的概念

GIS 工程是运用系统工程的原理、方法研究 GIS 建设开发的方法、工具和管理的一门工程技术。它的目标在于研究一套可行的工具系统,解决 GIS 建设中的最优问题,即解决 GIS 的最优设计、最优控制和最优管理问题,力求通过最小的投入,最合理地配置资金、人力和物力而获得最佳的 GIS 产品。GIS 工程自身遵循着一套科学的设计原理和方法,是系统工程普遍的具体应用。以空间信息作为其管理对象的 GIS,与一般的信息系统相比,尤具特殊性。GIS 工程跨越了多种学科,不仅涉及工程领域,还涉及社会、经济等领域。为了解决这些领域的问题,除了需要纵向技术之外(如空间分析、计算管理、人工智能等技术),还要有一种技术从横向把它们组织起来,这种技术就是 GIS 工程,亦即研制 GIS 所需要的思想、技术、方法和理论等体系化的总称。

GIS 工程建设具有自身的特色,与其他信息系统的最大区别是它能够处理具有空间特性的对象,与一般制图系统相比较,它不仅能够进行空间数据的存储、显示、绘制、输出,而且能够对空间数据进行查询、分析。也就是说,GIS 处理的对象不仅包括文本、表格、多媒体等数据,而且要处理大量的空间数据,是基于空间数据的信息系统。与此相应,GIS 软件工程具有如下特点:① 系统复杂度大(图 7-1);② 数据在系统中具有特别地位;③ 系统表达方式复杂;④ 系统更新速度快;⑤ 系统维护工作量大;⑥ 易操作性要求高。

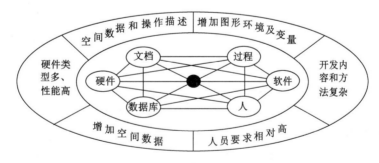

图 7-1　GIS 工程系统结构

二、GIS 工程与软件工程

目前,GIS 的应用领域已经突破了地理界限,以迅猛的发展速度在各行各业渗透,在商业、市政、交通、水利、环保、资源开发与利用、城市规划与管理等方面都得到广泛重视。然而,由于各行业的应用目的和所要解决的问题不同,通常不同行业的用户都要在基础软件之上做相应的二次开发,以扩展本部门所需的 GIS 功能。从本质上讲,GIS 开发的核心就是软件开发,软件是 GIS 的大脑,没有软件就根本谈不上 GIS 技术。目前,GIS 软件的开发方法不断进步,然而在 GIS 软件工程方面的进步却并不明显。无论是 GIS 基础软件的开发还是在基础软件之上的应用开发,GIS 的开发都存在着一系列问题:

（1）没有足够的分析设计

GIS 开发人员往往在拿到项目后没有进行足够的分析和设计,就急于设计数据模型、数据结构和进行编码,常常在开发进行到一半的时候才发现数据结构或者数据模型设计不合理、系统设计不合理等问题,不得不对数据结构或数据模型进行调整,从而影响了整个工程的进度。原因是多方面的,一方面是由于资金、开发时间以及开发人员水平的限制,更多的是由于缺少详细充分的需求分析、系统结构分析、系统设计和功能设计。

（2）代码不规范

代码可以说是 GIS 软件的主体,而在 GIS 软件开发中却常常存在代码不规范的问题。这主要表现在以下几个方面:

① 在代码编写的过程中没有对变量(属性)或函数(方法)的命名进行统一的约定。

② 开发过程中缺少必要的程序注释。

③ 某些类中的方法过多或函数(方法)语句过长。

④ 软件界面不统一,软件各个子模块风格不一致,影响软件的整体性和美观。

⑤ 菜单操作不易理解。

（3）文档不完备

文档是优秀软件不可或缺的重要部分,它包括客户需求分析、系统设计说明、系统开发计划、程序设计说明、系统帮助文档以及详细的用户手册。目前不仅仅是 GIS 工程的开发人员对文档不够重视,常常是所有开发工作都结束了才开始编制文档,在时间紧迫的情况下,有的软件干脆就没有文档。

（4）数据工程量特别大

特别是数据采集工作量十分大,而由数据工程又带来一系列问题,如可靠性差、周期延长、费用增长等等。

（5）开发的软件可维护性差

软件开发人员按各自的风格工作,各行其是。程序结构不好,运行维护时发现错误也很难修改,导致维护性差。统计数据表明,软件的维护费用占整个软件系统费用的 2/3,而软件开发费用只占 1/3。软件维护之所以有如此大的花费,是因为已经运行的软件还需排除隐含的错误,新增加的功能要加入进去,维护工作又非常困难,效率低下。

（6）软件需求与软件生产的矛盾日益加剧

突出表现在软件生产率低。软件是知识与技术高度密集的综合产物,计算机的广泛应用使得软件的需求量大幅度上升,软件的发展远远不能适应社会对其迅速增长的要求,而软件的生产又处于手工开发状态,软件生产率低下,使得各国都感到软件开发人员的不足。所以,如何提高软件生产率,是软件工程的又一重要问题。

因此,将软件工程理论与方法应用于 GIS 工程中就显得相当重要。一个应用型的 GIS 软件以应用为目的、以业务需求为导向、以空间数据为驱动,它可以分为项目 GIS、部门 GIS、企业 GIS 和社会 GIS,四种类型的 GIS 软件就反映了 GIS 应用的发展历程。其中,项目 GIS 一般在开始就有特定的实现目标,着重解决实际工作中的某个具体问题;部门 GIS 应用于一个机构的某个部门,一般指建立一个长期稳定运行的系统以处理日常事务;企业 GIS 应用于一个机构的各个部门,它以建立一个长期稳定运行的分布式系统,实现资源共享 为目的;社会 GIS 则完全基于 Internet,用户可通过网络获取自己所需的地理信息,它使得 GIS 飞入寻常百姓家,成为现代化信息基础设施的重要组成部分。由于它的应用范围不同, 对软件体系的要求也不同(图 7-2)。

从图 7-2 中可以看出,企业 GIS 和社会 GIS 的开发都必须以强大的软件工程理论作为 支持,只有利用软件工程理论与方法作为指导,才能使 GIS 工程的开发效率和软件质量得 到保障。同时,GIS 工程活动的发展以及存在的种种困难,使得我们有必要也必须在 GIS 工程活动中应用软件工程理论与方法。

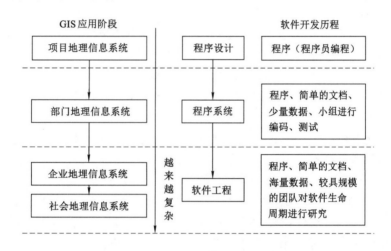

图 7-2　GIS 工程与软件工程的关系

目前,已经有越来越多的 GIS 管理和开发人员开始重视应用软件工程学方法开发 GIS 软件,其作用在很多方面都有体现:

① 各种研究表明,软件系统中的错误主要产生于软件开发的早期,即分析或设计阶段, 这类错误的影响将是持久的,而且在开发后期才发现和修改这类错误要比前期付出高 10～ 100 倍的代价。所以,将软件工程理论运用于 GIS 工程后,经过详细、充分的分析和设计就 能避免这类问题。

② 在实际工作中,用户的需求常常随外部条件或内在因素的变动而呈现易变的特点。 将软件工程理论运用于 GIS 工程后,充分的需求分析和系统分析可以最大限度地消除用户 与软件人员之间的不一致;详细的系统设计和代码设计可以提高软件的质量,增强系统的可 移植性,提高工作效率。

③ 采用规范的代码能让开发者和维护者的工作容易实施。

④ 详细的文档不仅有利于软件的系统升级、代码重用、小组交流、用户使用以及后期维 护,而且对于 GIS 开发者来说也是一种资本和经验的积累。

三、GIS 工程建设阶段划分

GIS 工程建设按照软件开发过程的先后顺序,包括前期工程、设计工程、数据工程、工程实施和维护工程等五个阶段,每个阶段都以工程化原理作指导,以工程化方法做手段,并以质量控制、工程标准和工程管理作为保障,确保 GIS 软件的开发成功。这五个阶段可以表达成图 7-3 所示的过程。

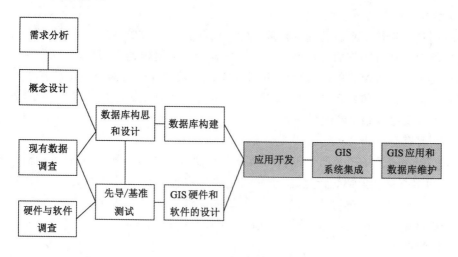

图 7-3　GIS 工程建设过程

1. 前期工程

GIS 软件前期工程阶段,包括工程调研、可行性研究、制定项目计划、需求分析等子阶段。

（1）工程调研

根据软件开发的基本目标和技术要求,对国内外相关项目通过走访、交谈、函件往来、资料检索等方式进行调研,确定该领域 GIS 软件的发展现状、存在问题,从而为拟开展的 GIS 工程项目提供有价值的参考资料。

（2）可行性研究和项目开发计划

可行性研究和项目开发计划阶段必须要回答的问题是"要解决的问题是什么"。该问题有行得通的解决办法吗？若有解决问题的办法,则需要多少费用？需要多少资源？需要多少时间？要回答这些问题,就要进行问题定义、可行性研究,制定项目开发计划。

（3）需求分析

需求分析阶段的任务不是具体地解决问题,而是准确地确定"软件系统必须做什么",确定软件系统必须具备哪些功能。系统工程分析员要和用户密切配合,充分交流各自的理解,充分理解用户的业务流程,完整、全面地收集、分析用户业务中的信息,从中分析出用户要求的功能和性质,并完整、准确地用软件需求说明书表达出来。

2. 设计工程

GIS 软件设计工程阶段,包括总体设计、数据库设计、模型设计、详细设计等子阶段。

（1）总体设计

在总体设计阶段,开发人员把确定的各项功能需求转换成需要的体系结构,在该体系结构中,每个成分都是意义明确的模块,即每个模块都和某些功能需求相对应。因此,总体设计就是设计软件的结构,该结构由哪些模块组成,这些模块的层次结构是怎样的,这些模块的调用关系是怎样的,每个模块的功能是什么。同时还要设计该项目的应用系统的总体数据结构和数据库结构,即应用系统要存储什么数据,这些数据是什么样的结构,它们之间有什么关系等。

(2) 数据库设计

数据库是一个信息系统的基本且重要的组成部分。在一个 GIS 软件的工作过程中,空间数据库发挥着核心的作用。数据库设计是指对于一个给定的应用环境,提供一个确定的最优数据模型与处理模式的逻辑设计,以及一个确定数据存储结构与存取方法的物理设计,建立能反映现实世界信息和信息联系,满足用户要求,又能被某个 DBMS 所接受,同时能实现系统目标并有效存取数据的数据库。

(3) 应用模型设计

由于 GIS 软件具有交叉性、综合性的特点,所以 GIS 的应用领域相当广泛,而每种类型的 GIS 应用都有自己独特的特点,这个特点主要体现在应用领域模型的构建和实现上,所以在进行 GIS 软件开发的分析阶段,一项重要的工作是针对拟开发领域的特殊技术要求,运用并分析该领域的应用模型,设计实现该应用模型的技术方法。

(4) 详细设计

详细设计阶段就是为每个模块完成的功能进行具体描述,要把功能描述转变为精确的、结构化的过程描述。即该模块的控制结构是怎样的,先做什么,后做什么,有什么样的条件判定,有哪些重要处理等,并用相应的表示工具把这些控制结构表示出来。

3. 数据工程

GIS 软件数据工程阶段,包括数据预处理、数据采集、数据处理及数据集成等子阶段。

(1) 数据预处理

无论用何种方法获取的原始数据,都可能在数字化过程中不可避免地引入错误,如数字化数据与使用格式不一致;各种数据来源的比例尺和投影不统一;各幅地图数据之间的不匹配;地图比例尺之间、地图比例尺与数字化仪的长度单位之间不一致。因此,必须通过数据预处理,才能获得净化的数据文件,使采集的数据符合规范化标准。

(2) 数据采集

建立 GIS 空间数据库的第一步就是将空间实体的图形数据和属性数据输入到地理数据库中,这就是 GIS 的数据采集。

(3) 数据处理

数据处理工作包括格式转换、图形单元的修改与增删、图幅拼接、坐标转换、几何纠正、数据编辑处理、拓扑结构及拓扑关系的自动生成等数据库建立前的工作。

(4) 数据集成

将各种数据有机地集成到数据库。

4. 工程实施

GIS 软件工程实施阶段,包括代码编写、测试、试运行等子阶段。

(1) 程序编制

代码编写阶段就是把每个模块的控制结构转换成计算机可接受的程序代码,即写成以某特定程序设计语言表示的“源程序清单”。编写出的程序应结构好,清晰易读,并且与设计相一致。

（2）测试

测试是保证软件质量的重要手段,其主要方式是在设计测试用例的基础上检验软件的各个组成部分。测试分为模块测试、组装测试、确认测试。模块测试是查找各模块在功能和结构上存在的问题。组装测试是将各模块按一定顺序组装起来进行测试,主要是查找各模块之间接口上存在的问题。确认测试是按软件需求说明书上的功能逐项进行的,发现不满足用户需求的问题,决定开发的软件是否合格、能否交付用户使用等。

（3）试运行

试运行是保证最终交付给用户的软件质量的重要手段,GIS软件试运行应由系统开发人员和用户共同进行,在试运行过程中要进行正确性完善和适应性完善。试运行的时间应视系统的规模和复杂程度而定,一般为1~3个月。

5. 维护工程

GIS软件维护工程阶段,包括数据库维护、软硬件维护等方面。

（1）数据库维护

GIS软件中的数据随着应用规模的日益扩大而迅速变化,基础地理信息及其他所有专题信息均需要经常地进行维护和更新。应根据系统的规模和实际需求,建立系统的数据维护更新机制,规定系统数据维护更新的周期,使系统的所有数据均相对地始终处于最新的状态。

（2）软件维护和硬件维护

软件维护是软件生存周期中时间最长的阶段。已交付的软件投入正式使用后,便进入软件维护阶段,它可以持续几年甚至几十年。软件运行过程中可能由于各方面的原因,需要对它进行修改。其原因可能是运行中发现了软件隐含的错误而需要修改;也可能是为了适应变化了的软件工作环境而需要做适当变更;还可能是因为用户业务发生变化而需要扩充和增强软件的功能等。

同样,也应建立系统硬件设备的日常维护制度,根据设备的使用说明进行及时的维护,以保证设备完好和系统的正常运行。但当设备的处理能力达不到要求,或者设备本身已经过时、淘汰,或者设备损坏买不到零配件,或者不值得修理时,应考虑硬件更新。

为了有效地进行软件维护,还需要建立软件维护的组织机构等。

第二节　GIS软件开发

软件是程序以及开发、使用和维护程序所需的所有文档的总称,由应用程序、系统程序、面向用户的文档及面向开发者的文档四部分构成。GIS软件开发是整个GIS工程中最重要的环节。开发工作既要遵循软件工程的思想与方法,又要突出GIS的特点。

一、软件开发方法

为了克服软件危机,从20世纪60年代末开始,研究人员一直在进行软件开发方法的研究与实践,并取得了一系列研究成果,对软件产业的发展起着不可估量的作用。

软件工程的内容包括技术和管理两方面。通常把在软件生命期中所使用的一整套技术的集合称为方法学(Methodology)或范型(Paradigm)。

软件开发方法是一种使用早已定义好的技术集及符号表示习惯来组织软件生产过程的

方法,其方法一般表述成一系列的步骤,每一步骤都与相应的技术和符号相关。其目标是要在规定的投资和时间内,开发出符合用户需求且高质量的软件,为此需要有成功的开发方法。

软件工程方法学包括三要素:方法、工具和过程。

方法——完成软件开发各项任务的技术方法;

工具——为方法的运用提供自动或者半自动的支撑环境;

过程——为开发高质量软件所规定的各项任务的工作步骤。

软件开发方法可分为两大类:面向过程的开发方法和面向对象的开发方法。这里将对结构化开发方法、原型化开发方法和面向对象的开发方法进行简要介绍。

传统的软件工程方法也称为面向过程的软件开发方法,这类开发方法都典型地包含了分析、设计、实现、确认(测试)、演化(维护)等活动。典型的传统软件开发方法有 Jackson 方法、结构化开发方法、原型化方法、HIPO 法、IDEF 法等。

面向对象的开发方法是以对象作为基本元素构建新系统的方法,从 20 世纪 90 年代开始面向对象的开发方法逐渐成为软件开发方法的主流。具有代表性的有 Coda 方法、Booch 方法和 OMT 方法以及 UML 统一建模语言。

1. 结构化开发方法

结构化开发方法(Structured Developing Method)是一种面向数据流的开发方法,它的基本原则是功能的分解与抽象。结构化方法提出了一组提高软件结构合理性的准则,如分解和抽象、模块的独立性、信息隐蔽等。它是现有的软件开发方法中最成熟、应用最广泛的方法,该方法的主要特点是快速、自然和方便。结构化方法的工作模型为瀑布模型(Waterfall Model),如图 7-4 所示。

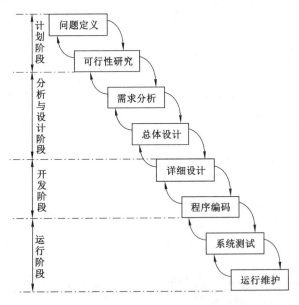

图 7-4　利用结构化程序设计方法进行 GIS 开发

结构化方法总的指导思想是自顶向下、逐步求精,由三部分构成,即结构化分析方法

(Structured Analysis,SA)、结构化设计方法(Structured Design,SD)、结构化程序设计方法(Structured Program,SP)。SA、SD、SP 相互衔接,形成了一整套开发方法。若将 SA、SD 结合起来,又称为结构化分析与设计技术(SADT 技术)。

结构化分析方法给出一组帮助系统分析人员产生功能规约的原理和技术。需求分析结果主要以图形方式表示,以数据流图和控制流图为基础,伴以数据字典,并配上结构化语言、判定表和判定树等手段,从而为问题的解决建立模型。结构化分析的步骤如下:

① 分析当前的情况,做出反映当前物理模型的数据流图。
② 推导出等价的逻辑模型的数据流图。
③ 设计新的逻辑系统,生成数据词典和基元描述。
④ 建立人机接口界面,提出可供选择的目标系统的物理模型数据流图。
⑤ 选择一种方案。
⑥ 建立完整的需求规约。

结构化设计给出一组帮助设计人员在模块层次上分析设计质量的原理与技术,它通常与结构化分析衔接起来使用,以数据流图为基础得到软件模块结构。结构化设计方法适用于变换型结构和事务型结构的目标系统。结构化设计的步骤如下:

① 评审和细化数据流图。
② 确定数据流图的类型。
③ 把数据流图映射到软件模块结构,设计出模块结构的上层。
④ 基于数据流图逐步分解高层模块,设计中下层模块。
⑤ 对软件模块结构进行优化,得到更为合理的软件结构。
⑥ 描述模块接口。

由于软件开发过程是个充满回溯的过程,而瀑布模型却将其分割为独立的几个阶段,不能从本质上反映软件开发过程本身的规律。此外,过分强调复审,并不能完全避免较为频繁的变动。尽管如此,瀑布模型仍然是开发软件产品的一个行之有效的工程模型。

2. 面向数据结构的开发方法

结构化开发方法是一种面向数据流、数据封闭性的开发方法,而 Jackson 系统开发方法则是面向数据结构的开发方法。其基本思想是先建立输入输出的数据结构,再将其转换为软件结构,其分析的重点放在构造与系统相关的现实世界并建立现实世界的信息域模型上,最终目标是生成软件的过程性描述,强调程序结构与问题结构相对应。

Jackson 方法由 JSP(Jackson Structured Programming)和 JSD(Jackson System Development)方法构成。

① JSP 法主要体现程序结构的设计,不严格区分软件概要设计和详细设计,可以根据 JSP 的规则直接导出程序结构。一般用于规模不大的数据处理系统且 I/O 数据结构容易描述的情况。

② JSD 法是对 JSP 法的扩充,是针对 JSP 法的缺陷而提出的解决方案。其主要特点是用"分而治之"的策略控制系统的复杂性,解决 I/O 结构的冲突问题。实体结构分析是用 Jackson 图来描述每个实体执行的动作及其时序,产生一组描述实体进程的 Jackson 结构图。

为了表示实体结构,Jackson 引入了如图 7-5 所示的结构图。在此图中,给出了对实体的三种典型动作，即顺序、选择和重复。其中，顺序型是指对于实体 A 的动作 B、C 是按时间顺序先左后右执行；选择型使用了符号"O"，表示实体 A 的两个动作 B 与 C 在某个时刻只做一个；重复型表示带有"＊"的动作重复执行多次。

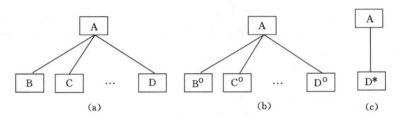

图 7-5　三种基本结构

(a) 顺序结构；(b) 选择结构；(c) 循环结构

Jackson 方法的设计过程如下：

① 建立数据结构。Jackson 方法中数据结构通常表示为树型结构，如图 7-6(a)所示，为按照三种基本结构建立的文件数据结构。

② 以数据结构为基础，建立相应的程序结构图，如图 7-6(b)所示，也称为 Jackson 图。当没有结构冲突时，转换过程是简单的。一般情况下，数据结构与模块结构是相对应的，因此不难从数据结构导出程序结构。

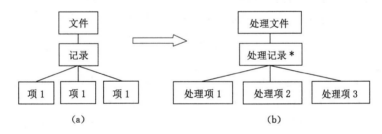

图 7-6　数据结构转换为程序结构

由于输入、输出数据结构在内容、数量、次序上是对应的，因此不难由数据结构导出程序结构图。如果出现"结构冲突"(Structure Clash)，将会引起从数据结构导出程序结构的困难。一般的解决办法是在输入、输出之间构造一个或者多个中间结构。

Jackson 方法结构清晰、易理解、易修改，不会过多依赖于设计者的经验，但是当系统规模及复杂度大时，确定数据结构困难。

3. 原型化开发方法(Prototyping Method)

原型是软件开发过程中软件的一个早期可运行的版本，它反映了最终系统的部分重要特性。原型化方法的基本思想是花费少量代价建立一个可运行的系统，使用户及早获得学习的机会，原型化方法又称速成原型法(Rapid Prototyping)，强调的是软件开发人员与用户不断交互，通过原型的演进不断适应用户任务改变的需求。将维护和修改阶段的工作尽早进行，使用户验收提前，从而使软件产品更加适用(图 7-7)。

(1) 快速建立需求规格原型法

RSP(Rapid Specification Prototyping)法所建立的原型反映了系统的某些特征，让用户学习,有利于获得更加精确的需求说明书,待需求说明书一旦确定,原型将被废弃,后阶段的工作仍按照瀑布模型开发,所以也称为废弃(Throw Away)型。

（2）快速建立渐进原型法

RCP(Rapid Cyclic Prototyping)法采用循环渐进的开发方式,对系统模型作连续精化,将系统需要具备的性质逐步添加上去,直至所有性质全部满足,此时的原型模型也就是最终的产品,所以也称为追加(Add On)型。

图 7-7　原型化开发模型

速成原型法适合于开发"探索型"、"实验型"与"进化型"一类的软件系统。速成原型的工作模型是一个循环的模型,按以下步骤循环执行:

① 快速分析:快速确定软件系统的基本要求,确定原型所要体现的特征(界面、总体结构、功能、性能)。

② 构造原型:在快速分析的基础上,根据基本规格说明,忽略细节,只考虑主要特征,快速构造一个可运行的系统。有三类原型:用户界面原型、功能原型、性能原型。

③ 运行和评价原型:用户试用原型并与开发者之间频繁交流,发现问题,目的是验证原型的正确性。

④ 修改与改进:对原型进行修改、增删。

4. 面向对象的开发方法

OOSD(Object-Oriented Software Development)法是 20 世纪 80 年代推出的一种全新的软件开发方法,非常实用而强有力,被誉为 90 年代软件的核心技术之一。其基本思想是:对问题领域进行自然的分割,以更接近人类通常思维的方式建立问题领域的模型,以便对客观的信息实体进行结构和行为的模拟,从而使设计的软件更直接地表现问题的求解过程。面向对象的开发方法以对象作为最基本的元素,是分析和解决问题的核心。

Coad 和 Yourdon 给出了一个面向对象的定义:

面向对象＝对象＋类＋继承＋消息

如果一个软件系统是按照这样四个概念设计和实现的,则可以认为这个软件系统是面向对象的。

OOSD 由 OOA(面向对象的分析)、OOD(面向对象的设计)和 OOP(面向对象的程序设计)三部分组成。

（1）OOA(Object-Oriented Analysis)法

OOA 就是要解决"做什么"的问题,它的基本任务就是要建立以下三种模型:

对象模型(信息模型):定义构成系统的类和对象以及它们的属性与操作。

状态模型(动态模型):描述任何时刻对象的联系及其联系的改变,即时序。常用状态图、事件追踪图描述。

处理模型(函数模型):描述系统内部数据的传送处理。

显然,在三大模型中,最重要的是对象模型。

（2）OOD(Object-Oriented Design)法

在需求分析的基础上,进一步解决"如何做"的问题,OOD 法也分为概要设计和详细设计。

概要设计：细化对象行为,添加新对象,认定类,组类库,确定外部接口及主要数据结构。

详细设计：细化对象描述。

(3) OOP(Object-Oriented Program)法

使用面向对象的程序设计语言,如 VC＋＋进行程序设计,因为该类语言支持对象、多态性和继承,因此比较容易。

用面向对象方法开发的软件,其结构基于客观世界界定的对象结构,因此与传统的软件相比较,软件本身的内容结构发生了质的变化,因而易复用性和易扩充性都得到了提高,而且能支持需求的变化。

二、GIS 系统分析

进行 GIS 软件工程系统分析主要有以下步骤：

① 识别 GIS 用户要求。

② 评价 GIS 的可行性。

③ 进行 GIS 开发效益和技术分析。

④ 把功能分配给 GIS 软硬件、人、GIS 数据库和其他系统元素。

⑤ 建立 GIS 开发成本和进度限制。

⑥ 生成 GIS 规格说明,形成所有后续 GIS 工程的基础。

GIS 软件工程系统分析的第一步是识别 GIS 用户要求。GIS 分析员首先要帮助用户定义 GIS 的目标：GIS 将产生什么信息,要求的功能和性能如何。分析员要查明 GIS 用户的"要求"(对 GIS 成功实现来说是关键步骤)与 GIS 用户的"希望"(有用但不必须)之间的区别。接下来分析员要进一步评估某些辅助信息,如建立 GIS 的技术是否存在？需要哪些软硬件和人力资源,成本与进度限制如何？ 如果新的 GIS 产品将要推向市场,则该 GIS 产品的潜在市场如何？ GIS 产品的市场竞争力如何？ 等等。

最后把在识别 GIS 要求步骤中所收集的信息定义到一个"GIS 概念文档"中。

三、GIS 需求分析

无论采用哪一种开发策略与技术路线,GIS 需求分析(Requirement Analysis)都是开发的前提。GIS 需求分析的基本任务是由 GIS 用户和开发人员一起充分理解用户要求,并把双方共同的理解明确地表达成一份书面文档——需求说明书(Requirement Specification),深入描述 GIS 的功能和性能,确定系统设计的限制以及 GIS 同其他系统要素的接口(图7-8)。用户需求分为功能性需求和非功能性需求两方面,前者定义系统的功能,后者定义系统工作时的特性。

需求分析的具体任务是：

(1) 确定系统的综合要求

·确定系统的功能要求——这是最主要的需求,确定系统必须完成的所有功能。

·确定系统的性能要求——应就具体系统而定,例如可靠性、联机系统的响应时间、存储容量、安全性能等。

·确定系统运行要求——主要是对系统运行时的环境要求,如系统软件、数据库管理系统、外存和数据通信接口等。

·将来可能提出的要求——对将来可能提出的扩充及修改作预准备。

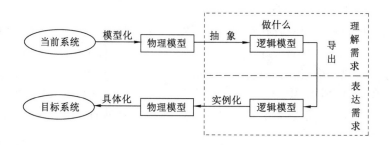

图 7-8　需求分析步骤

（2）分析系统的数据要求

GIS 本质上是信息处理系统，因此，必须考虑：

• 数据（需要哪些数据、数据间联系、数据性质、结构）。

• 数据处理（处理的类型、处理的逻辑功能）。

（3）导出系统的逻辑模型

通常系统的逻辑模型用 DFD（结构化方法）或用例图（面向对象方法）来描述。

（4）修正系统的开发计划

通过需求对系统的成本及进度有了更精确的估算，可进一步修改开发计划。

由于需求分析方法不同，描述形式也不同。常用的需求分析方法包括面向数据流的结构化分析方法、面向数据结构的方法和面向对象分析方法（OOA）。需求说明书既是用户与开发者之间签订合同的基础，也是设计和编程的基础，还作为验收的依据，应该完整、一致、精确、无二义，并且简明易懂、易于修改和维护。评审则是从各方面对需求说明书进行审核、评价、编辑、修改，保证尽可能实现既定目标。

四、系统设计与编码

任何工程项目，在生产之前必须要作设计。正如工程项目一样，软件编码前也必须先进行软件设计。软件设计是软件开发的关键步骤，直接影响软件的质量。

在软件需求分析阶段已经完全弄清楚了软件的各种需求，较好地解决了所开发的软件"做什么"的问题，并已在软件需求说明书和数据要求说明书中详尽和充分地阐明了这些需求以后，下一步就要着手对软件系统的系统结构、数据结构、用户界面等进行设计，即进入软件设计阶段，解决"怎么做"的问题。

软件需求确定以后，进入由软件设计、编码、测试三个关联阶段构成的开发阶段。在设计过程中，根据软件的功能和性能需求等，采用某种设计方法进行数据设计、系统结构设计和详细设计。

数据设计侧重于软件数据结构的定义。系统结构设计定义软件系统的整体结构，是软件开发的核心步骤。在设计过程中，建立软件主要成分之间的关系。详细设计则是把结构成分转换成软件的过程性描述。在编码步骤中，根据这种过程性描述，生成源程序代码，然后通过测试最终得到完整有效的软件。

软件设计阶段的主要任务是：将分析阶段获得的需求说明转换为计算机中可实现的系统，完成系统的结构设计，包括数据结构和程序结构，最后得到软件设计说明书。具体分为三部分：

（1）划分模块，确定软件结构

开发方法不同，确定软件结构的方法也不同。例如 SD 法，是从分层的 DFD 图导出初始的软件结构图，再对初始的结构图进行改进，获得最终的软件结构图。一般包括确定系统的软件结构，分解模块，确定系统的模块层次关系。

（2）确定系统的数据结构

数据结构的建立对于信息系统而言尤为重要，要确定数据的类型、组织、存取方式、相关程度及处理方式等。

（3）设计用户界面

作为人机接口的用户界面起着越来越重要的作用，它直接影响到软件的寿命。

可根据以下准则来衡量软件设计的结果：

· 软件实体有明显的层次结构，利于软件元素间控制。

· 软件实体应该是模块化的，模块具有独立功能。

· 软件实体与环境的界面清晰。

· 设计规格说明清晰、简洁、完整和无二义性。

完成软件的详细设计，就表示完成了软件的过程性描述，进入程序编码阶段。编码（Coding）阶段的任务简单地说就是为每个模块编写程序，即是将详细设计的结果转换为用某种计算机语言写的程序——源程序代码。编码应该选择适当的程序设计语言，并有良好的编程风格。

GIS 开发包括底层开发和二次开发。二次开发常采用三种方法：第一种是利用 GIS 所提供的二次开发语言如 ArcGIS 的 AE、超图的 SuperMap Objects；第二种是利用一些通用的程序设计语言进行开发，建立专业模块与 GIS 基础软件之间的联系；第三种则是基于组件式 GIS 开发，用户在购买 GIS 组件的基础上，在一定的开发环境下，对 GIS 组件予以组装、集成，并开发其他需要的组件，实现系统功能。

五、数据库设计

数据库是 GIS 的核心组成部分，根据不同应用，数据库有不同的组织形式。数据库设计就是把现实世界中一定范围内存在的应用处理和数据抽象成一个数据库的具体结构的过程。具体来说，就是对于一个给定的应用环境，提供一个确定最优数据模型与处理模式的逻辑设计，以及一个确定数据库存储结构与存取方法的物理设计。数据库设计要以数据分类和编码为基础，完成空间数据的存储和管理。

常用的 GIS 数据组织管理方法包括普通文件管理、文件结合关系数据库管理、关系型数据库管理系统（RDBMS）、面向对象数据库管理系统等模式。

采用文件管理就是将所有的数据，包括几何位置数据、结构化的属性数据存放于一个或者多个文件中。

文件结合关系数据库的数据管理模式是利用文件存储非结构化的、不定长的空间数据，借助已有的关系数据库管理系统对属性数据进行管理。在这种体系中，地理实体的位置数据和属性数据是分开存储管理的，因此需要定义它们之间的对应关系。通常的解决方案是在文件中赋予每个实体一个唯一的标识符（ID 码），在关系数据库中对应地也有一个标识码属性，从而通过 ID 码实现实体文件中的空间坐标与关系数据库中的属性的连接。

采用关系数据库管理的模式是指图形与属性数据都用现有的关系数据库管理系统管

理。关系数据库管理系统的软件厂商不作任何扩展,由 GIS 软件商在此基础上进行开发,使之不仅能管理结构化的属性数据,而且能管理非结构化的图形数据。

由于直接采用通用的关系数据库系统的效率不高,而非结构化的空间数据又十分重要,因此许多 DBMS 厂商都在 DBMS 的基础上进行扩展,使之能够直接存储和管理非结构化的空间数据,推出空间数据管理的专用模块,定义操纵点、线、面、圆、矩形等空间对象的 API 函数,从而用扩展的关系数据库管理系统,也称对象—关系管理系统来实现空间数据管理。在这种设计模式下,需要选择具有空间数据管理功能的 DBMS(如 Oracle 等)。另一种管理模式是全部采用面向对象数据库(OO-DBMS)进行空间数据的存储与管理。通过对象数据库管理系统,提供了各种数据一致的访问接口以及部分空间模型服务,不仅实现了数据共享,而且空间模型服务也可以共享,使软件可以将重点放在数据表现以及开发复杂的专业模型上。

在数据库设计过程中首先进行数据库的逻辑设计,确定能够表达现实世界中的实体及其联系的数据模型,以此作为组织地理数据的基础。在数据库逻辑设计中,数据分层是一项相当重要的工作。数据分层时要充分考虑数据与数据之间的关系、用户视图的多样性、数据与功能的关系、数据更新以及各层数据量大小分配等问题。

数据库物理设计是使数据库的逻辑结构在实际的物理存储设备上得以实现,建立一个具有良好性能的数据库,主要解决存储空间分配、数据物理表示、存储结构确定三个问题,它是逻辑设计的实现。一般而言,数据库的设计要与特定的数据库语言相结合,以设计结果作为开发的指导。

六、软件评价与测试

软件产品一般要从实用性、可靠性、可维护性、可移植性、可理解性、效率、效益等方面进行评价。

可靠性(Reliability)主要包括正确性(Correctness)和健壮性(Robustness)两个方面。正确性是指软件本身没有错误,在预期环境下能够正确完成期望的功能。健壮性是指系统在发生意外情况时能够按照某种预定的方式做出适当的处理,保证系统运行的稳定性,很少发生故障,即使发生故障也比较容易恢复,避免造成严重的损失。

可维护性(Maintainability)是指系统在运行阶段要能够进行修正、完善、修改以及升级等,通常包括可读性(Readability)、可修改性(Modifiability)、可测试性(Testability)等方面。

可移植性(Portability)是指系统不仅具有合适的结构与强大的功能,而且有很强的适应不同软硬件环境的能力。因此系统必须按照国家规范标准设计,以保证软件和数据的匹配、交换和共享。采用平台独立式开发语言 Java 是实现 GIS 软件可移植性的重要途径。

可理解性(Understandability)包括简单性(Simplicity)和清晰性(Clearness),要求系统不仅能够被计算机理解并执行,更为重要的是能够被其他开发人员甚至使用人员理解,这也是可维护性的基础。

效率(Efficiency)指 GIS 的各种性能指标、技术指标和经济指标等,包括能否有效地使用计算机资源(如空间和时间等),能否及时提供有用信息,提供信息的精度如何,系统操作是否方便。

效益(Benefit)包括 GIS 运行的社会效益和经济效益。经济效益主要是指促进技术手段的革新,减少软硬件投资与人力成本,提高速度,缩短周期,提高生产力水平,进而促进产值的提高。由于GIS在建立初期需要大量经济投入,其经济效益往往具有长期性、增值性、滞后性等特点。随着GIS产业化的推进,其经济效益将会不断提高。社会效益主要是指提高决策水平、推动信息化建设、促进信息共享、提高空间数据处理与分析自动化水平、实用地学问题综合智能分析、提高解决问题的能力、推动社会的发展等。

GIS评价要通过测试来实现。测试包括静态检验与动态测试两种方法。静态检验是指通过阅读程序和文档,从中发现错误,也称为评审。动态测试是主要的测试手段,即在系统有控制的运行中观察系统的运行状态,发现其中的错误。具体的测试方法包括黑盒法和白盒法。

测试过程可以通过模块测试、联合测试、系统测试三个层次进行,以发现每一阶段出现的错误,如图7-9所示。模块测试是对主要模块进行测试,以发现详细设计与编码阶段的错误。联合测试又称集成测试,是根据模块结构图将各个模块连接起来运行,以发现总体设计阶段的错误。系统测试则是将硬件、软件和人员作为一个整体,检验它是否符合需求说明书,以发现设计和分析阶段的错误。只有经过系统测试评价合格后,才可以交付用户使用。

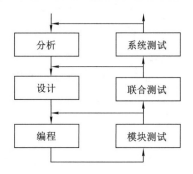

图7-9 软件三级测试体系

总之,GIS的开发是一项投资大、周期长的工作,在开发中既要充分应用现代软件工程技术,又要突出体现GIS的特点,合理确定开发方案与技术路线,以保证系统达到预期的功能目标和需求,同时要注意其社会效益和经济效益。

七、GIS软件工程管理

没有严格的工程管理,就不能保证GIS软件工程的顺利实现。软件工程管理的具体内容包括对开发人员、组织机构、用户、控制和文档资料等方面的管理。

1. 开发人员

软件开发人员一般分为项目负责人、系统分析员、高级程序员、程序员、初级程序员、资料员和其他辅助人员。根据项目规模的大小,有可能一人兼数职,但职责必须明确。不同职责的人,要求的素质不同。软件生存期各个阶段的活动既要有分工又要互相联系。因此,要求选择各类人员既能胜任工作,又要能相互很好地配合,没有一个和谐的工作环境很难完成一个复杂的软件项目。图7-10表示了开发GIS的人员配置情况。

2. 组织机构

组织机构不等于开发人员的简单集合,一个好的组织结构,应该有合理的人员分工和有效的通信。软件开发的组织机构没有统一的模式,下面介绍主程序员、专家组两种组织结构。

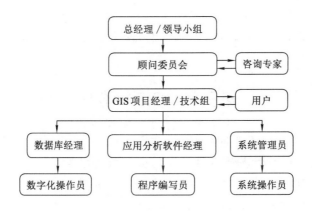

图 7-10　GIS 人员配置

（1）主程序员组织结构

是由一位主程序员主持计划、协调和复审全部技术活动；一位辅助程序员协助主程序员工作，并在必要时代替主程序员的工作；若干名程序员负责分析和开发活动；可以由一位或几位专家和一位资料员协助软件开发机构的工作。资料员负责保管和维护所有的软件文档资料，帮助收集软件的数据，并在研究、分析和评价文档的准备方面进行协助工作。主程序员组的制度突出了主程序员的领导，责任集中在少数人身上，有利于提高软件质量。

（2）专家组组织机构

是由若干专家组成一个开发机构，强调每个专家的才能，充分发挥每个专家的作用。这种组织机构虽然能发挥所有工作人员的积极性，但往往有可能出现协调上的困难。

3. 用户

软件是为用户开发的，在开发过程中自始至终必须得到用户的密切合作和支持。作为项目负责人，要特别注意与用户保持联系，掌握用户的心理和动态，防止来自用户的各种干扰和阻力。其干扰和阻力主要有：

① 不积极配合：指当用户对采用先进技术有怀疑，或担心失去自己现有的工作时，可能有抵触情绪，因此在行动上表现为消极、漠不关心，有时不配合。在需求分析阶段，做好这部分人的工作是很主要的，通过他们中的业务骨干，才能真正了解到用户的要求。

② 求快求全：指对使用计算机持积极态度的用户，他们中的一部分人急切希望马上就能用上计算机。要他们认识到开发一个软件项目不是一朝一夕就能完成的，软件工程不是靠人海战术就能加快的工程；同时还要他们认识到计算机并不是万能的，有些杂乱无章的、随机的和没有规律的事务计算机是无法处理的。另外，即使计算机能够处理的事务，系统也不能一下子包罗万象，切忌贪大求全。

③ 功能变化：指在软件开发过程中，用户可能会不断提出新的要求和修改以前提出的要求。从软件工程的角度，不希望有这种变化。但实际上，不允许用户提出变动的要求是不可能的。因为一方面每个人对新事物有一个认识过程，不可能一下子提出全面的、正确的要求；另一方面还要考虑到与用户的关系。对来自用户的这种变化要正确对待，要向用户解释软件工程的规律，并在可能的条件下，部分或有条件地满足用户的合理要求。

4. 控制

控制包括进度控制、人员控制、经费控制和质量控制。为保证软件开发按预定的计划进行,对软件开发要以计划为基础。通常把一个大的开发任务分为若干期工程,然后再制定各期工程的具体计划,这样才能保证计划实际可行,便于控制。同时在制定计划时要适当留有余地。

第三节 GIS 标准化

随着 GIS 应用的发展和数据的积累,GIS 标准化已十分必要,建立统一的 GIS 标准体系的要求日趋迫切。在 GIS 基础软件开发与应用项目组织中,必须遵循标准化的原则。GIS 标准化是其得到广泛、深入、长远、高效应用的基本要求。另外,为了推动 GIS 技术的社会化,实现基于计算机网络的地理信息与分析软件共享,推动网络 GIS 的发展,除了要研究计算机设备自身信息联系的各类技术标准以外,还需要对有关 GIS 的标准化问题进行深入研究。

一、GIS 标准化的意义和作用

地理信息系统标准化的意义和作用是保障地理信息系统技术及其应用的规范化发展,拓展地理信息系统的应用领域;促进空间地理信息的共享;推动地理信息系统的产业化、社会化,产生更大的社会经济效益。具体地说,GIS 标准化将从以下几方面影响 GIS 的发展和应用。

1. 促进空间数据使用及交换

GIS 所处理的空间数据及其操作相当复杂,使得在许多 GIS 应用中遇到一系列问题,特别是在空间数据共享、互操作、质量控制、转换等方面。实现 GIS 的标准化、规范化,有助于解决这些问题,并促进空间数据的使用与交换。

① 数据质量。数据质量一方面是由于数据获取、输入或数字化软硬件设备质量与工作人员操作水平导致的;另一方面与属性数据的误差或模糊不确定性直接相关。通过制定一系列规程,实施数据质量控制,指导和规范工作人员的行为,可以最大限度地保障数据产品的质量。

② 数据库设计。GIS 的数据库设计直接关系到数据库应用上的方便性和数据共享,包括数据模型设计、数据库结构和功能设计以及数据建库的工艺流程设计。每一阶段的不规范、不统一、不科学,都可能带来一系列问题。因此在数据库的设计与建立时需制定相应的规程、标准,如数据语义标准、数据库功能结构标准、数据库设计工艺流程标准等。

③ 数据档案。在数据档案的整理及其规范化中有代表性的工作就是对地理信息系统元数据的研究及其标准的制定工作。明确的元数据定义、说明以及对元数据方便地访问,是安全地使用和交换数据的基本要求。

④ 数据格式。GIS 发展初期,其数据格式被作为一种商业秘密,因此其交换与共享几乎是不可能的。为解决这一问题,数据交换格式的概念被提了出来,有关空间数据交换标准的研究发展很快。在 GIS 软件开发中,输入及输出功能的实现必须满足多种标准的数据格式。

⑤ 数据的可视化。GIS 中空间数据的可视化表达与地图的表达方法有很大的不同,传统的地图标准并不完全适合空间数据可视化的要求。因此与制定标准的地图符号体系相类似,要制定一套标准的地理信息系统标准符号库,用于表达地理数据。

⑥ 数据产品的测评。对地理信息系统数据产品的质量、等级、性能等进行测试和评估十分重要,这项工作必须按照统一的标准进行,这对于实施 GIS 项目工程的有效管理、促进地理信息市场的发展具有重要意义。

2. 促进地理信息共享

地理信息共享即地理信息的社会化应用,它是地理信息开发部门、用户和经销部门之间以一种规范、稳定、合理的关系共同使用地理信息及相关服务的机制。

地理信息共享并不单纯是面向 GIS 应用的空间数据共享,而且还是其他社会、经济信息的空间框架和载体,是国家和全球信息资源中的重要组成部分。人类社会经济活动的信息 80% 以上与空间信息有关,因此地理信息的共享对实现其他信息共享也具有重要的意义。地理信息共享必须从两方面进行:一方面要实现空间数据之间的互操作性和无误差传输,另一方面要实现空间数据与非空间数据的集成。

地理信息共享有三个基本要求:① 正确地向用户提供信息;② 用户无歧义、无错误地接收并正确使用信息;③ 保障数据供需双方的权利不受侵害。在这三个要求中,数据共享技术的作用是最基本的,它将在保障信息共享的完全性(包括语义正确性、版权保护及数据库安全等方面)和方便灵活使用数据方面发挥重要的作用。

数据共享技术涉及四个方面:面向地理过程语义的数据共享概念模型的建立;地理数据的技术标准;数据安全技术;数据的互操作性。

(1)面向地理过程语义的数据共享概念模型的建立

在 GIS 技术发展过程中,关于现实地理系统的概念模型大多集中于对地理系统空间属性的描述,例如对地理实体的分类以其几何特性点、线、面等为标志,由于这一局限,GIS 只能显式地描述一种地理关系——空间关系。这种以几何目标为主要模拟对象的模拟方法不但存在于传统的关系型 GIS 中,也存在于各种面向对象的 GIS 模型研究中。以几何目标特性为主,模拟地理系统的思想几乎成为一种标准;而基于地理系统过程思想的概念模型还很少出现。

实际的数据共享是一种语义层次上的数据共享,最基本的要求是供求双方对同一数据集有相同的认识,只有基于同一种对现实世界地理过程的语义抽象才能保证这一点。因此在数据共享过程中,应有一种对地理环境的模型作为不同部门之间数据共享应用的基础。面向地理系统过程语义的数据共享的要领模型包括一系列的约定法则:地理实体几何属性的标准定义和表达;地理属性数据的标准定义和表达;元数据定义和表达等。这种模型中的内容和描述方法,有别于面向 GIS 软件设计或 GIS 数据库建立的面向计算机操作的要领建模方法。

(2)地理数据的技术标准

地理数据的技术标准为地理数据集的处理提供诸如空间坐标系、空间关系表达等标准,它从技术上消除了产品之间在数字存储与处理方法上的不一致性,使数据生产者和用户之间的数据流畅通。

地理数据技术标准的一项重要工作是利用标准的界面技术完整地表达数据集语义的标准数据界面。随着对数据共享认识得越来越清晰,科学家们越来越重视对 GIS 人机界面的标准化。在有关用户界面的标准化讨论中,两种观点占了主流:一种观点主张采用现有的IT 标准界面,另一种观点提出要以能表达数据集的语义作为用户界面标准的标准。经多年实践,目前已逐渐形成两种策略,即建立标准的数据字典和建立标准的特征登记,这两种策略的基础都是基于对现实世界的概念性模拟以及概念模式规范化的建立。

（3）数据安全技术

在数据使用过程中,特别是在网络传输的情况下,必须采用一定的技术手段来保证数据的安全。主要包括注重数据的完整性约束,保护数据库免受非授权的泄露、更改和破坏,注意网络安全,防止计算机病毒等。这些都需要通过一定的技术和标准来保证。

（4）数据的互操作性

从技术的角度讲,数据共享强调数据的互操作性。数据的互操作性体现在两个方面:一个是在不同的 GIS 数据库管理系统之间数据的自由传输;另一个是不同的用户可以自由操作使用同一数据集,并且保证不会导致错误的结论。数据的互操作性在数据共享所有环节中是最重要的,技术要求也是最高的,它也是实现开放式 GIS 的重要技术基础。

3. 推动 GIS 的产业化和社会化

当前,GIS 的应用方兴未艾,各种基础 GIS 软件、基于网络和组件等现代计算机技术的GIS 也层出不穷,应用领域日趋广泛,呈现出"百花齐放,百家争鸣"的大好局面,GIS 正在向着产业化和社会化的方向发展。

在 GIS 产业化和社会化的发展过程中,标准化是一项具有重要意义的工作。无论是对软件开发商还是对用户而言,相关标准的制定和执行都是至关重要的。

GIS 标准化的好处是多方面的。在经济上,可以节省费用,提高效率和方便应用。有了标准,系统可以推广到多个部门和满足不同的用户,实现数据共享,从而减少数据采集费用。有了标准,可以使用户易于学习类似的系统,从而降低学习和培训费用。有了标准,可以大大缩短系统的测试周期,从而缩短了系统开发的总周期,也可以使系统开发者及早发现系统设计中的错误和减少设计中的同类错误。

GIS 标准化具有以下重要的性质:

· 可移植性（Portability）:为了获得在硬件、软件和系统上的综合投资效益,系统必须是可移植的,使所开发的应用模块和数据库能够在各种计算机平台上移植。

· 互操作性（Interoperability）:一个大型信息系统,往往是一个由多种计算机平台组成的复杂网络系统,有了标准,可以促进用户从网络的不同节点上获取数据和实现各种应用。

· 可伸缩性（Scalability）:为了适应不同的项目和应用阶段,有了标准,可以使软件以相同的用户界面在不同级别的计算机上运行。

· 通用环境（Common Application Environment）:标准提供了一个通用的系统应用环境,如提供通用的用户界面和查询方法等。利用这个通用环境,用户可以减少在学习新系统上所花费的时间和提高生产效率。

因此,标准化是 GIS 集成的前提。在内部,它可以增强 GIS 的内在综合能力,从而通过协调数据、软件和硬件之间的关系,使应用效率更高、更经济。在外部,可以通过数据管理、数据库管理、图形、硬件和软件的兼容性促进与其他 GIS 或信息系统的综合。所以,标准化可以增强 GIS 的功能、灵活性和效率,也使它易于推广应用。

二、GIS 标准化的内容

地理信息系统标准化的研究内容包括:① 与地理信息系统软件工具开发有关的各种标准化活动,如软件工程、软件测评等;② 与地理信息系统数据库建设有关的活动,包括各种操作规程的制定、文本编写、数据库安全等方面的标准实践；③ 与地理信息系统数据共享有关的标准化工作，包括对数据的重复使用、数据交换、网络安全等方面的界面、技术标准，如数据模型标准、数据质量评定标准、元数据标准等。具体而言，GIS标准化的主要内容如下：

1. 地理信息内容和层次

地理信息是对地理实体特征的描述。地理实体特征一般包括空间特征、属性特征、关系特征和动态特征四个方面。地理信息对这些特征的描述要以一定的信息结构为基础。一个合理的信息结构中各个信息项应当具有明确的数据类型定义，它不但能全面反映上述地理实体的四类特征，而且还要能够很容易地被影射到一定的数据模型之中。

除了描述地理实体的数据，还要有一些关于数据本身的描述信息，即元数据信息，它们也是地理信息的组成部分之一。

2. 地理信息的分类与编码

分类与编码标准在标准化中占有相当大的比重。地理信息分类一般采用线分类法，即将分类对象根据一定的分类指标形成相应的若干层次目录，构成一个有层次的、逐级展开的分类体系。作为地学编码基础的分类体系，主要是由分类和分级方法形成的。分类是把研究对象划分为若干个类组，分级则是对同一类组对象再按某一方面量上的差别进行分级。分类和分级共同描述了地理实体的分类关系、隶属关系和等级关系。另外，由于地理实体的分类是为某种具体的应用服务的，因此不同地理研究目的之下的分类体系可能不同。这种不同在极大地丰富地理实体分类研究内容的同时，也在一定程度上造成了使用上的困难，最大的问题是各分类体系之间不兼容，从而直接导致编码的不统一以及数据共享困难。

地理信息编码是在分类的基础上进行的，一般编码有多种类型，如顺序码、数值化字母顺序码、层次码、复合码、简码等。我国所制定的地理信息代码以层次码为主，它以分类对象的从属关系和层次关系为排列顺序，能明确表示出分类对象的类别，代码结构有严格的隶属关系。

地理信息的编码要坚持系统性、唯一性、可行性、简单性、一致性、稳定性、可操作性、适应性和标准化的原则，统一安排编码结构和码位。此外，还要注重编码的可扩充性。

3. 地理信息的记录格式与转换

不同GIS软件工具记录和处理同一地理信息的方式是有差别的，直接导致不同GIS软件平台上的数据不能共享。目前世界上已有许多数据交换标准，其中有关数据格式的转换建立了一种通用的、对用户来说是透明的通用数据交换格式。另一个问题是数据在各种媒体上的记录标准。

（1）数据交换格式

在数据转换中，数据记录格式的转换要考虑相关的数据内容及所采用的数据结构。如果纯粹为转换空间数据而设立标准，则重点考虑的将是：① 不同空间数据模型下空间目标的完整性及转换完整性；② 各种参考信息的记录和转换格式，例如坐标信息、投影信息、数据保密信息等；③ 数据表达信息，包括标准的符号系统、颜色系统显示等。

对于地理信息，除了考虑上述数据的转换格式外，还应该多考虑以下内容：① 属性数据的标准定义及值域的记录与转换；② 地理实体的定义及转换；③ 元数据的记录格式及转换等。由于在转换过程中，地理数据是一个整体，各类数据的转换一般以单独转换模块为基础进行转换，因此还要具备不同种类数据转换之间关系的说明及数据整体信息的说明。

在所有的数据标准中,数据交换格式的发展是最快的,例如 DXF、TIFF 可用于空间数据的记录与交换,SDTS、DIGEST 不但可用于交换空间数据,而且是在地理意义层次上交换数据,既注重于空间数据的数据格式,又注重于属性数据的数据格式以及空间、属性数据之间逻辑关系的实现。

(2) 数据的媒体记录格式

数据在媒体(包括磁带、磁盘、光盘等)上的记录格式对用户是否透明也是制约数据应用范围的一个重要因素。在该类记录格式的标准化过程中,各种媒介本身的技术发展对记录格式的影响很大,不同记录媒体,由于处于不同时期,而应分别采用和制定相应的标准。

4. 地理信息规范与标准的制定

地理信息技术标准的制定、管理和发布实施,是将地理信息技术活动纳入正规化管理的重要保证。

制定地理信息技术标准的主要对象应当是地理信息技术领域中最基础、最通用、最具规律性、最值得推广和最需要共同遵守的重复性的工艺、技术和概念。针对地理信息领域,应优先考虑作为标准制定对象的客体,包括:① 软件工具,如软件工程、文档编写、软件设计、产品验收、软件评测等;② 数据,如数据模型、数据质量、数据产品、数据交换、数据产品测评、数据显示、空间坐标投影等;③ 系统开发,如系统设计、数据工艺工程、标准建库工艺等;④ 其他,如名词术语、管理办法等。

制定地理信息技术标准的要求主要包括:① 认真贯彻执行国家有关的法律、法规,使地理信息技术标准化活动正规化、法制化;② 在充分考虑使用的基础上,要注意与国际接轨,并注意在标准中吸纳世界上最先进的技术成果,以使所制定的标准既能适用于现在,还能面向未来;③ 编写格式的规范化。

在制定地理信息技术标准时,要遵守标准工作的一般原则,采用正确的书写标准文本的格式。我国颁布了专门用于制定标准的一系列标准,详细规定了标准编写的各种具体要求。

地理信息技术发展所需要的技术标准可能有多个,各技术标准之间具有一定的内在联系,这些相互联系的地理信息技术标准形成地理信息技术标准体系。地理信息技术标准体系具有目标性、集合性、可分解性、相关性、适应性和整体性等特征,是实施编制整个地理信息技术标准的指南和基础。该体系反映了整个地理信息技术领域标准化研究工作的大纲,规定了需要编写的标准,还包括对已有的国际标准和其他相关标准的使用。对国际、国外标准的采用程序一般有三级:等同采用、等效采用和非等效采用。我国标准机构对标准体系表的编制具有详细的规定。

三、ISO/TC211 地理信息标准

目前,有很多个组织和政府部门召集或主持制定地理信息标准,其内容主要包括空间数据模型和空间服务模型以及在此基础上的空间数据共享(Data Sharing)和互操作(Data Interoperation)。其中比较重要的是地理信息/地球信息科学(Geographic information/ Geomatics)专业委员会制定的 ISO/TC211 地理信息标准。

ISO/TC211 地理信息/地球信息科学专业委员会成立于 1994 年 3 月,其目的是为了促进全球地理信息资源的开发、利用和共享,即制定 ISO/TC211 地理信息/地球信息科学技术标准。该委员会的工作范围为数字地理信息领域标准化,其主要任务是针对直接或间接与地球上空间位置相关的目标或现象的地理信息制定一套标准,以便确定地理信息数据管理(包括定义和描述)、采集、处理、分析、查询、表示,以及在不同用户、不同系统、不同地方之间转换的方法、工艺和服务。该委员会下设五个工作组,所建立的标准共分25个部分。每个项目组的研究任务和主要目标是:

第一组由美国召集,负责框架和参考模型,承担地理信息的参考模型、综述、概念化模式语言、术语定义和一致性测试等五个工作项目。这些项目主要是设计地理信息标准的总体结构框架,研究这类标准所应用的基本原理、标准化的整体概念和组成部分,通过关系模型将它们相联系,设计概念图解语言,定义统一使用的全部专用名词术语,确定测试各项标准是否达到一致性判断指标和方法。

第二组由澳大利亚召集,负责空间数据模型的算子,承担地理信息的空间算子、空间子模式、时间子模式和应用模式规则等四个工作项目。这些项目的任务是确定地理空间数据的存取、查询、管理和处理操作的算子;定义地理空间目标、空间特征和时间特征的概念关系。定义地理信息应用模式的规则,包括应用模式的地理空间目标分类分级原理及它们的关系。

第三组由英国召集,负责空间数据管理,承担地理信息的分类、坐标空间参照系统、间接参考系统、质量原则、质量评价方法和元数据等六个工作项目。这些项目的任务是确定地理空间目标、属性和关系分类的方法,研究制定一套单一的国际多种语言分类目录的可能性,研制大地参考系统和间接参考系统的概念模式和参考手册,确定地理空间数据质量指标及质量评价方法,确定说明地理信息及应用服务的描述数据模式。

第四组由挪威召集,负责地理空间数据服务,承担地理信息的空间定位服务、地理信息描述、编码和服务等四个项目。这些项目主要是确定空间定位系统(GPS)与地理信息系统标准接口,使空间定位信息与地理信息的各项应用相集成,以人们能够理解的形式描述地理空间信息,选择与地理信息所应用的概念模式相兼容的编码规则,识别和定义地理信息的服务界面,确定与开放系统环境模型之间的关系等。

第五组由加拿大召集,负责专用标准(Profile Standard),目前只承担专用标准一个工作项目,主要任务是确定在ISO/TC211制定的全部标准的基础上,针对某项具体应用提取出专用标准子集的方法和参考手册。

四、中国的地理信息系统标准化现状

30多年来,我国地理信息标准化工作走的是一条自主发展的道路,即充分吸取国外先进经验和教训,从我国的实际出发,结合GIS技术发展和系统开发的需要,从理论上进行研究,制定和发布实施了若干急需的标准,建立了相应的学术组织,培养了一批从事地理信息标准研制的高、中级人才,取得了一定的进展。

1984年国家科委新技术局组织专家对国内外GIS技术发展进行深入考察研究,发表了《资源与环境信息系统国家规范和标准研究报告》,这是我国第一部有关地理信息标准化的论著,对后来GIS技术发展和标准化工作产生了重要影响。

"七五"期间(1985～1990年),国家和省、市、县地理信息标准化研究被作为专题列入国家"七五"重点科技攻关项目,国家科委新技术局组织了资源与环境信息系统国家规范和标准研究组,组织全国几十位专家和科技人员,协同攻关,就统一的地理空间坐标系统、统一的资源与环境信息数据分类体系、统一的地理空间数据编码体系以及统一的地理空间数据交换格式四个方面进行了深入的研究,并结合国家级、省级和市县级资源与环境信息系统的研究和开发进行试验验证,提出了 20 多种标准建议方案,为进一步制定相应的地理信息国家标准打下了良好基础。

"八五"期间(1991～1995 年),资源与环境信息系统国家规范和标准研究组继续努力,将已经完成的地理信息标准研究成果进一步提炼,力求上升为正式的国家标准。"地理格网"、"国土基础信息数据分类与代码"、"林业资源数据分类与代码"等作为国家标准,通过专家审查,经国家技术监督局批准发布实施。

鉴于地理信息标准化研究未能列入国家"八五"科技攻关项目中,而 GIS 技术发展和设计开发迫切需要尽快制定有关标准,因此,一些部门和单位自行安排了若干标准的研制工作。例如,国家测绘局在其"八五"科技攻关项目中推出了十多个与地理信息标准化密切相关的课题,内容涉及数据记录格式、数字摄影测量数据记录格式、地籍测量数据分类代码及记录格式、空间数据交换格式、各级比例尺数字地形图符号体系、测绘信息数据字典、地形数据库与地名数据库技术接口、数据更新规程、数字测绘产品模式、数字测绘产品分级和保密原则等等,提出了十几个标准草案。

针对城市地理信息系统的快速发展,国家科委社会发展司在"八五"中期批准立项研制"城市地理信息系统标准化指南",作为国家"八五"重点科技攻关的一个专题,该指南共有十三章,内容包括:城市地理信息系统标准化总论、名词术语、标准化管理、标准体系表、系统总体设计、空间定位系统、数据分类与编码、数据结构与格式、软硬件配置原则、数据质量控制系统实施与维护、网络通信、系统安全与保密等。

许多专业部门研制的一些非 GIS 目的的国家标准,被直接采用作为地理信息标准,诸如《中华人民共和国行政区划代码》、《县以下行政区划代码编制规则》、《公路等级代码》、《公路路面等级与面层类型代码》、《公路路线命名编号和编码规则》、《国家干线公路名称和编码》、《中华人民共和国铁路车站站名代码》、《中华人民共和国邮政编码》等,有力地支持了我国的地理信息标准化工作,在一定程度上缓解了地理信息标准不足的矛盾。

在"九五"科技攻关项目中,地理信息标准化研究和信息共享再次成为人们关注的重点之一。其中有三项非常重要的地理信息标准和信息共享工作:一是由国家科委主持的"可持续发展信息共享示范",它要研究解决在网络基础上的信息共享的政策机制和信息管理规范,确立有限范围地理信息标准和统一空间数据基础,并在自然资源、环境和自然灾害中选择 12 个数据库进行共享示范;二是由国家计委主持的"国土资源、环境、地区经济信息系统及国家空间信息基础设施关键技术研究",它涉及资源、环境和地区经济的信息分类与编码标准体系、元数据标准、数据词典和数据转换标准,由它们来规范我国一批已建成的数据库改造与共享问题;三是在国产地理信息系统研究项目中,正在进行的关于建立数据转换格式标准的研究。

在学术和科学组织管理方面,国家质检总局是地理信息标准的主管机关。目前,有三个重要的机构对地理信息标准化工作起了很好的推动作用,它们是国家地理信息标准化技术委员会、国际 ISO/TC211 技术委员会中国秘书处和活动网络、中国地理信息系统协会数据质量与标准化专业委员会。1994 年 3 月我国正式参加 ISO/TC211 组织,现为其中的积极成员(P 成员),1995 年经批准由国家测绘局成立国家基础地理信息中心,为国内技术归口单位,建立了我国与 ISO 对应的组织机构,并已成立了 5 个工作组在 20 个工作项目上开展工作。

目前,国家已经颁布了一系列地理信息标准,但仍有许多标准正在制定过程中。

第四节　GIS 应用实例

GIS 的应用领域十分广泛,它不仅为地球科学提供了综合集成的全数字化工作平台,还广泛应用于政府管理部门、企业,在智慧城市、地理国情监测、应急救援、电子商务等领域都得到了成功的应用。下面简要介绍 GIS 的若干应用情况,以加强对有关内容的理解。

一、在测绘与制图中的应用

测绘与制图是 GIS 的主要支撑学科,同时也是 GIS 最重要的应用领域之一。这是由于 GIS 中最基本的数据——空间数据主要是由测绘技术提供的,而且 GIS 本身就源于地图,GIS 的发展应用与测绘科技、地图制图的发展密切相关。

1. GIS 与测绘

GIS 与测绘是一种相互支持、相互促进的关系,一方面,测绘技术提供 GIS 所需要的空间数据,另一方面,GIS 实现测绘成果的高水平组织、表达与应用。由于 GIS 技术的深入渗透,测绘科学正在由传统的几何科学向信息科学的范畴转变。GIS 在测绘领域的应用主要体现在以下方面:

(1) 用于多源测绘信息的输入、管理与可视化表达

随着现代测绘科技的发展,测绘技术手段已从传统的经纬仪、水准仪发展到以全站仪、GPS 接收机、数字摄影测量(DPS)、三维工业测量、超站仪等为代表的自动化、数字化阶段。以 GIS 为基础平台,建立 GIS 空间数据库与测绘信息之间的转换接口与通信模式,在 GIS 环境下对测绘信息进行管理、可视化表达与输出,实现测绘信息的可视化、数字化、集成化,并借助网络 GIS 等手段实现空间数据的远程发布和高效共享。

(2) GIS 是实现测绘信息高水平利用的基础平台

空间信息在建立国家或区域空间数据基础设施(SDI)、提供数字地球(DE)空间框架方面发挥着重要作用,将测绘信息纳入 SDI、DE 的范畴,实现测绘信息的多尺度转换、操作、合并与制图综合等,都需要借助于 GIS。同样,在 GIS 环境下,测绘信息将与相关的空间与属性信息作为一个有机的整体,为不同行业提供应用,从而实现基于空间数据的信息分析与应用,实现测绘信息在不同领域、面向不同目标的高水平应用。

(3) GIS 是测绘行业适应信息时代发展的重要技术支持

人类正在进入信息时代,信息的传播、使用将直接促进经济的发展,信息产业是知识经济时代的支柱产业。传统的测绘行业主要是面向空间数据获取与表达即测量、制图方面。在信息时代,测绘行业将面临巨大的发展机遇,特别是地理信息产业发展的机遇与挑战。测绘行业在技术方面已具备了一定的基础,能够充分利用现代高新技术,投入信息产业。

2. GIS 与制图

从一定程度上说,GIS 技术源于机助地图制图,同时,GIS 技术的应用将极大地促进地图制图发展,主要体现在:

(1) GIS 平台为地图制图提供了全新的工具

无论是地形图绘制,还是专题地图绘制,GIS 都提供了强大的功能。在 GIS 环境下,可以实现地图自动综合、多尺度地图无缝连接、无极缩放等传统制图领域难以解决的问题。同

时,GIS技术的应用将促进系列制图目标的实现

（2）将空间信息的表达从二维表达推向三维可视化

传统的制图主要通过二维图形实现。在 GIS 环境下,可以提供影像地图,实现空间信息的三维可视化表达,如将 DEM、纹理信息、遥感图像等进行叠加,实现地形的三维可视化。

（3）电子地图的普及和应用

GIS 在电子地图的发展、制作及应用中都发挥着重要作用,今后 GIS 与电子地图的结合将更加紧密,并为有关空间信息的应用、分析与表达提供新的支持。

3."3S"技术一体化与现代测绘科技

"3S"技术一体化是测绘科技发展的重要趋势,将极大地促进测绘科学由几何科学向信息科学范畴的转变,主要表现在:

（1）多源数据采集的自动化与综合化

通过 GPS 技术、遥感技术,结合数字摄影测量、数字测绘及传统数据采集方法,将逐渐实现多源数据的自动、综合采集,并实现空间信息与属性信息的同步采集,从而从根本上改变空间信息的获取模式。

（2）数据实时动态处理

在"3S"技术的支持下,将实现数据的实时采集,直接将各种信息以数字形式输入软件系统,并进行实时处理、图形显示,实现快速的数据采集与处理。

（3）海量空间信息管理与可视化表达

GIS 将是海量空间信息管理、应用与可视化表达的重要工具,使测绘成果得到充分的应用。

（4）测绘信息与其他信息的集成处理与应用

以"3S"技术为基础,在 GIS 环境下,可以将测绘信息与其他多源信息进行集成综合处理,使测绘作为可持续发展的基础。

二、土地信息系统（LIS）

土地管理是 GIS 最早也是最广泛的应用领域之一。土地信息系统（Land Information System,LIS）是用于土地信息的输入、存储、管理、分析和输出的专题地理信息系统,所有与土地信息相关的系统都可以纳入 LIS 的范畴。

1. GIS 在土地资源管理中的应用

GIS 在土地管理领域的应用相当广泛,正在成为土地管理信息化、决策科学化、数据可视化、利用可持续化的重要技术支持,主要应用方向包括:

· 土地利用现状调查、统计与相关图件绘制。

· 地籍管理中的各项工作包括土地登记、发证、统计,是地籍信息系统的基础。

· 土地动态监测及其可视化、模拟,特别是土壤"三化"与土地利用/土地覆盖变化（Land Use/Cover Change,LUCC）的监测。

· 土地规划、方案比较、规划制图与决策支持。

· 土地评价、分等定级。

· 建设用地管理。

· 土地复垦与整治。

· 土地资源可持续利用决策支持。

2. LIS 的主要功能

从功能的角度来看，LIS应能实现有关土地管理与应用领域的主要工作，根据目标不同可能有所侧重，并形成面向专门目标的信息系统，如地籍信息系统、土地规划信息系统、土地评估信息系统等。不管侧重于哪一个方面，LIS都应具备以下最基本的功能：

- 多源土地信息的采集与输入。
- 土地信息的储存、管理与维护。
- 空间分析与应用。
- 制图与可视化输出。
- 土地管理业务办公自动化。
- 模型分析。

就具体功能而言，前四项可直接应用 GIS 的功能，采用相应的实现技术。由于土地管理工作具有其相对的独立性与特殊性，涉及到一系列专业模块的应用、专门的业务流程与模块，因此在 GIS 的基础上建立 LIS，其关键就在于面向土地管理业务的办公工具开发、专业模型的建立两项工作，而且对这两项功能的实现程度往往作为评价 LIS 功能最重要的指标。

3. LIS 的发展趋势

目前我国 LIS 的建设蓬勃发展，方兴未艾，几乎所有的城市都在建立和各种部门业务相关的土地信息系统。整个土地信息系统的建设正在朝四个方向发展：

① 日常办公自动化：将传统的办公方式转变为无纸办公，使管理过程信息化，逐步实现办公自动化（Office Automation）。

② 模型化：将原来分散在各个专业领域的应用模型化。传统的分析和应用有许多是采用人工的手段进行的，如土地评价、地籍管理、土地分等定级等。随着数据库数据的迅速增加以及应用模型的量化，专业化的计算机分析模型将愈来愈多，从而进一步提高土地信息系统的应用水平。

③ 综合化：把许多系统结合在一起，形成综合性的大型土地信息系统。这种 LIS 不是从某一个部门考虑，而是考虑综合性的应用，解决和土地相关的大多数问题。

④ 网络化：土地信息系统将从原来的单个微机版发展到局域网，进而发展到广域网，实现基于广域网的数据库管理和分析应用。

三、城市 GIS 与政务 GIS

城市是人类社会物质和精神财富生产、聚集和传播的中心，随着社会中信息总量的增加与膨胀，城市管理日益复杂，对管理手段的要求也越来越高。面对有限的空间资源，如何使之产生最大的效益，是社会规划管理面临的共同课题。针对现代社会的空间结构，利用 GIS 技术，实施战略信息综合管理是一项面向未来的、有重大意义的事业。

城市管理所需的各种数据均建立在空间数据基础上，如供水管线的分布与属性、输电线路的负载、电网优化等，都需要有确切的空间定位图形显示和空间定位数据查询。采用 GIS 进行城市规划管理的辅助实施与决策支持，将至少在以下方面显示出明显的优越性：

- 方便快捷地管理大量社会数据，加强信息的现势性与可用性；
- 提高信息管理工作的效率，减少错误，提高信息应用水平；
- 以强大的分析功能为科学管理决策提供基础；

· 用于城市规划与管理各个方面的工作,促进城市可持续发展的实现;

· 是建立数字城市或智慧城市的基础。

GIS在城市的应用一般包括静态城市资源管理、面向城市规划与办公自动化、面向城市可持续发展能力建设等。GIS在城市规划与管理中至少将在以下方面发挥重要作用并形成专业化的GIS。

1. 城市规划

城市规划需要对城市多源信息进行综合分析,并面向城市发展目标,对城市空间结构、资源配置、基本建设等进行规划,指导城市建设,服务于城市可持续发展的实现。城市规划是GIS最重要的应用领域之一,GIS可用来管理和显示规划信息,应用空间分析功能进行规划的基本工作,如规划分区、多层叠加、影响范围确定等,并可通过空间、属性信息双向查询结合空间分析功能对特定规划方案进行评价,最后可以将规划成果以二维、三维可视化的形式予以显示、输出。

2. 城市基础设施管理

城市基础设施如电力设施、给排水设施、燃气设施、电信及有线电视等,对于保障城市的正常运转与流通、保证城市居民的有序生活发挥着重要的作用。这些基础设施都与空间定位数据密切相关,在其规划、布设、运营与管理中都必须处理大量空间数据特别是大量网状图形的分析。GIS用于城市基础设施管理已形成了一个全新的应用领域,称为自动制图/设施管理GIS(Automatic Mapping/Facility Management,AM/FM GIS),进一步形成了各种面向特定应用的GIS,如电力GIS、地下管线管理GIS等。

城市基础设施一个最典型的特点就是其信息以点—线—网为组合方式,GIS的网络分析功能在其中可以发挥重要的作用。具体而言,GIS可用于建立和维护底图、负荷管理、网络流向与流量分析、应急呼叫分析、线路选址、排放量分析、工作部署图和工序处理、市场分析等方面的工作。

3. 城市交通管理与智能运输系统(ITS)

20世纪70年代,GIS开始应用于交通管理,涉及公路交通、铁路交通、水上交通和航空等,其中公路交通管理应用GIS最早,也最为普遍。GIS可以进行各种方式的统计分析和计算并输出统计分析报表,并通过图形、图像等方式对交通系统予以可视化表达。当前,随着智能交通系统(ITS)的发展,GIS与GPS技术结合将在交通管理领域发挥更加重要的作用。所谓智能交通系统是采用地理信息系统、通信和其他高新技术减少道路塞车、提高车速和减少交通事故的智能化系统,其中基于网络的GIS是交通指挥控制系统、交通综合信息管理系统和交通警务管理系统的基础。

4. 城市环境管理与环境GIS

GIS技术至少将给环境保护带来以下益处:① 提高工作效率;② 改善工作质量;③ 拓展工作范围;④ 集成化解决问题。

GIS在环境管理与保护中的主要应用包括:

① 环境管理:管理各种环境资源,如大气质量、噪声、水资源、生物资源、社会经济数据等,并有效组织相关信息进行环境统计、土地利用规划、总体发展规划等。

② 环境规划:在GIS支持下从空间上确定各种环境要素的配置,并对不同的规划方案进行比较与评价。

③ 环境影响评价：应用 GIS 集成管理与场地有关的数据，作为环境影响评价的分析和辅助决策工具。

④ 环境监测：将环境监测收集的信息通过 GIS 进行实时存储和显示，用于分析和辅助决策。

GIS 在环境管理领域具有极其广泛的应用，是建立环境信息系统（EIS）和环境地理信息系统（EGIS）的基础。图 7-11 为某一城市环境信息系统（UEIS）的主要功能。

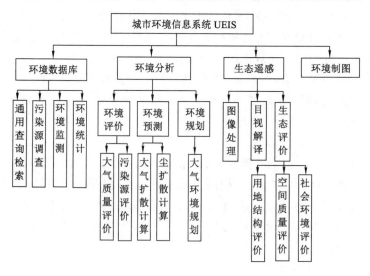

图 7-11　某城市环境信息系统的主要功能框图

5. 防灾减灾 GIS

GIS 用于防灾减灾辅助决策的优势主要体现在：① GIS 适合于灾害数据的组织与管理；② GIS 图形（图像）表达的直观性和形象性是反映灾害状况的最好手段；③ GIS 的空间分析功能可方便地用于防灾减灾决策，如缓冲区分析常用于灾害影响范围估算、叠置分析常用于多灾种叠加分析、网络分析常用于救灾路线选择等；④ GIS 可将多源灾害信息集成在一起，以多尺度、多方式反映灾情与背景信息；⑤ GIS 用于灾害的动态监测和灾害模拟，实现对灾害实时、准确的监测，了解其发展过程及灾害损失情况，进一步预测灾害，为防灾减灾决策提供依据。

基于 GIS 的防灾减灾信息系统的建设应用步骤主要包括：① 灾前建立好防灾减灾信息系统；② 灾害发生时，及时汇总各种灾情数据，并结合灾区的经济背景数据库，根据各种拟定的救灾方案，迅速估算出不同方案及大概损失情况供参考；③ 灾后评估损失，辅助救灾部门做出各种救灾补偿和恢复生产的措施。

6. 城市管理职能机构办公自动化与政务 GIS

随着政府机关、职能机构将 GIS 与办公自动化结合应用的深入，已经形成了 GIS 的一个新方向——政务 GIS。政务 GIS 在政府管理中的应用主要体现在以下几个方面：① 为研究全球范围内的政治、经济和军事现状及发展态势提供决策信息支持；② 为研究全国和局部地区的经济社会可持续发展提供查询和决策信息服务；③ 提高政府决策的科学化、民主化水平；④ 为逐步实施"电子政务"和"智慧地球"的发展战略创造条件；⑤ 提高对应急事件的决策和反应能力；⑥ 提高政府机关的办事效率；⑦ 提高政府办公自动化（OA）的应用层次，拓宽其应用领域。

政务 GIS 是 GIS 的一个特殊应用领域，但从系统的应用模式、运行机制和体系结构方面分析，政务 GIS 又有其自身的明显特征，主要体现在以下几方面：① 政务 GIS 是一种需要政府首脑机关直接参与研建的 GIS，所以政府领导机关既是系统的组织者和建设者，又是系统的使用者；② 政务 GIS 是社会性的技术工程，既要解决技术问题和数据问题，又要面对大量的社会组织协调问题；③ 政务 GIS 是基于 Web 环境的协同式 GIS，在体系结构上具有逻辑上统一、物理上分散的特点；④ 政务 GIS 建设需要遵循"权威部门使用权威数据"的基本原则，权威数据的提供部门要对数据的准确性、完整性和现势性负责；⑤ 政务 GIS 具有"办公自动化（OA）与 GIS 相结合"的特征，既提高了 OA 的应用层次，扩展了 OA 的应用范围，又拓宽了 GIS 的应用领域；⑥ 政务 GIS 的安全保密极为重要，需要在网络系统和信息资源方面采取有效措施。

7. 城市 GIS 与数字城市

随着政务 GIS、机关 GIS 的逐渐建立，城市 GIS 将逐渐成为融政务 GIS 与机关 GIS 于一体的、基于分布式网络环境的、对不同用户赋予不同使用权限的、多用户、多目标、多层次的综合地理信息系统，无疑，也是 GIS 作为数字城市基础工作的主要方面所在。在这一网络式 GIS 平台下，将有望实现政府机关办公自动化，推进信息管理、知识管理的进程，进一步推进数字城市的建设。

四、矿区资源环境信息系统

矿区是一种特殊的地理区域，其中地理空间要素和社会经济要素内容广泛、综合复杂、变化迅速，是一种复杂的、动态的、开放的社会经济区域。矿区资源环境信息系统（MREIS）是矿区多层（地面、地下和近地表大气层）、多种资源、环境时空信息的存储、处理、复合、分析与评价的有力工具。它除具备一般 GIS 的特点和功能之外，还具备一些自身特点和额外功能。

1. MREIS 的特点和基本功能

为了满足 MREIS 对地球表面、地下和近地表大气层的多种要素空间分布和相互关系的研究，MREIS 应具有以下特点：① 与矿区坐标系统一致的公共的地理定位基础；② 全面反映矿区资源环境特性的标准化和数字化信息组织；③ 地面、井下生产、资源与环境的时空多维结构。

MREIS 的主要目的和任务包括：① 实现资源、生产和经营的科学管理，提供信息服务；② 实现资源和环境信息的综合分析研究；③ 进行资源和环境的综合评价；④ 为资源开发规划和环境保护提供决策方案。一个典型的 MREIS 应具备的基本功能包括数据输入与存储、操作运算、数据查询与检索、应用分析、数据显示输出、数据更新等。

2. MREIS 的关键技术

MREIS 的关键技术主要包括数据标准化与分类体系的建立、数据库与系统的建立、空间数据分析和应用模型的建立、数据质量评价与控制、网络化建设等。MREIS 的总体目标是对矿山工程与区域环境影响进行模拟、调控，从而实现资源优化开发、环境评价与调控决策，为区域的可持续、协调发展服务。图 7-12 为这种模拟、调控系统的原理框图，图 7-13 为 MREIS 的组成。

MREIS 的建立与开发是一项复杂、艰巨的工程，涉及到人力、财力和物力的大量投入，必须制定合理、有效的开发策略和计划,有步骤地进行系统的开发和建设工作。MREIS 的开发策略可以概括为:积木式开发、分区建设、分期投资、分步实施、滚动发展、急用先行、办公自动化与 MREIS 相结合,多方合作、培训与开发相结合。

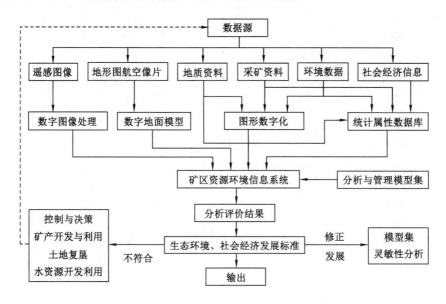

图 7-12 矿山工程与区域影响的空间模拟、调控系统

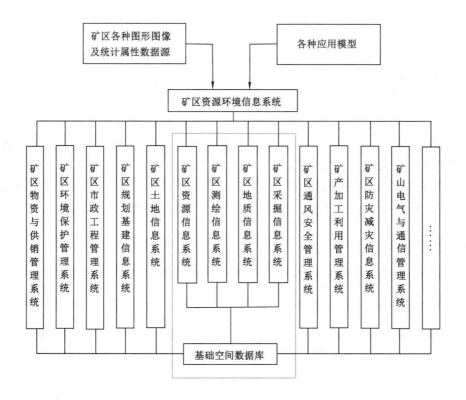

图 7-13 MREIS 的组成

表 7-1 为 MREIS 的基本应用目标、任务和要求。

表 7-1   **MREIS 的基本应用目标、任务和要求**

应用目标	基本任务	数据来源、技术要求
规划设计	矿区开发规划与设计 矿井设计与采区布置 多种经营发展规划 区域经济和社会发展规划 各种工程设计 环境保护规则 测绘工程规划设计	1. 矿区地形图、DTM 及测量资料、遥感资料 2. 矿区土地利用图 3. 矿区地质图件及文字报告 4. 矿床产状图及文字报告 5. 采掘工程平面图 6. 井上下对照图 7. 市政工程图 8. 矿区开发设计报告
生产经营管理	生产调度与管理 矿井通风安全计算与管理 矿区测量与土地信息管理 矿产储量管理 水资源开发与管理 环境监测与质量评价 物资管理与矿产经销	9. 环境监测资料 10. 技术经济与社会统计资料 11. 其他人文资料 基本图件比例尺:1∶5000～1∶50000 1∶2000 各种数据的质量、精度指标
分析评价决策	开采技术经济合理性分析评价 开采沉陷设计与防治 环境生态调控决策 工程选址、布置决策 生产经营效益分析 灾害防治预测、评价	

目前,GIS 的开发有同步开发、超前开发、滞后开发和复合开发四种模式。对于功能复杂的 MREIS 而言,复合式开发更能发挥系统的效益。所谓复合式开发是指部分应用子系统的开发与一些基础数据库的建库同步完成,而其他应用子系统可行先于或后于其数据库的建库,如可先建立矿区测绘地质信息管理子系统及其数据库,其他子系统在此之后逐步建设。

五、WebGIS

1. WebGIS——网络技术与 GIS 的结合

Web GIS(万维网地理信息系统)是通过互联网技术扩展和完善 GIS 的一项新技术,其基本思想是在互联网上提供地理信息,让用户通过浏览器浏览和获得 GIS 中的数据和功能服务。WebGIS 以 WWW 中的 Web 页面作为 GIS 软件的用户界面,把 Internet 和 GIS 技术结合在一起,能够进行各种交互操作,是一种社会级的 GIS。从 WWW 的任意一个节点,用户可以通过浏览器浏览 WebGIS 站点中的空间数据,制作专题地图,进行各种空间检索和空间分析,从而使 GIS 进入千家万户。WebGIS 的关键是网络环境下地理信息(图像、图形和与此相关的文本数据)的建模、传输、管理、浏览、分析与应用的理论和技术。WebGIS

的应用包括空间数据发布、空间查询检索、空间模型服务、Web 资源组织应用等。

WebGIS 是一个基于网络的客户机/服务器（Client/Server）系统，是一个分布式系统，它具有如下特点：① 超越空间的信息共享与 GIS 服务；② 方便简单的访问与使用；③ 功能易于扩展；④ 跨平台的能力；⑥ 大幅度降低成本和减少重复劳动。

在 WebGIS 中，客户机和服务器分别由相应的硬件、软件以及数据库组成，其组合方式按照数据和应用功能的分布分为五种，如表 7-2 所示。

表 7-2　　　　　　　　　**WebGIS 的组合方式（据李斌，1996）**

组合方式	数据	应用功能
全集中式	中央服务器	中央服务器
数据集中式	中央服务器	客户端
功能集中式	客户端	中央服务器
全分布式	客户端	客户端
函数库分布式	客户端或服务器	中央服务器存储，客户端动态链接执行

2. WebGIS 的实现技术

目前已有多种技术方法可用于实现 WebGIS，如通用网关接口（Common Gateway Interface，CGI）法、服务器应用程序接口法（Server API）、插件法（Plug-in）、Java Applet 法、ActiveX 和组件对象模型（Component Object Model）法等。

（1）通用网关接口法（CGI）

CGI 是一种连接应用软件和 Web 服务器的标准技术，是 HTML 的功能扩展，也是最先用于开发 WebGIS 的技术方法。CGI 允许用户通过网页来启动一个存储于网页服务器主机的程序（称为 CGI 程序），并接收这个程序的输出结果。采用 CGI 技术的 WebGIS 需要后台运行 GIS 服务器，是一种基于服务器的 WebGIS 模式，GIS 服务器与 Web 服务器通过 CGI 连接，CGI 用于定义服务器与网关的通信。其实现的基本过程是：用户通过 WWW 浏览器将请求发送给 Web 服务器，Web 服务器通过专用的 CGI 再把这个请求转到后端的 GIS 服务器，GIS 服务器承担所有的查询、计算工作，按照用户要求产生一幅数字图像并交给 Web 服务器，Web 服务器再把这一结果传送给远程的客户端浏览器。

CGI 法的优越性在于由于服务器完成了所有的数据操作和分析任务，所以客户端很小，这有利于充分利用服务器的资源，发挥服务器的潜力。但客户端的功能受 Web 浏览器和 HTML 的限制，GIF 和 JPEG 是客户端操作显示的唯一的图像格式；而且服务器对客户机的每次请求都需要重新启动 GIS 应用程序，增加了互联网和服务器的负担，降低了系统响应的速度和工作效率。

（2）服务器应用程序接口法（Server API）

Server API 方法类似于 CGI，不同之处在于 CGI 程序是单独可以运行的程序，而 Server API 往往依附于特定的 Web 服务器，如 Microsoft ISAPI 依附于 IIS（Internet Information Server），且只能在 Windows 平台上运行，其可移植性较差。基于 Server API 的动态链接模块启动后一直处于运行状态，不像 CGI 那样每次都要重新启动，因此其速度较 CGI 快。这种方法的缺点在于它依附于特定的服务器和计算机，很难同时运行多个程序。

此外,这种方法需要制图软件一直处于运行状态,这不仅要求 GIS 软件所在的服务器一直联机而且也消耗不少计算机资源。因此尽管 CGI 技术上显得落后,但由于跨计算机平台的特点,且基本上所有的计算机语言都可以用来发展 CGI 程序,例如最常用的 C/C++、Visual Basic、Delphi 等,其应用依然十分广泛。

（3）插件方法（Plug-in）

GIS Plug-in 是扩充 Web 浏览器而使其可执行 GIS 软件,其主要作用是使 Web 浏览器支持处理特定格式的 GIS 数据,并为 Web 浏览器与 GIS 服务程序之间的通信提供条件。浏览器插件是指能够同浏览器交换信息的软件,第三方软件开发商可以用插件使浏览器支持其特定格式的数据文件。这种插件不仅可以增加网络浏览器处理空间数据的能力,使人们更容易获取地理数据,而且可以减少网络服务器的信息流量从而使服务器更有效地为更多用户服务,因为大多数用户的数据处理功能可以由网络浏览器的 GIS 插件来完成。

插件方法通过安装在 Web 浏览器上的应用程序实现 GIS 的功能,其主要特点是速度快,可以处理矢量数据,克服了 HTML 的局限性。不足之处则在于它需要先安装,然后才能使用,给使用造成了不便,而且插件与客户机所运行的平台直接有关,不同的 GIS 数据需要不同的插件支持。

（4）Java Applet 法

插件方法的计算集中于客户端,形成了"胖客户端",而 CGI 和 Server API 方法中数据处理集中在服务器端,形成"瘦客户端"。Java 语言则可以弥补许多传统方法的不足。Java是 SUN 公司专门为互联网设计的一种面向对象的计算机语言,它既可以研制单独运行的软件系统,也可以开发类似于插件型的软件系统。Java 语言具有跨平台、简单、动态性强、运行稳定、分布式、安全、容易移植等特点,任何系统平台只要支持 Java 虚拟机就可以解释执行 Java 程序,而与程序在何种系统下开发与编译无关。

Java 程序有两种,一种可以独立运行,另一种称为 Java Applet,只能插入 HTML 文件中,由浏览器解释执行。用 Java Applet 实现 WebGIS,优于插件方法的方面是:① 运行时,Applet 从服务器下载,不需要进行软件安装;② 由于 Java 语言本身支持网络功能,可以实现 Applet 与服务器程序的直接连接,从而使数据处理操作既可以在服务器上实现,又可以在客户端实现,从而实现两端负载的平衡。

（5）ActiveX 和组件对象模型（Component Object Model）法

组件技术是当今计算机软件业从手工式作坊走向工业化成熟产业的转折点,是当今软件技术的主流,也是组件式 GIS 发展的一个重要方向。组件技术可用于 WebGIS 的实现,其中最典型的就是 ActiveX 技术。ActiveX 是在 OLE 的基础上发展起来的技术标准,是一套基于 COM 的、适合所有语言的构件技术。ActiveX 技术提供了一种与操作平台无关的可以在应用程序之间相互访问对象的机制,实现了不同语言创建的软件部件在网络环境中的互操作。利用 COM/ActiveX 技术,可以将一个巨大的 GIS 软件系统分解成相对独立的组件,这些组件通过组件技术和 OLE 技术、空间数据引擎等创建各式各样的桌面和Internet 应用程序。依靠 ActiveX 组件构建的 WebGIS 可以与 Web 浏览器无缝地集成在一起,实现数据的处理和显示。

ActiveX 控件目前只有 IE 全面支持,在 Netscape 中则必须有特制的 plug-in 才能运行,兼容性较差。与 Java Applet 方法相比,其缺点是只能运行于 MS-Windows 平台上,并且由于可以进行磁盘操作,其安全性较差。优点则是执行速度快,而且 ActiveX 控件可以用多种语言实现,从而可以复用原有 GIS 软件的源代码,提高了软件开发效率。

此外,ASP(Active Server Page)技术在 WebGIS 开发中也得到了较多的应用。ASP 技术不仅将 HTML 页面、Scripts 语言和动态服务器组件(Active Server Component)结合在一起,而且将所有处理功能都放在服务器端进行,其文件输出也是为 Web 浏览器定制的普通 HTML。将 ASP 技术和组件技术结合,可以高效地用于 WebGIS 的实现,具有以下优点:① 由于发送给客户端的是标准的 HTML 文件,因此不存在浏览器不兼容的问题;② 编写容易,Web 程序开发时间较短,利于快速建站;③ 存取数据库容易;④ 无代码泄漏问题。

总之,WebGIS 的不同实现技术各有优缺点,表 7-3 为几种实现技术优缺点的比较。

表 7-3　　　　　　　　WebGIS 多种实现技术的优缺点对比(据杨崇俊等,2001)

实现技术	优点	缺点
CGI	客户端小;处理大型 GIS 操作分析的功能强;充分利用服务器现有资源	网络传输和服务器的负担重;同步多请求问题;作为静态图像,JPEG 和 GIF 是客户端操作的唯一形式
Server API	不像 CGI 那样每次都要重新启动,其速度较 CGI 快得多	需要依附于特定的 Web 服务器和计算机平台
Plug-in	服务器和网络传输的负担轻;可直接操作 GIS 数据,速度快	需要先下载安装到客户机上;与平台和操作系统相关;对于不同的 GIS 数据类型,需要有相应的 GIS Plug-in 来支持
ActiveX Control	执行速度快;具有动态可重用代码模块	与操作系统相关;需要下载、安装,占用存储空间;安全性较差;对于不同的 GIS 数据类型,需要相应的 GIS ActiveX 控件支持
Java Applet	与平台和操作系统无关;实时下载运行,无须预先安装;GIS 操作速度快;服务器和网络传输负担轻	GIS 数据的保存、分析结果的存储和网络资源的使用能力有限;处理较大的 GIS 分析任务的能力有限

随着移动通信和高速网络的发展,信息技术发生了巨大的变化,而作为信息技术的一部分,GIS 无疑在这一潮流中得到了快速发展。将 GIS 与位置有关的信息服务(Location-Based Service,LBS,或 Mobile Service System,MSS)相结合,出现了一个新的发展方向——移动 GIS(Mobile GIS)。

六、移动 GIS

1. 移动 GIS 的基本概念

移动 GIS 的定义有狭义与广义之分。狭义的移动 GIS 可定义为运行于移动终端且具有桌面 GIS 功能的 GIS,它不存在与服务器的交互,是一种离线运行模型。广义的移动 GIS 是一种集成系统,是 GIS、GPS、移动通信、互联网服务、多媒体技术等的集成,它必须承载在一定的载体上才能提供给最终用户。这就决定了移动 GIS 必须与电信运营商合作,需要电信运营商、空间信息服务提供商、空间数据生产商等共同开发和培育这一市场。

移动 GIS 作为一种服务系统,描绘了未来空间信息服务和移动定位服务的蓝图,即当用户与现实世界的一个模型交互时,在不同时间、不同地点,这个模型会动态地向不同用户提供不同的信息服务。移动 GIS 具有以下特点:

① 移动性。移动 GIS 运行于各种移动终端上,通过无线通信与服务器端进行交互,可以随时随地进行移动。

② 动态性(实时性)。移动 GIS 作为服务系统,能够及时响应用户的请求,及时适应周围环境的不断变化,实时处理信息并提供相应的服务。

③ 强大的应用服务支持。鉴于 80% 以上的信息与空间位置有关,因此移动 GIS 具有广泛的应用领域,应用服务是移动 GIS 的生命力。同时,如何综合分析处理不同数据源的信息、提供多样化、多领域的应用服务是移动 GIS 的核心所在。

④ 位置相关性。移动 GIS 所面对的、需要回答的问题都与用户的当前位置密切相关,因此必须与定位技术集成。

⑤ 移动终端的多样性。移动 GIS 通过移动终端予以表达,可以有手机、掌上电脑、PDA、车载终端等,具有明显的多样性。因此移动 GIS 必须考虑这种多样性,提供能够运行于诸多终端的空间位置服务。

2. 移动 GIS 的构成

如图 7-14 所示,移动 GIS 的体系结构由三部分组成:客户端、服务器、数据源,分别承载在表现层、中间层和数据层。

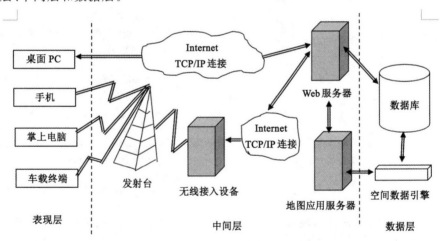

图 7-14　移动 GIS 的体系结构

数据层包括存有空间数据和属性数据的大型对象关系型数据库、一些存在文件中的空间信息和一个空间数据引擎。

中间层包括移动互联网、互联网、Web Server、Map Server 等部分。Web Server 主要处理与 HTTP 有关的请求,同时作为 Map Server 的客户,对用户的请求进行转换和打包处理;Map Server 是一种专业应用服务器,一方面调用空间数据引擎提供的接口,从空间数据源中取得空间数据,另一方面对空间数据进行转换处理,向 Web Server 提供响应。利用中间层的多层体系结构,结合服务器机群和各服务器提供的线程池机制,可以很好地处理负载平衡问题。

表现层是客户端的承载层,直接与用户打交道。该层支持各种终端,包括手机、有无线功能的掌上电脑、车载终端,该层还包括 PC 机,它可以与移动终端同步互联,为移动 GIS 的离线服务模式提供更新的支持。

从移动 GIS 的体系结构来看,移动 GIS 主要包括移动通信、GIS、定位系统和移动终端四个部分。

移动通信是移动 GIS 的传输介质,它将移动 GIS 终端与空间信息服务连接起来,上传用户请求,下达服务响应,为用户随时随地获取基于位置的服务提供可能。移动通信技术主要包括移动通信传输技术和移动互联技术。

GIS 作为处理空间相关信息的计算机信息系统,正在与移动通信技术相结合,从而使其进一步与信息高速公路相接轨,而且借助于通信技术,可以将遥感、GPS 与 GIS 有机地集成起来。

移动定位技术主要包括基于移动终端的技术方案和基于网络的方案。基于移动终端的技术方案包括 GPS 和增加观测时间差定位(Enhanced Observed Time Difference, E-OTD)、基于网络的方案包括时间差定位技术(Time difference of arrival, TDOA)和到达角度测量技术(Angle of Arrival, AOA)。

移动 GIS 的终端具有多样性,不仅负责与用户的交互,同时也负责对服务器信息的请求与表达。具有代表性的移动终端设备包括:掌上电脑、个人数字助理 PDA、手机等。从 20 世纪 80 年代开始,各种各样的商用嵌入式操作系统从无到有逐步发展起来,这些操作系统如 Windows CE、Palm OS、EPOC、嵌入式 Linux、J2ME 等。

3. 移动 GIS 的应用

当前移动 GIS 主要有五种应用模式:基于 CF 卡＋GPS＋掌上电脑的离线模式、基于 WAP 的手机在线应用模式、基于 SMS 的手机定位在线应用模式、基于 SMS＋GPS 的在线应用模式和基于 GPRS＋GPS＋PDA 的实时在线应用模式。

(1) 基于 CF 卡＋GPS＋掌上电脑的离线模式

由于掌上电脑作为个人信息移动处理设备有自己的处理能力和存储能力,因此可以独立地提供移动地理信息服务。由于受掌上电脑的限制,实现完全在线服务还存在一定的困难。一般来说,数据存储于掌上电脑中,将 GPS 定位导航与存储于掌上电脑中的地图信息进行匹配。

(2) 基于 WAP 的手机在线应用模型

通过建立一个支持绘图功能的服务器,在此服务器上有地图数据库及其他设备,如路由选择器与语音识别器等,利用 WAP 网关进行协议转化、编码和解译,实现移动终端和网络服务器之间的信息传输。这样基于 WAP 电话就能利用其自带的 WML 浏览器显示地图和其他文本格式的信息。在需要实现相关信息查询时使用手机基站定位技术。

(3) 基于 SMS 的手机定位在线应用模式

该模式是利用手机基站定位技术(定位精度 200 m 左右)获取实时位置信息,利用短消息 SMS 实现移动客户端和服务器的无线通信;利用 STK(SIM Card Tool Kit)技术通过 Java 编程实现用户交互功能定制,从而使手机附加空间信息服务业务。

(4) 基于 SMS＋GPS 的在线应用模式

该模式以单点全球卫星定位系统(GPS)来实时获取移动目标位置信息,以数字蜂窝电话(GSM)的短消息机制(SMS)实现目标位置信息到监控中心和监控中心调度指令到移动目标的传输;以桌面 GIS 将目标位置呈现在用户面前,同时通过地图分析实现对受控目标的动态调度和管理;以关系数据库技术、局域网和广域网技术、多媒体技术以及计算机远程控制等多项计算机处理技术构建监控网络体系和实现数据安全管理,从而形成一个综合性软硬件体系。该模型的典型应用就是车辆监控调度系统。

(5) 基于 GPRS+GPS+PDA 的实时在线应用模式

在这一应用模式中,GPRS、GPS 和 PDA 被集成在一个移动终端中。一方面 GPRS 能够提供永远在线和实时信息,另一方面 GPS 提供的高精度位置数据和 PDA 提供的多媒体信息表达形式和信息分析处理功能都将提升移动信息服务的性能。

移动 GIS 具有极其广泛的应用前景,将有望实现 4A 服务,即任何人(Anybody)均可以随时(Anytime)、随地(Anywhere)获得任何(Anything)与位置相关的服务。

七、GIS 的其他应用领域综述

1. 在农林水利领域的应用

GIS 在农业领域的应用主要包括:

· 农业气候区划;

· 农作物估产(常与遥感技术相结合);

· 农业资源(主要是耕地)调查与动态监测;

· 耕地适应性评价与分析;

· 精细农业(Precision Farm)。

GIS 在林业上的应用过程大致分为 3 个阶段,即:① 作为森林调查、数据管理的工具;② 作为资源分析的工具;③ 作为森林经营管理的工具,其应用主要包括:

· 森林资源清查与管理;

· 灾害调查、监测与预测预报;

· 林业生产和生态监测;

· 林业生产决策支持。

GIS 在水资源管理与水利工程中的应用主要包括:

· 区域水资源(地表水与地下水)综合研究;

· 编制水资源水文地质图;

· 用于政府水资源管理部门包括水政管理、流域研究、水质许可系统、地下水信息系统、水文地质编图、防洪抗旱、建立水文计算模型、水资源规划、解决水事纠纷和项目管理等;

· 水质与水环境评价,其最终发展目标是建立以 GIS 为核心的区域或城市水资源管理决策支持系统。

2. 军事 GIS

军事地理信息系统(Military Geographic Information System,MGIS)是地理信息系统技术在军事方面的应用,是指在计算机软硬件的支持下,对军事地形、资源与环境等空间信息进行采集、存储、检索、分析、显示和输出的技术系统。它在军事地理信息保障和指挥决策中起着重要的作用。

军事地理信息系统和遥感、全球定位系统关系密切,同时和指挥自动化系统 C3I(Command,指挥;Control,控制;Communication,通信;Information,情报)紧密地联系在一起,形成一个多功能的统一系统。它一般由 6 个分系统组成:信息收集分系统、信息传递分系统、信息处理分系统、信息显示分系统；决策监控分系统和执行分系统。地理信息系统技术在情报的收集、处理、显示和指挥决策方面发挥着重要的作用。军事地理信息系统的应用领域包括：

- 基础地理信息管理：包括地形图、DEM、DTM 等；
- 航海、航空管理：航海图、制定计划航线、障碍物、禁区、助航设施、小导航管理、空中交通控制等；
- 地形分析：包括战场模拟、行军路线、应急线路分析、越野机动、涉水分析、通视点分析、距离量测、面积量测、武器打轨迹分析等；
- 任务规划（战略层次）：包括军事基地规划、军事基础设施管理、打击效果评估、巡航导弹支持、战区规划、入侵应急规划、目标分析、轨道建模等；
- 战争管理（战术层次）：包括战场监测、战场管理、小战区规划、登陆计划：战术模拟、后勤保障规划、交通规划等；
- 基础作业支持：包括拦截应用、环境应用、军事设施分类规划等；
- 边界控制：包括边界巡逻和交叉分析、毒品禁运、移民控制等；
- 情报：包括反毒品活动、反恐怖主义活动、武器监视与跟踪、情报收集等。

另外，由军事技术革命引发的数字化战场建设已成为未来战场发展的主流，建设数字化战场和数字化部队已成为 21 世纪军队发展的大趋势，引起了各国的普遍关注。战场数字化就其内容来讲，主要是战场地理环境的数字化、作战部队的数字化、各种武器的数字化和士兵装备的数字化。从某种意义上来讲，战场地理环境的数字化是其他数字化的基础，它为作战部队和各种武器装备的数字化提供了必需的战场背景环境和空间定位基础。

3. GIS 在商业与经济领域的应用

所有的商业与经济活动都与空间信息密切相关，在有关分析如商圈分析、投资环境评价、市场分析、物流模拟等方面，都要求对空间与属性信息进行综合分析。传统的面向商业与经济管理应用的管理信息系统只能对属性信息进行管理，缺乏空间信息管理与分析功能。GIS 技术因其属性、空间信息一体化管理与分析功能，将在商业与经济领域有着广泛的应用。有学者指出，商业 GIS 将是 GIS 今后应用的热点方向之一。

将 GIS 应用于商业与经济领域，进而形成专业化的商业 GIS，既是完全必要的，是实现经济管理决策自动化、现代化、可视化的重要技术支持，同时也是完全可行的，从技术、资本、效益方面都具有明显的优越性，并且它至少将从以下几方面弥补传统商业与经济信息系统的不足：

① 通过对空间信息与属性信息的一体化管理与综合分析，将经济、商业信息的区位特性纳入研究范畴，弥补传统方法缺乏空间信息管理与分析能力的问题。

② GIS 的专题制图输出、可视化表达可以为商业、经济可视化、动态模拟提供有效的技术支持。

③ GIS 空间分析功能可以直接用于商业与经济管理活动中，如缓冲区分析用于商圈分析、竞争对手分析，叠加分析用于经济活动影响因子的综合分析，网络分析用于市场配置与优化等。

④ GIS 开放性保证了其可以与专业模型如投入产出模型、技术经济模型、经济决策模

型、商业管理模型等进行有效的集成,通过 GIS 与专业模型的结合、GIS 二次开发、GIS 组件应用等技术可以建立面向商业与经济领域应用的商业 GIS。

相对于 GIS 在其他领域的应用而言,GIS 在商业与经济领域的应用还是相对滞后的。商业 GIS 可望在今后得到迅速发展,这一方面得益于 GIS 技术的发展,另一方面则得益于管理信息化、知识化、决策科学化提出的要求。

结合当前商业、经济学相关领域与 GIS 技术的发展趋势,GIS 在商业与经济领域的应用将具有以下发展前景:

① 基于 GIS 的商业信息系统并进而形成决策支持系统。

② 嵌入 GIS 组件、基于组件式开发的商业信息系统。

③ 时空一体化的经济管理分析新模式。

④ 基于网络 GIS 环境的商业活动。

⑤ 基于可视化的商业分析。

⑥ GIS 与电子商务的结合。

4. 在社会科学研究中的应用

近年来,除了在资源、环境、城市、测绘工程与管理领域得到广泛的应用外,GIS 在人文、社会、历史研究中的应用也得到了更多的重视。此处以在历史研究中的应用为例进行说明。

2000 年 1 月 13 日至 17 日在美国加利福尼亚大学伯克利分校召开了"环太平洋协会"的年会(2000 PNC Annual Conference & Joint Meeting, Berkeley)。"环太平洋协会"(Pacific Neighborhood Consortium,又称太平洋邻里协会,简称 PNC)是一个对太平洋周边地区进行研究的国际性学术团体。本届会议的主题是"数字化时代地理信息(GIS)在人文社会文化领域的嵌入",GIS 与电子地图的应用是本次大会最为突出的主题之一。

本次会议共分成三个大主题分会组,分别是:电子文化地图集创意(ECAI)、电子佛教文本创意(EBTI)、环太平洋协会(PNC),其中电子文化地图集创意分会组由着眼于地理信息系统对文化数据处理与应用的学者组成,是年会中最大的一个组,其组下又按区域和主题分成若干分主题会议,其中最突出的就是地理信息系统主题组。通过该主题组的有关演讲,可以预测不久的将来,GIS 的应用将确实可以导致古人所云"史地不分家"的局面再次出现。

我国有多名学者参加了此次会议,其中北京大学历史系的李孝聪教授以北京城区为例,将一幅 1917 年编绘的 1:8 000 比例尺的北京城市地形图数字化,并用 MapInfo 软件将历史时期老北京城区北部的河湖、街道平面布局、文物古迹分布与这些自然和人文建筑景观的图像结合在一起,与清朝乾隆、道光时期绘制的地图进行对比,进行多媒体演示,形象地揭示了 700 多年来这座帝王之都的发展演化,证明 GIS 在中国传统文化研究领域将有广阔的应用前景。

会议期间,一些国外学者对应用 GIS 研究历史表示了极大的兴趣,如哈佛大学学者建立了中国历史从唐朝至清代的地理信息资料,将 25000 位中世纪官员的传记数据库用空间和时间数据描述出来,从而提供一种观察行政区划历史变迁的方法。我国台湾学者则设想将《中国历史地图集》矢量化,然后与中华人民共和国国家测绘局公开出版的 1:1000000 数字化地图相互覆盖,实现准确的古今对照。此外,来自哈佛大学、加州大学、麻省理工学院等大学与中国大陆和台湾的十几位对地理信息系统与数字化在中国传统文化研究上的应用感兴趣的学者,对中国从唐朝至清代的地理信息资料库的完善、补充问题进行了探讨,并提出是否有可能将《中国历史地图集》数字化,以其为底图来编辑、链接众多主题的历史数据资料。

通过对这次会议中涉及 GIS 应用的研究、相关的主题发言等信息可以看出,今后 GIS 在社会、历史、文化研究中将得到越来越多的应用,这些应用至少将从以下几方面克服传统研究的不足,体现出 GIS 所特有的优势:

① 通过基于图形的多时相信息叠加分析,建立基于 GIS 的动态变迁分析。

② 以 GIS 为基础,实现可视化表达与模拟,特别是在社会科学领域引入制图与多媒体等技术,具有重要的意义。

③ 建立基于 GIS 的历史与社会文化信息的地理信息库,从而为研究提供支持。

④ 基于 GIS 可以进行时空动态综合研究,为解决社会、历史研究中的问题提供新的工具。

除此之外,GIS 在考古、文物保护、历史文化遗产保护等领域的应用也得到了重视,并开展了一些基础性的研究工作。

总之,随着社会发展及相关科学技术的进步,GIS 的应用将无处不在。随着信息时代的发展,可以设想 GIS 将成为从人们日常生活、到区域与城市管理、到解决全球性生存与发展问题等不同层次都可发挥重要作用的工具,将成为数字地球体系中人类漫游于地球空间的基础工具,成为数字化生存必不可少的基础平台。

本 章 小 结

GIS 工程的组织与实施是一项复杂的系统工程,本章分别简要介绍了 GIS 工程建设的内容、GIS 软件开发、GIS 应用标准和一些 GIS 应用实例。

GIS 工程既要遵循一般的工程设计方法,又要体现地理信息系统的特点,需要应用软件工程理论和方法。在 GIS 建设的各阶段,都有其特殊性。

GIS 软件开发可以采用结构化开发方法、Jackson 开发方法、原型开发方法、面向对象开发方法等。其主要过程包括系统分析、需求分析、系统设计与编码、数据库设计、测试与评价等。GIS 软件工程的管理贯穿于 GIS 软件开发的整个过程。

在 GIS 工程设计与应用中,都应遵循标准化的原则,以便于实现软件、数据的共享,促进地理信息产业的发展,推动 GIS 的产业化和社会化。GIS 标准化的内容包括地理信息内容和层次、地理信息的分类与编码、地理信息的记录格式与转换、地理信息规范与标准的制定等。

GIS 的应用领域广泛,体现了 GIS 良好的发展前景与效益。

本章思考题

1. 什么是 GIS 工程建设? GIS 工程与软件工程有什么关系?

2. GIS 软件开发过程中存在哪些问题? 产生这些问题的原因是什么?

3. GIS 软件开发方法有哪些? 试评价这些开发方法的优缺点。

4. 应如何进行 GIS 数据库的设计?

5. GIS 二次开发可以采用哪些方法?

6. 说明面向对象开发方法在 GIS 开发中的应用前景。

7. GIS 标准化有什么意义?

8. GIS 标准化包括哪些内容?

9. 试就校园地理信息系统的建设过程进行分析。

第八章　GIS 发展前沿与展望

第一节　基于非关系数据库的地理数据分布式管理

非关系数据库的概念早就出现过,但是在 2009 年的时候,人们针对关系数据库,提出了 Not only SQL,将非关系数据库正式命名为 NoSQL。NoSQL 一开始就被人们提出运用非关系型的数据来实现数据的存储。与关系数据库的广泛使用相比,NoSQL 是一个全新思维模式。NoSQL 这一新概念的提出,使越来越多的人开始关注这一全新领域,很大程度上正在不断地挑战传统的关系数据库。NoSQL 的数据存储格式十分松散,对于表的结构也是差别很大,一般情况下,也不需要 JOIN 与 UNION 操作。对于大数据,尤其是当数据达到数拍、上千拍的时候,非关系数据库显示出关系数据库无法比拟的性能优势,这也正是 NoSQL 提出的最初设计目标。

当今的应用体系结构要求数据在存储方面必须具备庞大的水平扩展能力,这主要是由于当今应用请求变得越来越多,要求的响应时间也变得越来越短,加之处理的数据规模也越来越趋于海量化,因此需要海量数据处理的方法。目前 Google 的 BigTable 和 Amazon 的 Dynamo 使用的都是 NoSQL 型的数据库。如今已经出现了很多开源的 NoSQL 数据库,例如 Facebook 公司的 Cassandra,Apache 软件公司的 HBase,且都得到了广泛应用。NoSQL 发展和应用正逐渐地成为一种趋势。非关系数据库的特点主要是体现在下面各个方面:

① 海量性:可以处理海量数据。

② 廉价性:可以方便地运行在便宜的 PC 机服务器系统上。

③ 易扩展性:扩展性良好,解决了系统的性能瓶颈。

④ 简洁性:没有过多的操作。

⑤ 开源性:开源项目,目前主要靠社区支持,缺乏官方支撑。

当前 NoSQL 数据库相关技术产品的发展也因此变得非常快速,已经出现了数十种非关系数据库的实现,例如:Cassandra,Voldemort,HBase,MongoDB,Dynomite,Redis,Tokyo Cabinet,CouchDB,Hypertable,Riak,Flare,Lightcloud,KiokuDB,Scalaris 等。

在分布式非关系数据库中,数据的存储一般都是松散的,数据表都不固定,一般也没有 UNION。分布式非关系数据库并不使用传统的关系数据库模型。在 NoSQL 数据库中使用最多的数据存储模型是 Key/Value 类型的,另外文档类型、列存储模式、XML 格式等也是比较常用的 NoSQL 数据库的存储模型。

如表 8-1 所示为 NoSQL 存储类型以及典型的 NoSQL 数据库。

表 8-1   **NoSQL 存储类型**

NoSQL 存储类型	NoSQL 数据库
Key/Value cache	Memcached、Terracotta
Key/Value store	Scalien、Flare
Eventually consistent Key/Value store	dynamo、voldemort
Wide columnar store	BigTable、Cassandra、Hbase、Hypertable
Document store	MongoDB、CouchDB

　　Hadoop 是由 Apache Lucene 创始人 Doug Cutting 作为 Nutch 的一部分正式引入。Hadoop 主要解决的问题是海量数据的存储和处理,是一个分布式的云框架。Hadoop 处理海量数据的方式高效、可靠和具有可伸缩性。Hadoop 设计之初,考虑了系统的故障处理,因此为了在部分数据库节点宕机的情况下,依然能够正常地运行云服务,采用了副本策略,一般 Hadoop 都会有 3 个工作副本,3 个工作副本存在不同的机架上面。与其他集群系统一样,Hadoop 是以并行的方式来进行工作的,通过并行处理加快集群处理速度,这就使得Hadoop 运行的效率非常高。Hadoop 具有良好的可扩展性,可以根据需要通过增加服务器来满足日益增加的应用请求。利用集群系统,Hadoop 具有很好的海量性,它可以能够很好地处理上拍字节的海量数据。另外,Hadoop 对于系统配置要求很低,完全可以运行在普通的 PC 机上,它的硬件成本相对比较低,任何人都可以按照需要来搭建 Hadoop 集群。

　　HDFS:全称为 Hadoop Distributed File System,是 Hadoop 的分布式文件系统。HDFS 为了做到可靠性(Reliability)创建了多份数据块(Data Blocks)的复制(Replicas),并将它们放置在服务器群的计算节点中(Compute Nodes),MapReduce 就可以在它们所在的节点上处理这些数据了。

　　Namenode:作为 HDFS 的管理者,主要负责管理文件系统的命名空间,负责 Datanode 的通信处理,维护文件系统树以及所有文件和目录。

　　Datanode:HDFS 的工作节点,根据需要存储并检索数据库,Datanode 受客户端或者Namenode 的调度,并且按照心跳定期地向 Namenode 发送它们所存储的数据块的列表。

　　当数据的规模超过任何一台独立的物理计算机的存储能力和处理能力的时候,就有必要对数据进行分区并存储到若干台数据节点上。分布式文件系统负责管理网络中跨计算机存储的文件。Hadoop 有一个自己的文件系统,这就是 HDFS。需要说明的是,Hadoop 本身是一个综合性的文件系统抽象,这就是说,Hadoop 使用的分布式文件系统不一定非得是 HDFS,在有些时候经常会看到 Hadoop 使用其他文件系统,如本地文件系统,Amazon S3 系统等等。

　　MapReduce 由称为 Map 和 Reduce 的两部分用户程序组成,然后利用框架在计算机集群上面根据需求运行多个程序实例来处理各个子任务,然后再对结果进行归并。它能自动实现分布式并行计算,具有容错能力,提供状态监控工具,模型抽象简洁,程序员易用。

第二节　云计算与大数据

　　云计算(Cloud Computing)是基于互联网的相关服务的增加、使用和交付模式,通常涉及通过互联网来提供动态、易扩展且经常是虚拟化的资源。云是网络、互联网的一种比喻说法。过去在图中往往用云来表示电信网,后来也用来表示互联网和底层基础设施的抽象。因此,云计算甚至可以体验到每秒 10 万亿次的运算能力,拥有这么强大的计算能力可以模拟核爆炸、预测气候变化和市场发展趋势。用户通过电脑、笔记本、手机等方式接入数据中心,按自己的需求进行运算。

对云计算的定义有多种说法,现阶段广为接受的是美国国家标准与技术研究院的(NIST)定义:云计算是一种按使用量付费的模式,这种模式提供可用的、便捷的、按需的网络访问,进入可配置的计算资源共享池(资源包括网络、服务器、存储、应用软件、服务),这些资源能够被快速提供,只需投入很少的管理工作,或与服务供应商进行很少的交互。

云计算环境下,软件技术、架构将发生显著变化。首先,所开发的软件必须与云相适应,能够与虚拟化为核心的云平台有机结合,适应运算能力、存储能力的动态变化;二是要能够满足大量用户的使用,包括数据存储结构、处理能力;三是要互联网化,基于互联网提供软件的应用;四是安全性要求更高,可以抗攻击,并能保护私有信息;五是可工作于移动终端、手机、网络计算机等各种环境。

云计算环境下,软件开发的环境、工作模式也将发生变化。虽然传统的软件工程理论不会发生根本性的变革,但基于云平台的开发工具、开发环境、开发平台将为敏捷开发、项目组内协同、异地开发等带来便利。软件开发项目组内可以利用云平台,实现在线开发,并通过云实现知识积累、软件复用。

云计算环境下,软件产品的最终表现形式更为丰富多样。在云平台上,软件可以是一种服务(如 SAAS),也可以就是一个 Web Services,也可能是在线下载的应用,如苹果的在线商店中的应用软件等。

大数据(Big Data)是一种规模大到在获取、存储、管理、分析方面大大超出了传统数据库软件工具能力范围的数据集合,具有海量的数据规模、快速的数据流转、多样的数据类型和价值密度低四大特征。

大数据需要特殊的技术,以有效地处理大量的容忍经过时间内的数据。适用于大数据的技术,包括大规模并行处理(MPP)数据库、数据挖掘、分布式文件系统、分布式数据库、云计算平台、互联网和可扩展的存储系统。

大数据正在引发全球范围内深刻的技术和商业变革,如同云计算的出现,大数据也不是一个突然而至的新概念。云计算和大数据是一个硬币的两面,云计算是大数据的 IT 基础,而大数据是云计算的一个杀手级应用。一方面,云计算是大数据成长的驱动力,而另一方面,由于数据越来越多、越来越复杂、越来越实时,这就更加需要云计算去处理,所以二者之间是相辅相成的。30 年前,存储 1 TB 也就是约 1 000 GB 数据的成本大约是 16 亿美元,如今存储到云上只需不到 100 美元。但存储下来的数据,如果不以云计算进行挖掘和分析,就只是僵死的数据,没有太大价值。

本质上,云计算与大数据的关系是"静"与"动"的关系;云计算强调的是计算,这是动的概念;而数据则是计算的对象,是静的概念。如果结合实际应用,前者强调的是计算能力,后者看重的是存储能力,但并不意味着两个概念就如此泾渭分明。大数据需要处理大数据的能力(数据获取、清洁、转换、统计等能力),其实就是强大的计算能力;另一方面,云计算的动也是相对而言,比如基础设施即服务(IaaS)中的存储设备提供的主要是数据存储能力,所以可谓是动中有静。如果数据是财富,那么大数据就是宝藏,而云计算就是挖掘和利用宝藏的利器!

第三节　实时 GIS 时空数据模型

随着位置服务技术(LBS)和天空地各种传感器的广泛应用,产生了海量的时空序列数据。为了快速接入、存储、管理这些时空序列数据,维护时空关系,描述和分析时空变化过程,满足对日益频发的各种自然与人为突发事件的检测、预警、应急响应以及智慧城市等需求,需要研发一种面向动态地理对象与动态过程模拟的新一代实时 GIS。为了支持实时GIS 中动态地理数据的储存管理时空过程模拟,首先需要建立一个合适的时空数据模型。传统的 GIS 数据模型一般只能描述现实世界的静态现象,难以满足以上要求。

传统上时空数据模型有时空立方体、快照序列、基态修正和时空复合 4 种时空数据模型。此后,时空数据模型的研究成为 GIS 研究的一个重要方向。按照时间在数据模型中所起的作用,时空数据模型的发展可分为 3 个时期:① 侧重记录实体时态变化的时态快照(Temporal Snapshots)时期,此时期提出的模型包括时空立方体模型、快照序列模型,以及在此基础上为减少数据冗余,只记录变化部分的基态修正模型、离散格网单元列表模型、时空复合模型、非第一范式时空数据模型等;② 侧重表达实体变化前后关系的对象变化(Object Change)时期,此时期提出的模型包括面向对象的时空数据模型、基于图论的时空数据模型、面向过程的时空数据模型等;③ 侧重描述实体变化语义关系的事件与活动(Events and Action)时期,此时期提出的模型包括基于事件的模型、时空三域模型、基于本体的时空数据模型等。

随着研究的深入,为满足新的实际需求,学者们对以上基本时空数据模型进行了扩展,其扩展方式大致分为 3 种类型:① 综合集成法,如基于版本—增量的时空数据模型集成了序列快照模型、基态修正模型和时空复合模型的特点;② 变换表达法,如对于面向对象的时空数据模型,有的学者采用版本标记方式,表达同一地理对象不同时期的版本变化,有的学者采用动态多级索引的基态修正方式表达地理对象的历史变化;③ 变换语义法,如在基于事件的时空过程模型中,关于事件含义的描述,有的学者用事件记录地物变化,有的使用事件描述地理现象的一次完整的发生过程,有的用事件描述多个地理对象一次变化的组合关系,也有的用事件描述地理对象时空变化的原因。经过以上方式扩展,形成了多种与快照状态、地理对象、事件和过程相关的时空数据模型。现有的时空数据模型各具特点,已经在相应的行业中发挥了重要的作用,但在通用性方面有所欠缺,以至于没有得到广泛而深入的应用。此外,已有模型主要是对地理实体状态变化及其关系的描述,如土地利用变化等,难以适应实时 GIS 中动态目标和传感器实时获取数据的管理需要。

一个应用于实时 GIS 的时空数据模型应该具有以下 5 个基本特点:① 能够兼顾传统GIS 数据管理包括传统时空数据管理的需要,即在传统 GIS 上进行扩张;② 能够高效管理运动目标的动态数据;③ 能够高效管理天空地各种传感器的实时观测数据;④ 能够有效支持实时 GIS 的动态过程模拟;⑤ 能够有效建立各种地理对象、状态、事件、过程等要素的相互关系。

时空变化是客观世界永恒不变的主题,各种地物实体和现象总是沿着时间轴在或快或慢地变化着,如土地利用演化、海陆变迁、城市扩张、骚乱发生和扩散、传染病蔓延等,它们都是与时间和空间密切相关的复杂地理现象。每个复杂地理现象是由不定数量的地理对象组成,表现为多个随时间变化的地理对象及其相互作用,地理对象之间的相互作用通过事件来传递。事件是地理对象变化达到某种程度时生成的,并且传递给相关的地理对象,在某种条件下驱动相关地理对象发生相应的变化,而地理对象的变化通过该对象的状态序列来记录。为实时表现时空变化,地理对象的状态序列数据可直接来自传感器的实时观测。如海陆变迁过程的地理对象是海洋和陆地,事件是海洋侵蚀陆地和陆地露出海面,以上两个事件是由海洋对象的海平面高度属性变化达到某种程度时引起的,使用状态分别记录海洋和陆地某一时刻的空间属性与专题属性,而状态数据源自对海水高度属性的观测。

龚健雅等(2014)提出一个通用的实时GIS时空数据模型,用于存储与管理在复杂地理现象时空变化过程中所涉及的时空数据,以便支撑实时GIS可视化与分析应用。该模型包括下列要素:

地理对象:现实世界客观存在的物理实体或社会现象的抽象表达,由专题属性、空间属性及时态属性共同组成。

时空过程:地理现象沿着时间轴的变化过程,即地理现象所包含的地理对象相互作用所产生的专题属性和/或空间属性变化的过程。

事件:地理对象时空显著变化的一次发生过程,它是由地理对象时空变化达到某种程度时生成的,并且可以驱动地理对象产生新的时空变化,它是地理对象变化的结果,同时也可以是地理对象变化的直接原因,是时空过程得以继续下去的动力。

状态:地理对象可变属性在某一时刻所表现出来的形态,可变属性包括专题属性和空间属性,通过状态序列中属性的变化表现地理对象的时空变化。

事件类型:事件类型中包含地理对象生成该类事件的条件,或该类事件驱动地理对象产生变化的条件。

图层:具有共同结构和功能的地理对象集合。

观测:获取传感器的观测属性值的行为,为地理对象提供变化的时空属性。

实时GIS时空数据模型中各个要素及其相互关系如图8-1所示。

时空过程是地理现象时空变化的总称,它就像一个大的场景或容器,包含着有限多个地理对象和事件。地理对象是时空过程的主要实体部分,地理对象随时间的变化是时空过程的外在表现。在时空过程中,使用不同的图层对地理对象进行组织与管理,便于对地理对象进行检索与控制。事件是时空过程的另外一个重要组成部分,它是地理对象相互作用的表现形式,也是地理对象相互联系的纽带。事件类型注册到地理对象中,指明了地理对象生成该种类型事件的生成条件,或者是地理对象受到该种类型事件驱动而产生变化时的驱动条件。当地理对象的时空变化满足事件类型所规定的条件时,地理对象就会生成一个该类型的事件,同样,当事件的属性满足事件类型所规定的条件时,地理对象就对事件的驱动做出响应,即事件驱动地理对象产生变化,从而使整个时空过程处于一个动态变化的过程中。为保证系统的实时性,观测通过传感网的传感器观测服务(Sensor Observation Service,SOS),获取传感器观测数据,并将实时数据写入对应的地理对象中。地理对象根据变化的观测数据,构建相应的对象状态序列。

在模型中,事件类型需要注册到地理对象中。根据用途,注册分为两种:一种用于指明

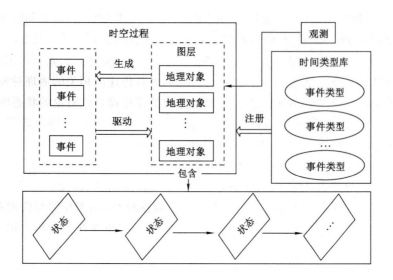

图 8-1　实时 GIS 时空数据概念模型（据龚健雅，2014）

地理对象可以生成哪类事件，另一种用于判断哪类事件可以驱动地理对象发生时空变化。事件类型不仅表明了生成或驱动的事件的类型，同时包含了生成或驱动的条件。在注册事件类型的时候，要添加相应的条件。

　　地理对象是现实世界中存在的随时间变化的物理实体或社会现象，地理对象的存在主要表现为其所包含的不变属性和可变属性，其中可变属性记录在状态序列中。地理对象不可变的部分记录在地理对象中，而可变化的部分通过状态序列来表达。每个状态记录着该地理对象可变化部分某个时刻的快照。然而地理对象的空间属性和专题属性的变化方式和频率往往是不同的，甚至差异很大，如出租车的空间位置和乘客数，空间位置经常变，而乘客数的变化频率明显低于空间位置。为了平衡时空数据库的存储和管理的资源开销，在经典的快照模型的基础上作简单的改进，将空间属性和专题属性分开存储，使得状态数据易于维护的同时，也节省了部分存储资源和计算资源。在表达地理对象某一时刻的整体状态时，可以通过时态属性查询相应的空间状态和专题状态，并将它们合并到一起。

　　事件类型注册到地理对象当中，地理对象便能够在满足某种条件时生成该类型的事件，而且该类型的事件也能够在满足某种条件时驱动地理对象发生变化。当地理对象的某个或某些属性的变化达到已经注册的事件类型所指定的条件时，这个地理对象就生成一个该类型的事件，而地理对象的变化，是由它所包含的状态序列提供。被生成的事件带有生成地理对象时传入的相关属性，这些属性值不是一个阈值范围，而是等于一个确切的属性值。带有此确切属性信息的事件，被地理对象发送给时空过程，再由时空过程发送给已经注册过该驱动事件类型的地理对象，获得该事件的地理对象判断事件属性是否满足事件类型中描述的条件，如果满足，地理对象对该事件的驱动做出响应，即该事件驱动地理对象发生时空变化，并产生一个新的状态，若不满足条件，则地理对象不对该事件做出响应。

　　图 8-2 为用 UML 表示的实时 GIS 时空数据模型，表达了时空过程、地理对象、事件、事件类型、状态、观测之间的关系，为实时 GIS 时空数据的存储与管理提供支持。

　　① 时空过程位于模型的上层，描述时空过程的生命周期（开始时间和结束时间），它是

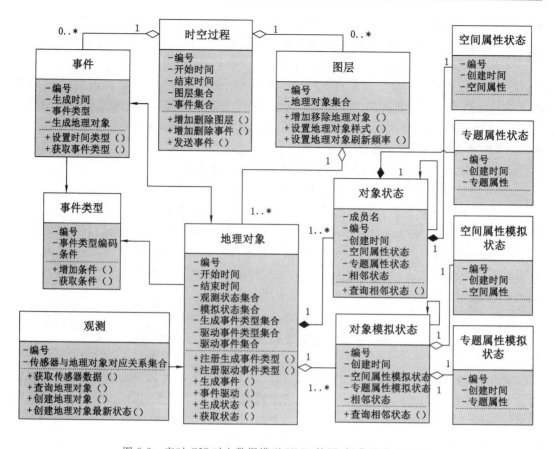

图 8-2　实时 GIS 时空数据模型 UML 简图(据龚健雅,2014)

由不定数量的图层和事件聚合而成,通过图层关联到地理对象,接收地理对象发送的事件,并将事件发送到能够受该类型事件驱动的地理对象中。

② 图层包含了具有共同结构和行为特征的地理对象,并能够随时添加和移除地理对象。使用图层,可以对所包含的地理对象做统一的样式设置,如符号、颜色等,也可以设置在客户端上动态显示刷新频率等。

③ 地理对象是模型的基础,描述了地理对象存在的生命周期(开始时间和结束时间),它是由状态组合而成,同时关联到事件和事件类型,记录了驱动地理对象变化的事件及驱动时间。地理对象具有注册生成事件类型和驱动事件类型功能,同时具有生成事件和响应事件驱动的功能。此外,地理对象能够在自身变化时生成对象状态,也可以在模拟预测时,将地理对象可变部分的模拟结果记录在对象模拟状态中。

④ 事件是模型的重要组成部分,它记录了生成此事件的地理对象及生成时间。事件关联到事件类型,并且可以修改和查看事件类型属性。

⑤ 事件类型中记录了生成或驱动的条件,是地理对象生成事件以及事件驱动地理对象的依据,同时事件类型能够对条件进行操作,如增加、查询等。

⑥ 对象状态是某一时刻地理对象可变属性的变化快照,对象状态中记录了该状态的产生时间和属性,并将空间属性状态和专题属性状态分开存储,同时每个状态也要关联到相邻

的其他状态,以便能够快速遍历相邻状态,构成状态序列链表。

⑦ 空间属性状态记录了对象状态空间属性的内容。

⑧ 专题属性状态记录了对象状态专题属性的内容。

⑨ 对象模拟状态是地理对象可变属性在模拟预测变化过程中某一时刻的快照,对象模拟状态中记录了该模拟状态的产生时间和属性,并将空间属性模拟状态和专题属性模拟状态分开存储,同时每个模拟状态也要关联到相邻的其他模拟状态,以便能够快速遍历相邻模拟状态,构成模拟状态序列链表。

⑩ 空间属性模拟状态记录了对象模拟状态的空间属性内容。

⑪ 专题属性模拟状态记录了对象模拟状态的专题属性内容。

⑫ 观测从传感网中快速获取传感器观测值,为地理对象生成对象状态提供实时动态数据,这也是实时 GIS 中体现现实时性的数据基础。观测中记录了传感器与地理对象的对应关系,便于数据的定向写入。在注册地理对象(将传感器与地理对象关联)前,首先查找是否有合适的地理对象,如果没有就创建一个新的地理对象,然后将地理对象注册到观测中。观测获取传感器观测值后,驱动地理对象生成新的状态。

第四节　志愿者地理信息系统

近年来,随着计算机网络技术、卫星定位技术和移动终端技术的迅速发展,在互联网 Web2.0 大环境的驱动下,传统的 GIS 技术及其应用发生了革命性的变化,地理信息服务模式从单向的 Web 应用(允许大量的用户访问少量 Web 站点提供的地理信息)逐渐向交互式的双向协作(用户可以同时是地理信息的使用者和提供者)转变。这种转变消除了地理信息数据提供者和使用者之间的隔阂,数据的提供者不再局限于政府机构、专业公司等相关领域的人员,任何一个普通用户都可以参与、协作完成地理信息数据的维护和更新,从而实现大量地理信息数据不断地被创建并且相互交叉引用,极大地缩短了地理信息获取和传播的时间。Tunner 将这种用户参与贡献地理数据(众包数据,Crowdsourcing Data)的现象描述为"新地理"的重要特征之一。2007 年,Goodchild 首次提出了志愿者地理信息(Volunteered Geographic Information,VGI)的概念,国内也有学者解释为自发地理信息。目前关于 VGI 还没有形成一个统一的定义。Goodchild 认为 VGI 必须集合以下三种元素:Web2.0,集体智慧和新地理,它反映了互联网时代地理信息新的获取与应用方式。李德仁和钱新林从广义和狭义两个角度对 VGI 进行了解释,认为狭义的 VGI 是由大量非专业用户利用 3S 技术自发创建的地理信息;广义的 VGI 是与狭义的 VGI 相关的概念、模式、方法和技术。维基百科中对 VGI 的定义是指用户通过在线协作的方式,以普通手持 GPS 终端、开放获取的高分辨率遥感影像以及个人空间认知的地理知识为基础参考,创建、编辑、管理、维护的地理信息。实际上,VGI 是指普通用户通过移动互联网自发地协作完成带有空间信息数据的采集、处理、管理与维护。

VGI 正在形成影响广泛的新兴地理信息产业。2012 年初,美国著名的社交媒体定位服务提供商 Foursquare 和全球领先的手机和 PC 机生产商苹果公司均宣布弃用 GoogleMaps,转向目前发展前景广阔且数据免费的 VGI 网站 OpenStreetMap,可见 VGI 已经对传统的地理信息数据行业产生了强大的冲击。

多年来,许多学者从不同角度针对不同的应用研究了 VGI 的一些关键技术,但是尚未见对 VGI 的研究与应用进行一个系统的论述。

VGI 信息主要来自于用户的自发贡献,其核心思想是 GoodChild 提出的"人人都是传感器",即每一个人都可以完成地理数据的采集。由于人从幼年就开始获得空间知识,对于自己周围的地理环境(地名、交通路网)都有比较详尽的了解,这些信息难以用自动化的手段自动获得。例如,通过航空摄影可以获得一个区域清晰的相片,通过某些算法可以获得航片上部分道路矢量数据,但是无法获得详细的地名注记,这些信息对于 GIS 应用是必不可少的。通过专业部门获取往往需要投入大量的人力、物力和财力,如果公众拥有带 GPS 的手机或者汽车装有记录行驶轨迹的设备等,那么公众也可以提供丰富的地理信息数据。"人人都是传感器"的思路打破了地理信息专业人员和公众之间的界限,它有效地整合了位于世界各个角落的人们已经掌握的自己周围的各种信息,并且可以辅助 GPS 等个人终端设备予以分享和传播。

VGI 数据来源多样,数据内容丰富,从基本的点、线、面等几何对象数据,到 GPS 记录的轨迹数据以及带有时空位置特征的图片、音频和视频记录等等,还包括各类描述性信息。数据的采集者大多数是非专业人员,数据质量具有不可预测性。由于志愿者是自发贡献数据,会存在数据分布不均匀,连续性不一致等问题,给 VGI 数据的管理带来挑战,因此 VGI 数据必须经过处理和质量检查以保证数据的形式有效和内容合法。通过对比 VGI 和传统 GIS 数据的特点可以看出,数据的处理必须能够解决数据杂乱的问题,主要包括合并或删除重复数据,发现或修正部分错误数据,确认或更新属性数据等,还需要有从志愿者在地图上的标注中提炼、清理兴趣点的方法。关于 VGI 数据的处理目前主要还集中于图形数据的研究,自动化程度还有待提高;对于非图形数据如描述性信息、视频等数据的处理,只能依靠人工参与解决。

VGI 数据的高效管理是 VGI 能够广泛应用的基础。李德仁等人提出了动态线综合二叉树和缩放四叉树的设计思想,该思想能够较好地执行截窗查询和简化查询,支持动态更新,适合表达和存储大几何对象,可以用来解决 VGI 图形数据管理的难题。关于网络基础设施中用户共享的信息管理,大多数地理空间结构是基于自上而下的方式建立的,只有官方提供者可以发布和维护数据资源,这种机制导致了维护资源的技术比较复杂,限制了用户的参与,造成贡献资源的不足。因此可以采用基于 INSPIRE 原则的分布式架构服务框架组件,可极大地改进在地理信息基础设施中整合和发布地理空间数据资源的能力。也有学者通过扩展空间数据基础设施模型(SDI)来实现对 VGI 的支持,首先分析空间数据基础设施中的基本要素,确定哪些包含 VGI 的基本要素是必须改变的,然后通过定义这些基本要素的子集来支持 VGI 数据,而不是创建新的基本要素。

上述 VGI 数据管理的研究,无论是新建数据模型还是在现有模型的基础上进行扩展,均忽略了对 VGI 元数据的管理,缺乏针对多源 VGI 数据管理的研究。

数据质量用于描述与评价数据在各项应用中的适用程度。空间数据作为地理信息领域开展各类研究应用的基础,其质量对于决策和研究成果的准确性和可靠性具有决定性的影响,因此空间数据质量一直是研究人员关注的焦点。Flanagin 等人通过对 VGI 的社会环境、信息的含义和数据源的可靠性展开讨论,研究了 VGI 可靠性理论和相关工具,认为通过用户推荐的淘汰选择机制,随着时间的延长,可以得到高质量的数据。Haklay 和 Ather 对

VGI最显著的例子OpenStreetMap数据展开了研究,选取伦敦和英格兰两个实验区和英国测量局的数据进行对比分析,结果表明:OpenStreetMap数据相当精确。英国地形测量局记录的数据精度大约是6 m,两种数据集的重叠度接近80%。Zielstra通过对比德国境内的OpenStreetMap数据和TeleAtlas导航数据,分析表明在城市范围内OpenStreetMap数据的丰富程度已经超过了TeleAtlas,但是在农村等偏远地区数据的覆盖略显不足。通过分析可以发现,VGI数据在精度、完整性、一致性等方面符合一定的质量规范,适用于空间信息的可视化、路径规划以及其他地理信息领域的相关研究应用。

VGI经过几年的发展已经受到了产业界和学术界的广泛关注,目前国外已经有多个VGI的商业应用与科学研究项目,其中最著名的是OpenStreetMap和Wikimapia,此外还有GoogleMaker、Flicker等。学术界主要基于VGI开展监测、旅游、灾害等方面的应用,取得了阶段性的成果。

实现VGI的应用普及面临着诸多挑战,现有的VGI系统主要集中在西方发达国家之间,其他地区用户访问时服务稳定性不够;对语言的支持也比较单一,大多数仅支持英语。关于VGI的关键技术和政策还需要进一步研究,还有一系列亟待解决的问题。

本章思考题

1. 什么是非关系数据库? 在地理数据管理中有什么优势?
2. 什么是云计算? 什么是大数据?
3. 实时GIS的时空数据模型存在什么问题?
4. 什么是众包数据? 志愿者地理信息系统需要解决哪些问题?

参 考 文 献

[1] 艾廷华.适宜空间认知结果表达的地图形式[J].遥感学报,2008,12(2):347-354.

[2] 白由路.地理信息系统数据分析技术[M].北京:中国农业科学技术出版社,2015.

[3] 本书编委会.2016-互联网＋测绘地理信息-中国测绘地理信息学会学术年会论文集[M].北京:中国地图出版社,2016.

[4] 本书编委会.联合国第三次全球地理信息管理高层论坛报告译文集-地理信息支撑可持续发展[M].北京:中国地图出版社,2017.

[5] 毕天平.ArcGIS地理信息系统实验教程[M].北京:中国电力出版社,2017.

[6] 陈国.公路三维地理信息与智能化选线技术[M].北京:人民交通出版社,2016.

[7] 陈永刚.开源GIS与空间数据库实战教程[M].北京:清华大学出版社,2016.

[8] 陈毓芬.电子地图的空间认知研究[J].地理科学与进展,2001,20(s1):63-68.

[9] 陈志雄,曾诚,高榕.一种基于位置社交网络融合多种情景信息的兴趣点推荐模型[J].计算机应用研究,2017(10):1-10.

[10] 崔铁军.地理空间数据可视化原理[M].北京:科学出版社,2017.

[11] 崔铁军.地理空间数据库原理[M].2版.北京:科学出版社,2016.

[12] 崔巍.基于面向对象遥感技术的地理本体建模[M].北京:科学出版社,2016.

[13] 邓敏,陈倜,杨文涛.融合空间尺度特征的时空序列预测建模方法[J].武汉大学学报(信息科学版),2015(12):1625-1632.

[14] 邓敏,黄雪萍,刘慧敏,等.利用自然语言空间关系的空间查询方法研究[J].武汉大学学报(信息科学版),2011,36(9):1089-1093.

[15] 邓敏,刘文宝,黄杏元,等.空间目标定拓扑关系及其GIS应用分析[J].中国图象图形学报,2006,11(12):1743-1749.

[16] 杜世宏,秦其明,王桥.空间关系及其应用[J].地学前缘,2006,15(3):69-80.

[17] 范晓龙.林业地理信息技术[M].北京:中国林业出版社,2016.

[18] 方源敏.现代测绘地理信息理论与技术[M].北京:科学出版社,2016.

[19] 冯健,柴宏博.定性地理信息系统在城市社会空间研究中的应用[J].地理科学进展,2016(12):1447-1458.

[20] 冯增才.地理信息系统(GIS)开发与应用[M].天津:天津大学出版社,2016.

[21] 高俊,龚建华,鲁学军,等.地理信息科学的空间认知研究(专栏引言)[J].遥感学报,2008,12(2):148.

[22] 葛世荣,苏忠水,李昂,等.基于地理信息系统(GIS)的采煤机定位定姿技术研究[J].煤炭学报,2015(11):2503-2508.

[23] 龚建雅,朱欣焰,朱庆,等.面向对象集成化空间数据库管理系统的设计与实现[J].武汉测绘科技大学学报,2000,25(4):289-293.

[24] 龚健雅,耿晶,吴华意.地理空间知识服务概论[J].武汉大学学报(信息科学版),2014(8):883-890.

[25] 龚健雅,李小龙,吴华意.实时 GIS 时空数据模型[J].测绘学报,2014(3):226-232,275.

[26] 龚健雅.GIS 中矢量栅格一体化数据结构的研究[J].测绘学报,1992(4):259-266.

[27] 龚咏喜,赵亮,段仲渊,等.基于地标与 Voronoi 图的层次化空间认知与空间认知组织[J].地理与地理信息科学,2016,32(6):1-6.

[28] 郭明,周小平.移动地理信息系统技术[M].北京:中国建筑工业出版社,2016.

[29] 郭明强.WebGIS 之 OpenLayers 全面解析[M].北京:电子工业出版社,2016.

[30] 何建华,刘耀林,唐新明.离散空间的拓扑关系模型[J].测绘学报,2005,34(4):343-348.

[31] 贺金鑫.地理信息系统基础与地质应用[M].武汉:武汉大学出版社,2015.

[32] 胡良柏.地理信息系统原理及应用[M].武汉:武汉理工大学出版社,2014.

[33] 胡梦珺,潘宁惠,左海玲,等.基于 RS 和 GIS 的玛曲高原土地沙漠化时空演变研究[J].生态学报,2017(3):922-931.

[34] 黄冬梅,许坤,张明华.MarP:用于模式匹配众包方法中的发包优化策略[J].计算机研究与发展,2015(S1):90-96.

[35] 黄杏元,等.地理信息系统概论[M].修订版.北京:高等教育出版社,2004.

[36] 黄正宇,陈益强,刘军发,等.基于众包数据的室内定位方法和平台[J].地球信息科学学报,2016(11):1476-1484.

[37] 荆平.基于 C♯ 的地理信息系统设计开发案例教程[M].北京:清华大学出版社,2014.

[38] 库热西·买合苏提,徐永清.测绘地理信息蓝皮书:测绘地理信息供给侧结构性改革研究报告(2016)[M].北京:社会科学文献出版社,2016.

[39] 库热西·买合苏提,徐永清.新常态下的测绘地理信息研究报告(2015 版)[M].北京:社会科学文献出版社,2015.

[40] 库热西·买合苏提.测绘地理信息蓝皮书:测绘地理信息转型升级研究报告(2014)[M].北京:社会科学文献出版社,2014.

[41] 李成名,朱英浩,陈军.利用 Voronoi 图形式化描述和判断 GIS 中的方向关系[J].解放军测绘学院学报,1998,19(2):117-120.

[42] 李德仁,丁霖,邵振峰.关于地理国情监测若干问题的思考[J].武汉大学学报(信息科学版),2016(2):143-147.

[43] 李德仁.展望大数据时代的地球空间信息学[J].测绘学报,2016(4):379-384.

[44] 李建松,唐雪华.地理信息系统原理[M].2 版.武汉:武汉大学出版社,2015.

[45] 李建松.地理信息系统原理[M].武汉:武汉大学出版社,2006.

[46] 李清泉,李德仁.大数据 GIS[J].武汉大学学报(信息科学版),2014(6):641-644,666.

[47] 李绍俊,杨海军,黄耀欢,等.基于 NoSQL 数据库的空间大数据分布式存储策略[J].武汉大学学报(信息科学版),2017(2):163-169.

[48] 李伟,景海涛,原世伟,等.视频数据的地理信息提取研究[J].测绘科学,2017(11):1-8.

[49] 李卫红.地理信息系统概论[M].北京:科学出版社,2016.

[50] 李响.地理信息系统底层开发教程[M].北京:科学出版社,2016.

[51] 李小根,张俊峰,孙大鹏,等.基于 AE 与 C♯ 的地理信息系统二次开发[M].北京:中国

水利水电出版社,2015.

[52] 李小根.组件式高速公路地理信息系统应用技术研究[M].北京:中国水利水电出版社,2016.

[53] 李小龙.支持动态数据管理与时空过程模拟的实时 GIS 数据模型研究[J].测绘学报,2017(3):402.

[54] 李耀,周密,王新新."众包"背景下顾客自我生产的前因及其对企业影响实证研究[J].中国软科学,2016(4):108-121.

[55] 李真,潘竟虎,胡艳兴.甘肃省生态资产价值和生态-经济协调度时空变化格局[J].自然资源学报,2017(1):64-75.

[56] 刘典,张飞舟.城市停车场实时车位获取与分配研究[J].计算机工程与应用,2017(7):242-247.

[57] 刘光,曾敬文,曾庆丰. Web GIS 原理与应用开发[M].北京:清华大学出版社,2016.

[58] 刘光,曾敬文,曾庆丰.Web GIS 从基础到开发实践(基于 ArcGIS API for JavaScript)[M].北京:清华大学出版社,2015.

[59] 刘海,殷杰,林苗,等.基于 GIS 的鄱阳湖流域生态系统服务价值结构变化[J].生态学报,2017(8):1-13.

[60] 刘建华.移动地理信息系统开发与应用[M].北京:电子工业出版社,2015.

[61] 刘茂华,成遣,白海丽,等.地理信息系统原理[M].北京:清华大学出版社,2015.

[62] 刘明皓.地理信息系统导论[M].2 版.重庆:重庆大学出版社,2016.

[63] 刘汕.互联网环境下众包创新服务绩效的关键影响因素研究[A]//中国优选法统筹法与经济数学研究会计算机模拟分会.第十五届全国计算机模拟与信息技术学术会议论文集[C].中国优选法统筹法与经济数学研究会计算机模拟分会,2015.

[64] 刘伟,杜培军,李永峰.基于 GIS 的山西省矿产资源规划环境影响评价[J].生态学报,2014(10):2775-2786.

[65] 刘湘南.GIS 空间分析[M].3 版.北京:科学出版社,2017.

[66] 刘亚静,姚纪明,郭力娜.地理信息系统二次开发[M].武汉:武汉大学出版社,2014.

[67] 刘亚静. GIS 软件应用实习教程——SuperMap iDesktop 7C[M].武汉:武汉大学出版社,2014.

[68] 刘勇,张韶月,柳林,等.智慧城市视角下城市洪涝模拟研究综述[J].地理科学进展,2015(4):494-504.

[69] 刘振平,刘建,贺怀建,等.3DGIS 与有限元模拟无缝耦合方法及其在隧道工程中的应用研究[J].岩土力学,2017(3):1-10.

[70] 刘振平,杨波,刘建,等.基于 GRASS GIS 与 TIN 滑动面的边坡三维极限平衡方法研究[J].岩土力学,2017(1):221-228.

[71] 柳林,李万武,毛坤德.地理信息系统二次开发及案例分析[M].武汉:武汉大学出版社,2015.

[72] 陆峰,李小娟,周成虎,等.基于特征的时空数据模型:研究进展与问题探讨[J].中国图像图形学报,2001,6(9):830-835.

[73] 陆锋,张恒才.大数据与广义 GIS[J].武汉大学学报(信息科学版),2014(6):645-654.

[74] 陆守一.地理信息系统[M].2 版.北京:高等教育出版社,2017.

[75] 罗显刚.网络 GIS 行业应用开发实践教程——以地质灾害气象预警为例[M].武汉:中国地质大学出版社,2015.

[76] 闾国年,等.地理信息系统集成原理与方法[M].北京:科学出版社,2003.

[77] 吕欢欢,宋伟东.开放街道图的志愿者地理信息空间语义交互研究[J].测绘科学,2014(2):23-26,63.

[78] 吕志强.遥感与 GIS 应用实习教程[M].北京:西南财经大学出版社,2016.

[79] 马超,孙群,陈换新,等.志愿者地理信息中天桥的自动识别方法[J].测绘学报,2017(2):246-252.

[80] 马超,孙群,徐青,等.志愿者地理信息数据质量研究现状与趋势[J].测绘科学,2017(3):93-97,125.

[81] 马娟.地理信息系统[M].北京:中国电力出版社,2016.

[82] 欧定华,夏建国,张莉,等.RS 和 GIS 技术在中尺度景观类型划分与制图中的应用:以成都市龙泉驿区为例[J].生态学杂志,2015(10):2971-2982.

[83] 齐清文.地理信息科学方法论[M].北京:科学出版社,2016.

[84] 任平,洪步庭,刘寅,等.基于 RS 与 GIS 的农村居民点空间变化特征与景观格局影响研究[J].生态学报,2014(12):3331-3340.

[85] 芮小平.地学空间信息建模与可视化[M].北京:电子工业出版社,2016.

[86] 沈力.地理信息系统技术解析与应用概论[M].沈阳:东北大学出版社,2015.

[87] 盛业华,唐宏,杜培军.线性四叉树快速动态编码及其实现[J].武汉测绘科技大学学报,2000(4):324-328.

[88] 施迅,王法辉.地理信息技术在公共卫生与健康领域的应用[M].北京:高等教育出版社,2016.

[89] 石若明,朱凌,何曼修.ArcGIS Desktop 地理信息系统应用教程[M].北京:人民邮电出版社,2015.

[90] 司荣军.基于 GIS 技术的二次开发在成矿预测中的应用[M].武汉:中国地质大学出版社,2014.

[91] 宋天舒,童咏昕,王立斌,等.空间众包环境下的 3 类对象在线任务分配[J].软件学报,2017(3):611-630.

[92] 隋殿志,叶信岳,甘甜.开放式 GIS 在大数据时代的机遇与障碍[J].地理科学进展,2014(6):723-737.

[93] 孙百生,郭翠恩,杨依天,等.基于 GIS 的承德乡村地名文化景观空间分布特征[J].地理科学,2017(2):244-251.

[94] 孙才志,奚旭,董璐.基于 ArcGIS 的下辽河平原地下水脆弱性评价及空间结构分析[J].生态学报,2015(20):6635-6646.

[95] 孙海凤,李伟波.改进的边界代数多边形填充算法[J].软件导刊,2006(11):64-66.

[96] 谭兴业,陈彦光.基于邻域扩展量化法的城市边界识别[J].地理科学进展,2015(10):1259-1265.

[97] 谭云霞.从认知的角度阐释空间关系的语言表达[J].考试周刊,2010(8):88-90.

[98] 汤国安,钱柯健,熊礼阳,等.地理信息系统基础实验操作 100 例[M].北京:科学出版社,2017.

[99] 汤国安,杨昕.ArcGIS 地理信息系统空间分析实验教程[M].2 版.北京:科学出版社,2016.

[100] 汤国安.我国数字高程模型与数字地形分析研究进展[J].地理学报,2014(9):1305-1325.

[101] 汤国安,等.地理信息系统[J].北京:科学出版社,2000.

[102] 汤旻安,王晓明,曹洁,等.GIS 分析与互信息属性约简的停车库选址决策[J].系统工程理论与实践,2015(1):175-182.

[103] 陶陶.GIS 地图符号共享研究[M].重庆:重庆大学出版社,2014.

[104] 童咏昕,袁野,成雨蓉,等.时空众包数据管理技术研究综述[J].软件学报,2017(1):35-58.

[105] 万刚,曹雪峰,李科,等.地理空间信息网格理论与技术[M].北京:测绘出版社,2016.

[106] 万刚,高俊,刘颖真.基于阅读实验方法的认知地图形成研究[J].遥感学报,2008,12(2):339-346.

[107] 王春,顾留碗,李伟涛.初识地理信息系统[M].北京:科学出版社,2015.

[108] 王耕,苏柏灵,王嘉丽,等.基于 GIS 的沿海地区生态安全时空测度与演变——以大连市瓦房店为例[J].生态学报,2015(3):670-677.

[109] 王家耀.大数据时代的智慧城市[J].测绘科学,2014(5):3-7.

[110] 王家耀.地图制图学与地理信息工程学科发展趋势[J].测绘学报,2010(2):115-119,128.

[111] 王家耀.网格地理信息服务概论[M].北京:科学出版社,2014.

[112] 王俭,侯伟,冯永新.环境地理信息系统[M].北京:中国环境出版社,2016.

[113] 王劲峰,葛咏,李连发,等.地理学时空数据分析方法[J].地理学报,2014(9):1326-1345.

[114] 王桥,吴纪桃.GIS 中的应用模型及其管理研究[J].测绘学报,1997,26(3):280-283.

[115] 王淑芳,葛岳静,刘玉立.中美在南亚地缘影响力的时空演变及机制[J].地理学报,2015(6):864-878.

[116] 吴风华.地理信息系统基础[M].武汉:武汉大学出版社,2014.

[117] 吴信才.MapGIS 地理信息系统[M].2 版.北京:电子工业出版社,2015.

[118] 吴信才.地理信息系统设计与实现[M].3 版.北京:电子工业出版社,2015.

[119] 吴信才.地理信息系统原理与方法[M].3 版.北京:电子工业出版社,2014.

[120] 吴信才.网络地理信息系统[M].北京:测绘出版社,2015.

[121] 吴英.林业遥感与地理信息系统实验教程[M].长沙:华中科技大学出版社,2017.

[122] 吴长彬,闾国年.空间拓扑关系若干问题研究现状的评析[J].地球信息科学学报,2010,1(4):524-531.

[123] 向华丽,贺三维,张俊峰.地理信息系统在城市研究中的应用实验教程[M].武汉:中国地质大学出版社,2016.

[124] 肖乐斌,钟耳顺,刘纪远,等.三维 GIS 的基本问题探讨[J].中国图象图形学报,2001,

6A(9):842-848.

[125] 肖洋,欧阳志云,徐卫华,等.基于 GIS 重庆土壤侵蚀及土壤保持分析[J].生态学报,
2015(21):7130-7138.

[126] 熊昌盛,谭荣.基于 GIS 和 LSA 的林地质量评价与保护分区[J].自然资源学报,2016
(3):457-467.

[127] 熊春宝.地理信息系统原理与工程应用[M].天津:天津大学出版社,2015.

[128] 修文群,李晓明,张宝运.ArcGIS 云计算:开发与应用[M].北京:清华大学出版
社,2015.

[129] 徐敬海.地理信息系统原理[M].北京:科学出版社,2016.

[130] 许五弟.地理信息系统[M].北京:中国建材工业出版社,2015.

[131] 杨伯钢.城市房屋管理地理信息系统技术与应用[M].北京:中国地图出版社,2017.

[132] 杨俊,国安东,席建超,等.城市三维景观格局时空分异特征研究——以大连市中山区
为例[J].地理学报,2017(4):646-656.

[133] 杨丽霞.地理信息系统实验教程[M].杭州:浙江工商大学出版社,2014.

[134] 杨敏,艾廷华,卢威,等.自发地理信息兴趣点数据在线综合与多尺度可视化方法[J].
测绘学报,2015(2):228-234.

[135] 杨永崇.地理信息系统工程概论[M].西安:西北工业大学出版社,2016.

[136] 杨勇,梅杨,张楚天,等.基于时空克里格的土壤重金属时空建模与预测[J].农业工程
学报,2014(21):249-255.

[137] 姚磊,卫伟,于洋,等.基于 GIS 和 RS 技术的北京市功能区产流风险分析[J].地理学
报,2015(2):308-318.

[138] 余明.地理信息系统导论[M].2 版.北京:清华大学出版社,2015.

[139] 喻露露,张晓祥,李杨帆,等.海口市海岸带生态系统服务及其时空变异[J].生态学报,
2016(8):2431-2441.

[140] 张爱国.移动地理信息系统技术与开发[M].北京:清华大学出版社,2014.

[141] 张超,吴良林,杨妮,等.基于 GIS 的喀斯特山区实照时数时空分布研究——以广西巴
马瑶族自治县为例[J].自然资源学报,2014(11):1968-1977.

[142] 张贵军,陈铭.Web GIS 工程项目开发实践[M].北京:清华大学出版社,2016.

[143] 张加龙.遥感与地理信息科学[M].北京:科学出版社,2016.

[144] 张军海,李仁杰,傅学庆,等.地理信息系统原理与实践[M].北京:科学出版社,2015.

[145] 张珂,王小捷,钟义信.在观察着参考框架下的空间关系自然语言描述[J].清华大学学
报(自然科学版),2011,51(12):1831-1938.

[146] 张珂,钟义信,王小捷,等.在外部参考框架下的空间关系自然语言描述[J].北京邮电
大学学报,2012,35(3):11-15.

[147] 张克定.空间关系及其语言表达的认知语言学阐释.河南大学学报(社会科学版),
2008,48(1):1-8.

[148] 张立新,朱道林,杜挺,等.基于 DEA 模型的城市建设用地利用效率时空格局演变及
驱动因素[J].资源科学,2017(3):418-429.

[149] 张立新,朱道林,谢保鹏,等.中国粮食主产区耕地利用效率时空格局演变及影响因

素——基于 180 个地级市的实证研究[J].资源科学,2017(4):608-619.

[150] 张猛,李天,郭伟.地理信息系统在环境科学中的应用[M].2 版.北京:清华大学出版社,2016.

[151] 张树清,周成虎,张俊岩,陈祥葱.泛知识化三维 GIS 表达模型(UKRM)[J].中国科学:地球科学,2016(2):214-228.

[152] 张巍,许云涛,龚健雅.面向对象的空间数据模型[J].武汉测绘科技大学学报,1995,20(1):18-22.

[153] 张晓祥.大数据时代的空间分析[J].武汉大学学报(信息科学版),2014(6):655-659.

[154] 张新长,康停军,张青年.城市地理信息系统[M].2 版.北京:科学出版社,2014.

[155] 张新长.地理信息系统工程[M].北京:测绘出版社,2015.

[156] 赵安.地球信息技术在血吸虫病医学地理学研究中的应用[M].北京:高等教育出版社,2016.

[157] 赵会丽.地理信息系统[M].郑州:黄河水利出版社,2015.

[158] 钟义信.关于"信息—知识—智能转换规律"的研究[J].电子学报,2004,32(4):601-605.

[159] 钟义信.机器知行学原理:信息、知识、智能转化的统一理论[M].北京:科学出版社,2007.

[160] 周琛,陈振杰,张帅.基于边界代数法的矢量栅格化并行算法设计与实现[J].计算机工程与科学,2013(4):37-41.

[161] 周成虎.全空间地理信息系统展望[J].地理科学进展,2015(2):129-131.

[162] 周林,陈占龙,罗显刚.网络 GIS 开发实践入门[M].武汉:中国地质大学出版社,2014.

[163] 周淑丽,陶海燕,卓莉.基于矢量的城市扩张多智能体模拟——以广州市番禺区为例[J].地理科学进展,2014(2):202-210.

[164] 朱长青.中国地理信息安全的政策和法律研究[M].北京:科学出版社,2015.

[165] 邹君,郑文武,杨玉蓉.基于 GIS/RS 的南方丘陵区农村水资源系统脆弱性评价——以衡阳盆地为例[J].地理科学,2014(8):1010-1017.

[166] [美]EASTMAN J R. IDRISI 遥感图像处理与地理信息系统教程[M].刘雪萍,译.北京:电子工业出版社,2014.

[167] [美]LORI ARMSTRONG.水力建模与地理信息系统[M].邓培雁,译.广州:中山大学出版社,2014.

[168] [美]JOHNR.JENSEN.地理信息系统导论[M].王淑晴,等,译.北京:电子工业出版社,2016.

[169] [美]MARIBETH PRICE. ArcGIS 地理信息系统教程[M].李玉龙,等,译.北京:电子工业出版社,2017.

[170] [美]张康聪.地理信息系统导论[M].7 版.陈健飞,等,译.北京:电子工业出版社,2014.

[171] [美]张康聪.地理信息系统导论[M].8 版.陈健飞,等,译.北京:科学出版社,2016.

[172] ALEKSANDAR MILOSAVLJEVIĆ,DEJAN RANČIĆ,ALEKSANDAR DIMITRI-JEVIĆ,et al.Integration of GIS and video surveillance[J].International Journal of

Geographical Information Science,2016,30(10):2089-2107.

[173] ALEX DAVID SINGLETON,SETH SPIELMAN,CHRIS BRUNSDON.Establishing a framework for Open Geographic Information science[J].International Journal of Geographical Information Science,2016,30(8):1507-1521.

[174] BI YU CHEN,HUI YUAN,QINGQUAN LI,et al.Spatiotemporal data model for network time geographic analysis in the era of big data[J].International Journal of Geographical Information Science,2016,30(6):1041-1071.

[175] CHANG K Y,HE S S,CHOU C C,et al.Route planning and cost analysis for travelling through the Arctic Northeast Passage using public 3D GIS[J].International Journal of Geographical Information Science,2015,29(8):1375-1393.

[176] CHUANRONG ZHANG,TIAN ZHAO,WEIDONG LI.Towards an interoperable online volunteered geographic information system for disaster response[J].Journal of Spatial Science,2015,60(2):257-275.

[177] CHUNLU LIU.GIS-based dynamic modelling and analysis of flash floods considering land-use planning[J].International Journal of Geographical Information Science,2017,31(3):481-498.

[178] CODY COX,WAYDE MORSE,CHRISTOPHER ANDERSON.Applying Public Participation Geographic Information Systems to Wildlife Management[J].Human Dimensions of Wildlife,2014,19(2):200-214.

[179] DANIEL FITZNER,MONIKA SESTER.Estimation of precipitation fields from 1-minute rain gauge time series-comparison of spatial and spatio-temporal interpolation methods [J]. International Journal of Geographical Information Science,2015,29(9): 1668-1693.

[180] DANIEL R.MONTELLO,ALINDA FRIEDMAN,DANIEL W.Phillips.Vague cognitive regions in geography and geographic information science[J].International Journal of Geographical Information Science,2014,28(9):1802-1820.

[181] DAVID TULLOCH.Crowdsourcing geographic knowledge:volunteered geographic information (VGI) in theory and practice[J].International Journal of Geographical Information Science,2014,28(4):847-849.

[182] ERIC SHOOK,MICHAEL E.HODGSON,SHAOWEN WANG,et al.Parallel cartographic modeling:a methodology for parallelizing spatial data processing[J].International Journal of Geographical Information Science,2016,30(12):2355-2376.

[183] FOODY G M,SEE L,FRITZ S,et al.Accurate Attribute Mapping from Volunteered Geographic Information:Issues of Volunteer Quantity and Quality[J].The Cartographic Journal,2015,52(4):336-344.

[184] FOODY G,SEE L,COMBER A,et al.Accurate attribute mapping from volunteered geographic information:issues of volunteer quantity and quality[J].Journal Of The British Cartographic Society,2015,52(4):336-344.

[185] HANSI SENARATNE,AMIN MOBASHERI,AHMED LOAI ALI,et al.A review

of volunteered geographic information quality assessment methods[J] International Journal of Geographical Information Science,2016,31(1):139-167.

[186] KEN ARROYO OHORI, HUGO LEDOUX. An evaluation and classification of nD topological data structures for the representation of objects in a higher dimensional GIS[J]. International Journal of Geographical Information Science, 2015, 29 (5): 825-849.

[187] LAURENT LOUVART,PATRICK MEYER.MODEL: a multicriteria ordinal evaluation tool for GIS[J].International Journal of Geographical Information Science, 2015,29(10): 1910-1931.

[188] LINBING MA,MIN DENG,JING WU.Modeling spatiotemporal topological relationships between moving object trajectories along road networks based on region connection calculus[J].Cartography and Geographic Information Science,2016,43 (4): 346-360.

[189] MARIA LUISA DAMIANI,HAMZA ISSA,GIUSEPPE FOTINO,et al.Introducing 'presence' and 'stationarity index' to study partial migration patterns: an application of a spatio-temporal clustering technique[J].International Journal of Geographical Information Science,2016,30(5):907-928.

[190] MICHAEL LEITNER,NINA N S LAM,FAHUI WANG,et al.Geographic information science and technology at Louisiana State University[J].Cartography and Geographic Information Science,2015,42(1):84-90.

[191] MICHAEL P FINN,DIANA THUNEN.Recent literature in cartography and geographic information science[J].Cartography and Geographic Information Science, 2014,41(4): 393-410.

[192] MOHAMMADREZA JELOKHANI-NIARAKI.The decision task complexity and information acquisition strategies in GIS-MCDA[J].International Journal of Geographical Information Science,2015,29(2):327-344.

[193] MOHSEN KALANTARI,BAMSHAD YAGHMAEI,SOMAYE GHEZELBASH. Spatio-temporal analysis of crime by developing a method to detect critical distances for the Knox test[J].International Journal of Geographical Information Science, 2016,30(11):2302-2320.

[194] NAGESH KOLAGANI, PALANIAPPAN RAMU. A participatory framework for developing public participation GIS solutions to improve resource management systems[J]. International Journal of Geographical Information Science, 2017, 31 (3): 463-480.

[195] NURUL HAWANI IDRIS, MOHAMAD JAHIDI OSMAN, KASTURI DEVI KANNIAH,et al.Engaging indigenous people as geocrowdsourcing sensors for ecotourism mapping via mobile data collection: a case study of the Royal Belum State Park[J].Cartography and Geographic Information Science,2017,44(2):113-127.

[196] RIMVYDAS GAUDĖŠIUS.Drawing up maps of infertile soil plots using geographic

information systems[J].Geodesy and Cartography,2016,42(4):140-145.

[197] STEPHEN JUN V VILLEJO, ERNIEL B BARRIOS. Robust estimation of a dynamic spatio-temporal model with structural change[J].Journal of Statistical Computation and Simulation,2016,87(3):505-518.

[198] THOMAS BLASCHKE, HELENA MERSCHDORF. Geographic information science as a multidisciplinary and multiparadigmatic field[J].Cartography and Geographic Information Science,2014,41(3):196-213.

[199] WENWEN LI, KAI CAO, RICHARD L. Church, Cyberinfrastructure, GIS, and spatial optimization: opportunities and challenges[J].International Journal of Geographical Information Science,2016,30(3):427-431.

[200] XIAOLU ZHOU,LIANG ZHANG.Crowdsourcing functions of the living city from Twitter and Foursquare data[J].Cartography and Geographic Information Science, 2016,43(5):393-404.

[201] YANG B,ZHANG Y.Pattern-mining approach for conflating crowdsourcing road networks with POIs[J].International Journal of Geographical Information Science, 2015,29(5):786-805.

[202] YUNQIANG ZHU,A-XING ZHU,MIN FENG,et al.A similarity-based automatic data recommendation approach for geographic models[J].International Journal of Geographical Information Science,2017,31(7):1403-1424.